수능특강

수학영역 수학 I

기획 및 개발

권태완(EBS 교과위원)
김미나(EBS 교과위원)
최희선(EBS 교과위원)

감수

한국교육과정평가원

책임 편집

최은아

정답과 풀이는 EBS*i* 사이트(www.ebs*i*.co.kr)에서 다운로드 받으실 수 있습니다.

수능특강

수학영역 수학 I

이 책의 **차례** Contents

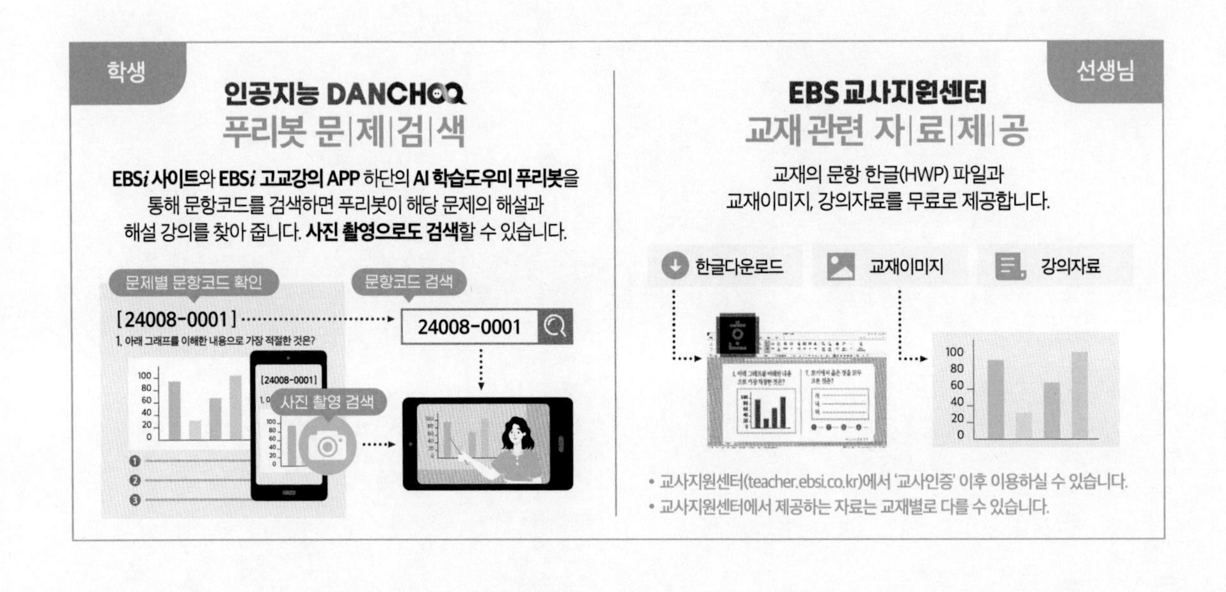

이 책의 **구성과 특징** Structure

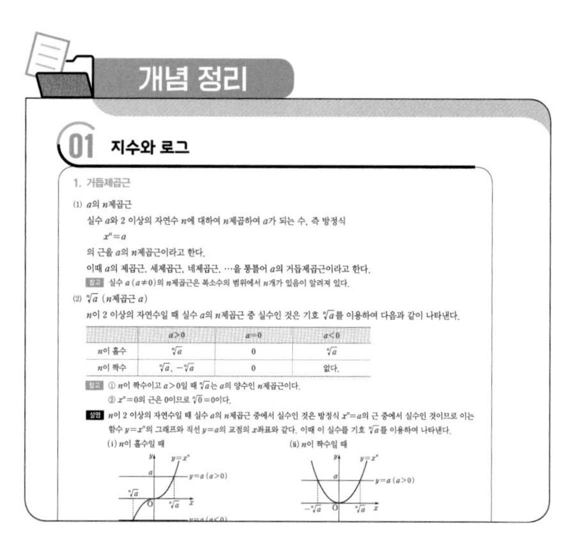

개념 정리

01 지수와 로그

1. 거듭제곱근

(1) a의 n제곱근

실수 a와 2 이상의 자연수 n에 대하여 n제곱하여 a가 되는 수, 즉 방정식

$x^n=a$

의 근을 a의 n제곱근이라고 한다.

이때 a의 제곱근, 세제곱근, 네제곱근, …을 통틀어 a의 거듭제곱근이라고 한다.

참고 실수 $a\,(a\neq 0)$의 n제곱근은 복소수의 범위에서 n개가 있음이 알려져 있다.

(2) $\sqrt[n]{a}$ (n제곱근 a)

n이 2 이상의 자연수일 때 실수 a의 n제곱근 중 실수인 것은 기호 $\sqrt[n]{a}$를 이용하여 다음과 같이 나타낸다.

	$a>0$	$a=0$	$a<0$
n이 홀수	$\sqrt[n]{a}$	0	$\sqrt[n]{a}$
n이 짝수	$\sqrt[n]{a}$, $-\sqrt[n]{a}$	0	없다.

참고 ① n이 짝수이고 $a>0$일 때 $\sqrt[n]{a}$는 a의 양수인 n제곱근이다.

② $x^n=0$의 근은 0이므로 $\sqrt[n]{0}=0$이다.

설명 n이 2 이상의 자연수일 때 실수 a의 n제곱근 중에서 실수인 것은 방정식 $x^n=a$의 근 중에서 실수인 것이므로 이는 함수 $y=x^n$의 그래프와 직선 $y=a$의 교점의 x좌표와 같다. 이때 이 실수를 기호 $\sqrt[n]{a}$를 이용하여 나타낸다.

(i) n이 홀수일 때 (ii) n이 짝수일 때

여러 종의 교과서를 통합하여 핵심 개념만을 체계적으로 정리하였고 **설명**, **참고**, **예** 를 제시하여 개념에 대한 이해와 적용에 도움이 되게 하였다.

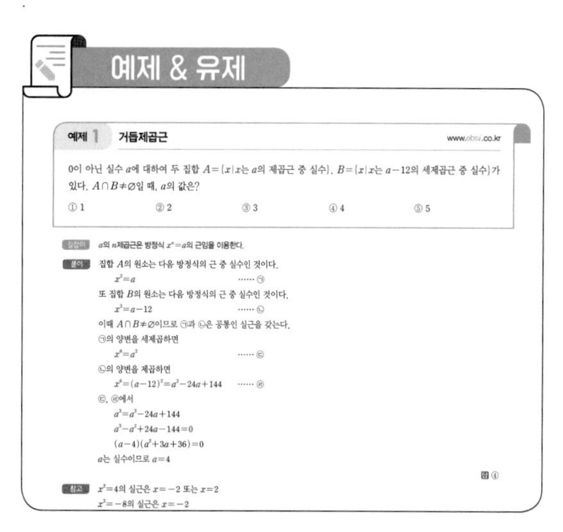

예제 & 유제

예제 1 거듭제곱근 www.ebsi.co.kr

0이 아닌 실수 a에 대하여 두 집합 $A=\{x\,|\,x$는 a의 제곱근 중 실수$\}$, $B=\{x\,|\,x$는 $a-12$의 세제곱근 중 실수$\}$가 있다. $A\cap B\neq\varnothing$일 때, a의 값은?

① 1 ② 2 ③ 3 ④ 4 ⑤ 5

길잡이 a의 n제곱근은 방정식 $x^n=a$의 근임을 이용한다.

풀이 집합 A의 원소는 다음 방정식의 근 중 실수인 것이다.

$x^2=a$ …… ㉠

또 집합 B의 원소는 다음 방정식의 근 중 실수인 것이다.

$x^3=a-12$ …… ㉡

이때 $A\cap B\neq\varnothing$이므로 ㉠과 ㉡은 공통인 실근을 갖는다.

㉠의 양변을 세제곱하면

$x^6=a^3$ …… ㉢

㉡의 양변을 제곱하면

$x^6=(a-12)^2=a^2-24a+144$ …… ㉣

㉢, ㉣에서

$a^3=a^2-24a+144$

$a^3-a^2+24a-144=0$

$(a-4)(a^2+3a+36)=0$

a는 실수이므로 $a=4$

답 ④

참고 $x^2=4$의 실근은 $x=-2$ 또는 $x=2$

$x^3=-8$의 실근은 $x=-2$

예제는 개념을 적용한 대표 문항으로 문제를 해결하는 데 필요한 주요 개념 및 풀이 전략을 길잡이로 제시하여 풀이 과정의 이해를 돕도록 하였고, 유제는 예제와 유사한 내용의 문제나 일반화된 문제를 제시하여 학습 내용과 문제에 대한 연관성을 익히도록 구성하였다.

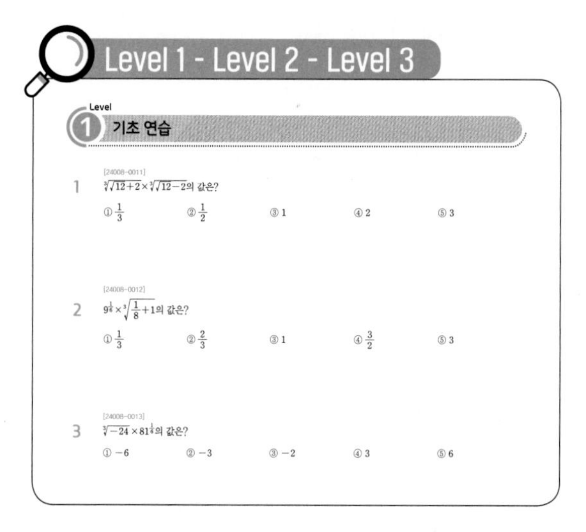

Level 1 - Level 2 - Level 3

Level 1 기초 연습

[24008-0011]

1 $\sqrt[3]{\sqrt{12}+2}\times\sqrt[3]{\sqrt{12}-2}$의 값은?

① $\frac{1}{3}$ ② $\frac{1}{2}$ ③ 1 ④ 2 ⑤ 3

[24008-0012]

2 $9^{\frac{1}{6}}\times\sqrt[3]{\frac{1}{8}+1}$의 값은?

① $\frac{1}{3}$ ② $\frac{2}{3}$ ③ 1 ④ $\frac{3}{2}$ ⑤ 3

[24008-0013]

3 $\sqrt[3]{-24}\times 81^{\frac{1}{6}}$의 값은?

① -6 ② -3 ③ -2 ④ 3 ⑤ 6

Level 1 기초 연습은 기초 개념을 제대로 숙지했는지 확인할 수 있는 문항을 제시하였으며, Level 2 기본 연습은 기본 응용 문항을, 그리고 Level 3 실력 완성은 수학적 사고력과 문제 해결 능력을 함양할 수 있는 문항을 제시하여 대학수학능력시험 실전에 대비할 수 있도록 구성하였다.

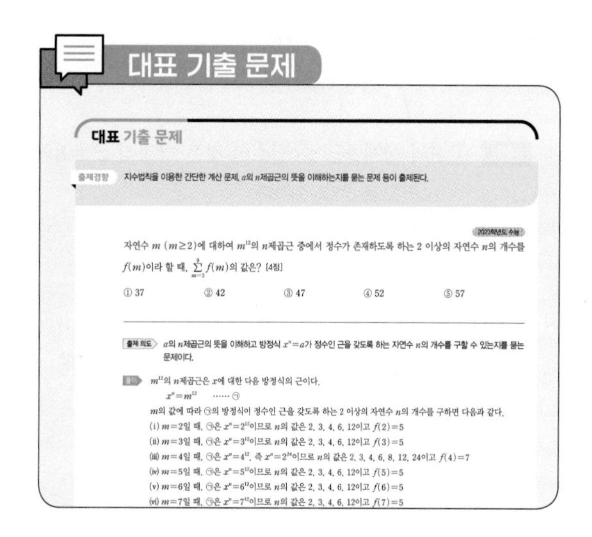

대표 기출 문제

대표 기출 문제

출제경향 지수법칙을 이용한 간단한 계산 문제, a의 n제곱근의 뜻을 이해하는지를 묻는 문제 등이 출제된다.

2023학년도 수능

자연수 $m\ (m\geq 2)$에 대하여 m^{12}의 n제곱근 중에서 정수가 존재하도록 하는 2 이상의 자연수 n의 개수를 $f(m)$이라 할 때, $\sum_{m=2}^{9} f(m)$의 값은? [4점]

① 37 ② 42 ③ 47 ④ 52 ⑤ 57

출제 의도 a의 n제곱근의 뜻을 이해하고 방정식 $x^n=a$가 정수인 근을 갖도록 하는 자연수 n의 개수를 구할 수 있는지를 묻는 문제이다.

풀이 m^{12}의 n제곱근은 x에 대한 다음 방정식의 근이다.

$x^n=m^{12}$ …… ㉠

m의 값에 따라 ㉠의 방정식이 정수인 근을 갖도록 하는 2 이상의 자연수 n의 개수를 구하면 다음과 같다.

(i) $m=2$일 때, ㉠은 $x^n=2^{12}$이므로 n의 값은 2, 3, 4, 6, 12이고 $f(2)=5$

(ii) $m=3$일 때, ㉠은 $x^n=3^{12}$이므로 n의 값은 2, 3, 4, 6, 12이고 $f(3)=5$

(iii) $m=4$일 때, ㉠은 $x^n=4^{12}$, 즉 $x^n=2^{24}$이므로 n의 값은 2, 3, 4, 6, 8, 12, 24이고 $f(4)=7$

(iv) $m=5$일 때, ㉠은 $x^n=5^{12}$이므로 n의 값은 2, 3, 4, 6, 12이고 $f(5)=5$

(v) $m=6$일 때, ㉠은 $x^n=6^{12}$이므로 n의 값은 2, 3, 4, 6, 12이고 $f(6)=5$

(vi) $m=7$일 때, ㉠은 $x^n=7^{12}$이므로 n의 값은 2, 3, 4, 6, 12이고 $f(7)=5$

대학수학능력시험과 모의평가 기출 문항으로 구성하였으며 기존 출제 유형을 파악할 수 있도록 출제 경향과 출제 의도를 제시하였다.

01 지수와 로그

1. 거듭제곱근

(1) a의 n제곱근

실수 a와 2 이상의 자연수 n에 대하여 n제곱하여 a가 되는 수, 즉 방정식

$x^n = a$

의 근을 a의 n제곱근이라고 한다.

이때 a의 제곱근, 세제곱근, 네제곱근, …을 통틀어 a의 거듭제곱근이라고 한다.

참고 실수 a $(a \neq 0)$의 n제곱근은 복소수의 범위에서 n개가 있음이 알려져 있다.

(2) $\sqrt[n]{a}$ (n제곱근 a)

n이 2 이상의 자연수일 때 실수 a의 n제곱근 중 실수인 것은 기호 $\sqrt[n]{a}$를 이용하여 다음과 같이 나타낸다.

	$a>0$	$a=0$	$a<0$
n이 홀수	$\sqrt[n]{a}$	0	$\sqrt[n]{a}$
n이 짝수	$\sqrt[n]{a}$, $-\sqrt[n]{a}$	0	없다.

참고 ① n이 짝수이고 $a>0$일 때 $\sqrt[n]{a}$는 a의 양수인 n제곱근이다.

② $x^n=0$의 근은 0이므로 $\sqrt[n]{0}=0$이다.

설명 n이 2 이상의 자연수일 때 실수 a의 n제곱근 중에서 실수인 것은 방정식 $x^n=a$의 근 중에서 실수인 것이므로 이는 함수 $y=x^n$의 그래프와 직선 $y=a$의 교점의 x좌표와 같다. 이때 이 실수를 기호 $\sqrt[n]{a}$를 이용하여 나타낸다.

(i) n이 홀수일 때

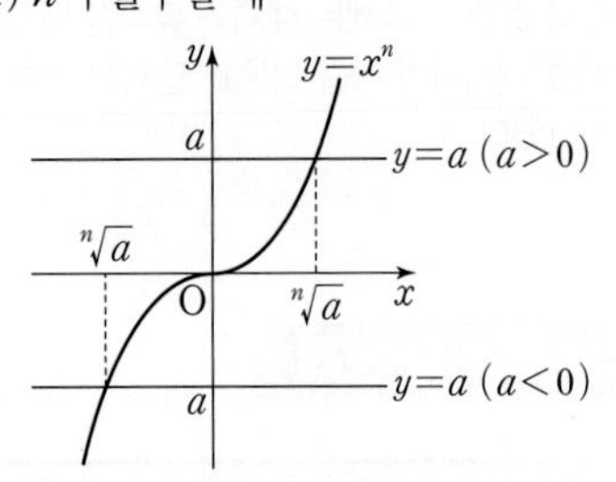

(ii) n이 짝수일 때

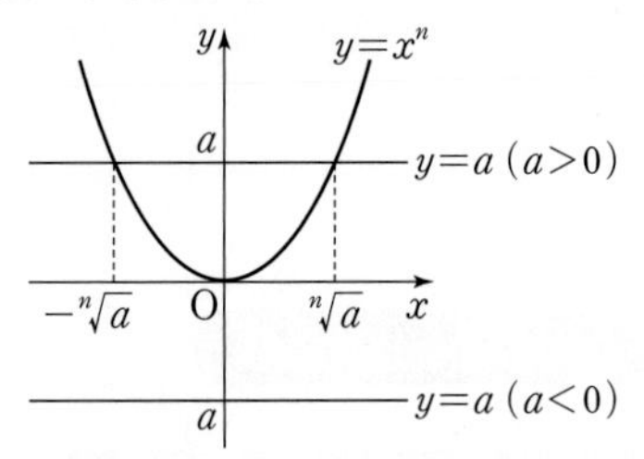

예 ① 8의 세제곱근 중 실수인 것은 방정식 $x^3=8$의 근 중 실수인 것으로 2이다.

그러므로 $\sqrt[3]{8}=2$이다.

② 16의 네제곱근 중 실수인 것은 방정식 $x^4=16$의 근 중 실수인 것으로 2 또는 -2이다.

그러므로 $\sqrt[4]{16}=2$, $-\sqrt[4]{16}=-2$이다.

(3) 거듭제곱근의 성질

$a>0$, $b>0$이고 m, n이 2 이상의 자연수일 때

① $\sqrt[n]{a}\sqrt[n]{b}=\sqrt[n]{ab}$

② $\dfrac{\sqrt[n]{a}}{\sqrt[n]{b}}=\sqrt[n]{\dfrac{a}{b}}$

③ $(\sqrt[n]{a})^m=\sqrt[n]{a^m}$

④ $\sqrt[m]{\sqrt[n]{a}}=\sqrt[mn]{a}$

예 ① $\sqrt[3]{2}\times\sqrt[3]{4}=\sqrt[3]{2\times4}=\sqrt[3]{2^3}=2$

② $\dfrac{\sqrt[3]{16}}{\sqrt[3]{2}}=\sqrt[3]{\dfrac{16}{2}}=\sqrt[3]{8}=\sqrt[3]{2^3}=2$

③ $(\sqrt[6]{9})^3=\sqrt[6]{9^3}=\sqrt[6]{3^6}=3$

④ $\sqrt{\sqrt[3]{2}}=\sqrt[6]{2}$

예제 1 거듭제곱근

www.ebsi.co.kr

0이 아닌 실수 a에 대하여 두 집합 $A=\{x|x$는 a의 제곱근 중 실수$\}$, $B=\{x|x$는 $a-12$의 세제곱근 중 실수$\}$가 있다. $A\cap B\neq\varnothing$일 때, a의 값은?

① 1　② 2　③ 3　④ 4　⑤ 5

길잡이 a의 n제곱근은 방정식 $x^n=a$의 근임을 이용한다.

풀이 집합 A의 원소는 다음 방정식의 근 중 실수인 것이다.

$x^2=a$ …… ㉠

또 집합 B의 원소는 다음 방정식의 근 중 실수인 것이다.

$x^3=a-12$ …… ㉡

이때 $A\cap B\neq\varnothing$이므로 ㉠과 ㉡은 공통인 실근을 갖는다.

㉠의 양변을 세제곱하면

$x^6=a^3$ …… ㉢

㉡의 양변을 제곱하면

$x^6=(a-12)^2=a^2-24a+144$ …… ㉣

㉢, ㉣에서

$a^3=a^2-24a+144$

$a^3-a^2+24a-144=0$

$(a-4)(a^2+3a+36)=0$

a는 실수이므로 $a=4$

답 ④

참고 $x^2=4$의 실근은 $x=-2$ 또는 $x=2$

$x^3=-8$의 실근은 $x=-2$

따라서 $A=\{-2, 2\}$, $B=\{-2\}$

유제

정답과 풀이 2쪽

1 [24008-0001]

2 이상의 자연수 n에 대하여 $3-n$의 n제곱근 중 서로 다른 실수인 것의 개수를 $f(n)$이라 할 때, $f(2)+f(3)+f(4)$의 값은?

① 1　② 2　③ 3　④ 4　⑤ 5

2 [24008-0002]

$\frac{9}{2}$의 세제곱근 중 실수인 것을 a, 36의 여섯제곱근 중 양수인 것을 b라 할 때, $a\times b$의 값은?

① 1　② 2　③ 3　④ 4　⑤ 5

2. 지수가 정수일 때의 정의와 성질

(1) 지수가 0 또는 음의 정수일 때의 정의

$a\neq0$이고 n이 자연수일 때

① $a^0=1$ ② $a^{-n}=\frac{1}{a^n}$

설명 다음 지수법칙이 모든 정수 m, n에 대하여 성립한다고 가정하자.

$a^m\times a^n=a^{m+n}$ $(a\neq0)$

① $m=0$일 때는 $a^0\times a^n=a^{0+n}=a^n$이어야 하므로 $a^0=1$로 정의한다.

② $m=-n$ (n은 자연수)일 때는 $a^{-n}\times a^n=a^{(-n)+n}=a^0=1$이어야 하므로 $a^{-n}=\frac{1}{a^n}$로 정의한다.

(2) 지수가 정수일 때의 지수법칙

$a\neq0$, $b\neq0$이고 m, n이 정수일 때

① $a^m\times a^n=a^{m+n}$ ② $a^m\div a^n=a^{m-n}$ ③ $(a^m)^n=a^{mn}$ ④ $(a\times b)^n=a^n\times b^n$

3. 지수가 유리수일 때의 정의와 성질

(1) 지수가 유리수일 때의 정의

$a>0$이고 m은 정수, n은 2 이상의 자연수일 때,

$a^{\frac{m}{n}}=\sqrt[n]{a^m}$

특히 $\sqrt[n]{a}=a^{\frac{1}{n}}$

참고 지수가 유리수일 때는 밑 a가 양수, 즉 $a>0$임에 유의해야 한다.

(2) 지수가 유리수일 때의 지수법칙

$a>0$, $b>0$이고 r, s가 유리수일 때

① $a^r\times a^s=a^{r+s}$ ② $a^r\div a^s=a^{r-s}$ ③ $(a^r)^s=a^{rs}$ ④ $(a\times b)^r=a^r\times b^r$

4. 지수가 실수일 때의 정의와 성질

(1) 지수가 실수일 때의 정의

지수가 무리수인 경우는 $3^{\sqrt{2}}$을 예로 생각해 보자. 무리수 $\sqrt{2}=1.4142\cdots$에서 $\sqrt{2}$에 가까워지는 유리수 1, 1.4, 1.41, 1.414, 1.4142, …를 지수로 가지는 수 3^1, $3^{1.4}$, $3^{1.41}$, $3^{1.414}$, $3^{1.4142}$, …은 일정한 수에 한없이 가까워진다는 사실이 알려져 있다. 이 일정한 수를 $3^{\sqrt{2}}$으로 정의한다. 이와 같은 방법으로 $a>0$일 때, 임의의 실수 x에 대하여 a^x을 정의한다.

(2) 지수가 실수일 때의 지수법칙

$a>0$, $b>0$이고 x, y가 실수일 때

① $a^x\times a^y=a^{x+y}$ ② $a^x\div a^y=a^{x-y}$ ③ $(a^x)^y=a^{xy}$ ④ $(a\times b)^x=a^x\times b^x$

예제 2 지수가 정수일 때의 지수법칙

www.ebsi.co.kr

$|n| \le 10$인 정수 n에 대하여

$$(-2)^n \times (-4)^{-2n}$$

의 값이 자연수가 되도록 하는 n의 개수는?

① 2 ② 4 ③ 6 ④ 8 ⑤ 10

길잡이 지수가 정수일 때의 지수법칙을 이용하여 주어진 식을 간단히 한 후, 이 식의 값이 자연수가 되도록 하는 정수 n의 값을 구한다.

풀이 $(-2)^n \times (-4)^{-2n}$

$=\{(-1)^n \times 2^n\} \times \{(-1)^{-2n} \times 4^{-2n}\}$

$=(-1)^{-n} \times 2^n \times 2^{-4n}$

$=(-1)^{-n} \times 2^{-3n}$

$=\dfrac{1}{(-1)^n} \times \dfrac{1}{2^{3n}}$ …… ㉠

이 값이 자연수이어야 하고 $\dfrac{1}{2^{3n}}>0$이므로

$(-1)^n>0$

즉, $n=2k$ (단, k는 $-5 \le k \le 5$인 정수)

이때 ㉠은 $\dfrac{1}{2^{6k}}=2^{-6k}$

이 식의 값이 자연수가 되도록 하는 k의 값은 0, -1, -2, -3, -4, -5이고 그 개수는 6이다.

답 ③

유제

정답과 풀이 2쪽

3 [24008-0003]

$\sqrt[3]{2} \times 16^{-\frac{1}{3}}$의 값은?

① $\dfrac{1}{4}$ ② $\dfrac{1}{2}$ ③ 1 ④ 2 ⑤ 4

4 [24008-0004]

$(3^{\sqrt{3}+1})^{\sqrt{3}} \times (3^{\sqrt{3}+1})^{-1}$의 값은?

① $\dfrac{1}{9}$ ② $\dfrac{1}{3}$ ③ 1 ④ 3 ⑤ 9

5. 로그의 정의

$a>0$, $a\neq1$, $N>0$일 때, $a^x=N$을 만족시키는 실수 x를 기호로

$\log_a N$

으로 나타낸다. 즉,

$a^x=N \Longleftrightarrow x=\log_a N$

이때 $\log_a N$에서 a를 밑, N을 진수라 하고, $\log_a N$을 a를 밑으로 하는 N의 로그라고 한다.

참고 (1) $a>0$, $a\neq1$, $N>0$일 때, $a^x=N$을 만족시키는 실수 x는 오직 하나 존재한다.

(2) $\log_a N$으로 쓸 때 특별한 언급이 없는 한 $a>0$, $a\neq1$, $N>0$임을 의미한다.

(3) $a>0$, $a\neq1$일 때, $a^0=1$, $a^1=a$이므로

$\log_a 1=0$, $\log_a a=1$

예 (1) $2^3=8 \Longleftrightarrow \log_2 8=3$

(2) $\log_2 1=0$, $\log_2 2=1$

6. 로그의 성질

$a>0$, $a\neq1$이고 $M>0$, $N>0$일 때

(1) $\log_a MN=\log_a M+\log_a N$

(2) $\log_a \frac{M}{N}=\log_a M-\log_a N$

(3) $\log_a M^r=r\log_a M$ (단, r은 실수)

설명 $\log_a M=m$, $\log_a N=n$이라 하면

$a^m=M$, $a^n=N$

(1) $MN=a^m\times a^n=a^{m+n}$이므로

$\log_a MN=m+n=\log_a M+\log_a N$

(2) $\frac{M}{N}=a^m\div a^n=a^{m-n}$이므로

$\log_a \frac{M}{N}=m-n=\log_a M-\log_a N$

(3) $M^r=(a^m)^r=a^{mr}$이므로

$\log_a M^r=mr=r\log_a M$

예 (1) $\log_2 6=\log_2(2\times3)=\log_2 2+\log_2 3=1+\log_2 3$

(2) $\log_2 \frac{3}{2}=\log_2 3-\log_2 2=\log_2 3-1$

(3) $\log_2 32=\log_2 2^5=5\log_2 2=5$

예제 3 로그의 정의와 성질

www.ebsi.co.kr

$2^a=\sqrt{\frac{1}{3}}$을 만족시키는 실수 a에 대하여 $a+\frac{1}{2}\log_2 12$의 값은?

① $\frac{1}{2}$ ② 1 ③ $\frac{3}{2}$ ④ 2 ⑤ $\frac{5}{2}$

길잡이 로그의 정의를 이용하여 a의 값을 로그로 나타낸 후, 로그의 성질을 이용하여 $a+\frac{1}{2}\log_2 12$의 값을 구한다.

풀이 $2^a=\sqrt{\frac{1}{3}}$에서 $a=\log_2\sqrt{\frac{1}{3}}$이므로

$$a=\log_2 3^{-\frac{1}{2}}=-\frac{1}{2}\log_2 3$$

따라서

$$\begin{aligned}&a+\frac{1}{2}\log_2 12\\&=-\frac{1}{2}\log_2 3+\frac{1}{2}\log_2 12\\&=-\frac{1}{2}\log_2 3+\frac{1}{2}\log_2(2^2\times3)\\&=-\frac{1}{2}\log_2 3+\frac{1}{2}(\log_2 2^2+\log_2 3)\\&=-\frac{1}{2}\log_2 3+\frac{1}{2}(2+\log_2 3)\\&=1\end{aligned}$$

답 ②

유제

정답과 풀이 2쪽

[24008-0005]

$\log_3 4+\log_4 16+\log_3\frac{1}{12}$의 값은?

① -2 ② -1 ③ 0 ④ 1 ⑤ 2

[24008-0006]

자연수 n에 대하여 $\log_2\sqrt[3]{4^n}$의 값이 10 이하의 자연수가 되도록 하는 n의 개수는?

① 1 ② 2 ③ 3 ④ 4 ⑤ 5

7. 로그의 밑의 변환

(1) 로그의 밑의 변환

$a>0$, $a\neq1$, $b>0$, $c>0$, $c\neq1$일 때,

$$\log_a b=\frac{\log_c b}{\log_c a}$$

설명 $\log_a b=x$, $\log_c a=y$로 놓으면 $a^x=b$, $c^y=a$이므로 지수법칙에 의하여

$$b=a^x=(c^y)^x=c^{xy}$$

이다. 이때 로그의 정의에 의하여

$$xy=\log_c b$$

이므로

$$\log_a b\times\log_c a=\log_c b \quad \cdots\cdots \text{㉠}$$

한편, $a\neq1$에서 $\log_c a\neq0$이므로 ㉠의 양변을 $\log_c a$로 나누면

$$\log_a b=\frac{\log_c b}{\log_c a}$$

예 ① $\log_2 3=\dfrac{\log_{10} 3}{\log_{10} 2}$ ② $\log_8 2=\dfrac{\log_2 2}{\log_2 8}=\dfrac{1}{\log_2 2^3}=\dfrac{1}{3\log_2 2}=\dfrac{1}{3}$

(2) 로그의 밑의 변환의 활용

$a>0$, $a\neq1$, $b>0$일 때

① $\log_a b=\dfrac{1}{\log_b a}$ (단, $b\neq1$)

② $\log_a b\times\log_b c=\log_a c$ (단, $b\neq1$, $c>0$)

③ $\log_{a^m} b^n=\dfrac{n}{m}\log_a b$ (단, m, n은 실수이고 $m\neq0$)

④ $a^{\log_b c}=c^{\log_b a}$ (단, $b\neq1$, $c>0$)

설명 ① $\log_a b=\dfrac{\log_b b}{\log_b a}=\dfrac{1}{\log_b a}$

② $\log_a b\times\log_b c=\log_a b\times\dfrac{\log_a c}{\log_a b}=\log_a c$

③ $\log_{a^m} b^n=\dfrac{\log_a b^n}{\log_a a^m}=\dfrac{n\log_a b}{m\log_a a}=\dfrac{n}{m}\log_a b$

④ $c\neq1$일 때, $a=c^x$이라 하면 $x=\log_c a$이므로

$$a^{\log_b c}=(c^{\log_c a})^{\log_b c}=c^{\log_c a\times\log_b c}=c^{\log_c a\times\frac{\log_c c}{\log_c b}}=c^{\frac{\log_c a}{\log_c b}}=c^{\log_b a}$$

한편, $c=1$일 때도 $a^{\log_b c}=c^{\log_b a}$이 성립한다.

예 ① $\log_2 3=\dfrac{\log_3 3}{\log_3 2}=\dfrac{1}{\log_3 2}$ ② $\log_2 3\times\log_3 5=\log_2 3\times\dfrac{\log_2 5}{\log_2 3}=\log_2 5$

③ $\log_4 8=\log_{2^2} 2^3=\dfrac{3}{2}\log_2 2=\dfrac{3}{2}$ ④ $2^{\log_2 3}=3^{\log_2 2}=3$

예제 4 로그의 밑의 변환

www.ebsi.co.kr

$\log_2 3 \times \left(\log_3 20 - \dfrac{1}{\log_5 3}\right)$의 값은?

① $\dfrac{1}{2}$ ② 1 ③ $\dfrac{3}{2}$ ④ 2 ⑤ $\dfrac{5}{2}$

길잡이 로그의 밑의 변환을 이용하여 식의 값을 구한다.

(1) $\log_a b = \dfrac{1}{\log_b a}$ (단, $a>0$, $a \neq 1$, $b>0$, $b \neq 1$)

(2) $\log_a b \times \log_b c = \log_a c$ (단, $a>0$, $a \neq 1$, $b>0$, $b \neq 1$, $c>0$)

풀이

$$\begin{aligned}
&\log_2 3 \times \left(\log_3 20 - \frac{1}{\log_5 3}\right)\\
&= \log_2 3 \times (\log_3 20 - \log_3 5)\\
&= \log_2 3 \times \log_3 \frac{20}{5}\\
&= \log_2 3 \times \log_3 4\\
&= \log_2 3 \times \frac{\log_2 4}{\log_2 3}\\
&= \log_2 2^2\\
&= 2
\end{aligned}$$

답 ④

유제

정답과 풀이 2쪽

7 [24008-0007]

$3\log_2 \sqrt{6} + \log_{\frac{1}{4}} 27$의 값은?

① $-\dfrac{3}{2}$ ② $-\dfrac{3}{4}$ ③ 0 ④ $\dfrac{3}{4}$ ⑤ $\dfrac{3}{2}$

8 [24008-0008]

$\sqrt{3} \times 2^{\log_4 3}$의 값은?

① $\dfrac{3}{2}$ ② $\dfrac{3\sqrt{2}}{2}$ ③ 3 ④ $3\sqrt{2}$ ⑤ 6

8. 상용로그

(1) 상용로그의 뜻

밑을 10으로 하는 로그를 상용로그라고 한다. 이때 상용로그 $\log_{10} N$은 보통 밑 10을 생략하여

$$\log N$$

과 같이 나타낸다.

예 ① $\log 10=\log_{10} 10=1$ ② $\log \frac{1}{100}=\log_{10} 10^{-2}=-2$

③ $\log \sqrt{10}=\log_{10} 10^{\frac{1}{2}}=\frac{1}{2}$

(2) 상용로그의 값 구하기

① 상용로그표를 이용한 상용로그의 값 구하기

상용로그표에는 0.01의 간격으로 1.00부터 9.99까지의 수에 대한 상용로그의 값이 주어져 있으므로 이 값에 대한 상용로그의 값은 상용로그표를 이용하여 구할 수 있다. 예를 들어 상용로그표를 이용하여 log 2.34의 값을 구하면 2.3의 가로행과 4의 세로열이 만나는 곳의 수 .3692를 찾으면 된다. 즉, log 2.34=0.3692이다.

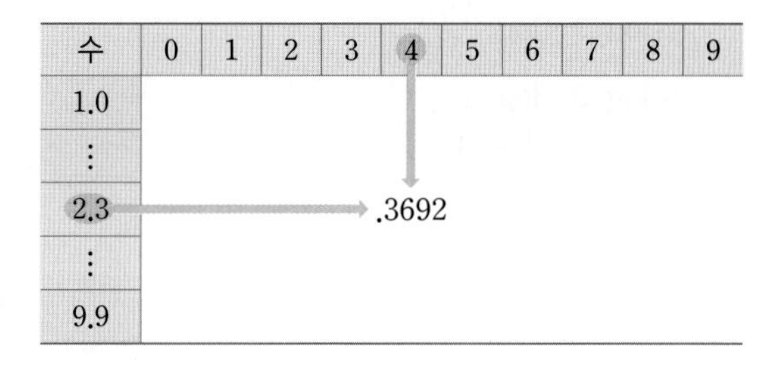

② 일반적인 양수의 상용로그의 값 구하기

양수 N은

$$N=a\times 10^{n}\ (1\le a<10,\ n\text{은 정수})$$

의 꼴로 나타낼 수 있다. 그러므로 N의 상용로그의 값은 ①을 이용하여

$$\log N=\log (a\times 10^{n})=n+\log a$$

로 구한다.

(3) 상용로그의 활용

상용로그를 이용하면 2^{30}, $\sqrt[3]{2}$ 등과 같은 수를 10진법으로 나타내어 어림한 값을 구할 수 있다.

예 2^{30}의 어림한 값을 구하면 다음과 같다.

(i) 상용로그 $\log 2^{30}$의 값 구하기

상용로그표에서 $\log 2=0.3010$이므로

$$\log 2^{30}=30\log 2=30\times 0.3010=9.03=9+0.03$$

(ii) 상용로그의 값으로부터 진수 구하기

상용로그표를 이용하여 $\log 1.07=0.03$으로 계산하면

$$9+0.03=\log 10^{9}+\log 1.07=\log (1.07\times 10^{9})$$

(iii) 어림한 값 구하기

위의 (i)과 (ii)로부터

$$\log 2^{30}=\log (1.07\times 10^{9})$$

이므로 2^{30}은 어림잡아 1.07×10^{9}과 같다.

예제 5 상용로그

www.ebsi.co.kr

$\log 2=a$라 할 때, $\log \sqrt{10}+\log_4 50$을 a로 옳게 나타낸 것은?

① $\frac{1}{2a}$ ② $\frac{1}{a}$ ③ $\frac{3}{2a}$ ④ $\frac{2}{a}$ ⑤ $\frac{5}{2a}$

길잡이 상용로그의 뜻과 로그의 성질을 이용하여 주어진 식을 a로 나타낸다.

풀이 $\log \sqrt{10}+\log_4 50$

$=\log 10^{\frac{1}{2}}+\frac{\log 50}{\log 4}$

$=\frac{1}{2}\log 10+\frac{\log \frac{100}{2}}{\log 2^2}$

$=\frac{1}{2}+\frac{\log 10^2-\log 2}{2\log 2}$

$=\frac{1}{2}+\frac{2-\log 2}{2\log 2}$

$=\frac{1}{2}+\frac{2-a}{2a}$

$=\frac{1}{a}$

답 ②

유제

정답과 풀이 3쪽

9 [24008-0009]

$\log \sqrt[3]{300}$의 값은? (단, $\log 3=0.4771$로 계산한다.)

① 0.4257 ② 0.5251 ③ 0.6257 ④ 0.7251 ⑤ 0.8257

10 [24008-0010]

$\log A=2.3010$, $\log B=1.7093$인 두 양수 A, B에 대하여 부등식 $(x-A)(x-B)<0$을 만족시키는 자연수 x의 개수를 구하시오. (단, $\log 2=0.3010$, $\log 5.12=0.7093$으로 계산한다.)

Level 1 기초 연습

[24008-0011]

1 $\sqrt[3]{\sqrt{12}+2}\times\sqrt[3]{\sqrt{12}-2}$의 값은?

① $\frac{1}{3}$ ② $\frac{1}{2}$ ③ 1 ④ 2 ⑤ 3

[24008-0012]

2 $9^{\frac{1}{6}}\times\sqrt[3]{\frac{1}{8}+1}$의 값은?

① $\frac{1}{3}$ ② $\frac{2}{3}$ ③ 1 ④ $\frac{3}{2}$ ⑤ 3

[24008-0013]

3 $\sqrt[3]{-24}\times 81^{\frac{1}{6}}$의 값은?

① -6 ② -3 ③ -2 ④ 3 ⑤ 6

[24008-0014]

4 $(\sqrt[6]{27}+1)(9^{\frac{1}{4}}-1)$의 값은?

① $\frac{1}{3}$ ② $\frac{1}{2}$ ③ 1 ④ 2 ⑤ 3

[24008-0015]

5 $\left(\sqrt{2^{\sqrt{3}}}\right)^{\frac{1}{\sqrt{12}}}\times 2^{-\frac{5}{4}}$의 값은?

① $\frac{1}{4}$ ② $\frac{1}{2}$ ③ 1 ④ 2 ⑤ 4

[24008-0016]

6 $\log_3 \sqrt[3]{\frac{9}{8}}+\log_3 2$의 값은?

① $\frac{1}{3}$　② $\frac{2}{3}$　③ 1　④ $\frac{4}{3}$　⑤ $\frac{5}{3}$

[24008-0017]

7 $(\log_3 6)^2-(\log_3 2)^2$의 값은?

① $\log_3 8$　② $\log_3 10$　③ $\log_3 12$　④ $\log_3 14$　⑤ $\log_3 16$

[24008-0018]

8 $\log_3 2+\log_3 9\times\log_3 \frac{1}{\sqrt{6}}$의 값은?

① -2　② -1　③ 0　④ 1　⑤ 2

[24008-0019]

9 $\left(\log_4 3+\frac{1}{2}\right)\times\log_6 8$의 값은?

① $\frac{1}{2}$　② 1　③ $\frac{3}{2}$　④ 2　⑤ $\frac{5}{2}$

[24008-0020]

10 $6^{\log_3 2}\times\left(\frac{1}{2}\right)^{\log_3 2}$의 값은?

① $\frac{1}{4}$　② $\frac{1}{2}$　③ 1　④ 2　⑤ 4

Level

2 기본 연습

[24008-0021]

1 2 이상 100 이하의 자연수 n과 2가 아닌 실수 a에 대하여 2, a가 어떤 실수의 n제곱근이기 위한 모든 n의 개수를 p라 할 때, $p+a$의 값은?

① 45 ② 46 ③ 47 ④ 48 ⑤ 49

[24008-0022]

2 자연수 $n\ (n\geq 2)$에 대하여 $\sqrt[6]{2}\times\sqrt[3]{4}$가 어떤 자연수 a의 n제곱근이 되도록 하는 n의 최솟값을 α라 하고, 이때의 a의 값을 β라 하자. $\alpha+\beta$의 값은?

① 30 ② 32 ③ 34 ④ 36 ⑤ 38

[24008-0023]

3 이차방정식 $x^2-\sqrt[6]{3}x-\frac{2\sqrt[3]{3}}{3}=0$의 두 근을 α, β라 할 때, $\alpha^3+\beta^3$의 값은?

① $\sqrt{3}$ ② $2\sqrt{3}$ ③ $3\sqrt{3}$ ④ $4\sqrt{3}$ ⑤ $5\sqrt{3}$

[24008-0024]

4 그림과 같이 선분 AB를 지름으로 하는 원 위에

$\overline{CA}=\sqrt[4]{3}$, $\overline{CB}=\sqrt[4]{12}$

인 점 C를 잡는다. 점 C에서 선분 AB에 내린 수선의 발을 H라 할 때, 선분 AH의 길이는?

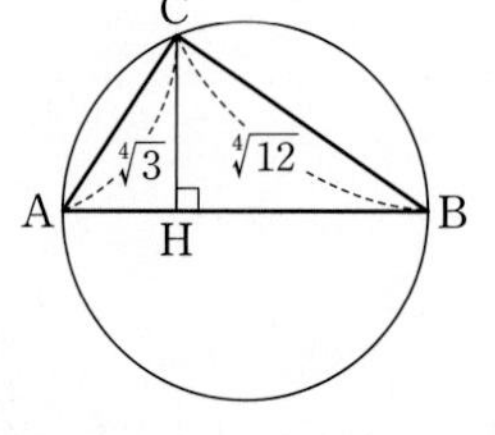

① $\frac{2}{5\sqrt[4]{3}}$ ② $\frac{3}{5\sqrt[4]{3}}$ ③ $\frac{4}{5\sqrt[4]{3}}$

④ $\frac{1}{\sqrt[4]{3}}$ ⑤ $\frac{6}{5\sqrt[4]{3}}$

[24008-0025]

5 두 양수 a, b에 대하여 직선 $y=2x+3$이 두 점 $\mathrm{A}(0,\ \log_2 ab)$, $\mathrm{B}\left(1,\ \log_2 \frac{b}{a}\right)$를 지날 때, $a+b$의 값은?

① 15　② $\frac{31}{2}$　③ 16　④ $\frac{33}{2}$　⑤ 17

[24008-0026]

6 $\log_4 a+\log_4 b=\frac{5}{2}$를 만족시키는 두 자연수 a, b의 모든 순서쌍 $(a,\ b)$의 개수는?

① 4　② 6　③ 8　④ 10　⑤ 12

[24008-0027]

7 두 직선 $y=(\log_2 3)x$, $y=(\log_9 a)x$가 서로 수직이 되도록 하는 양수 a의 값은?

① $\frac{1}{6}$　② $\frac{1}{5}$　③ $\frac{1}{4}$　④ $\frac{1}{3}$　⑤ $\frac{1}{2}$

[24008-0028]

8 1이 아닌 두 양수 a, b $(a\neq b)$가

$$\log_a b : \log_b a=\log_a ab : 2$$

를 만족시킬 때, $\log_a b+\log_b \frac{1}{a}$의 값은?

① $\frac{1}{2}$　② 1　③ $\frac{3}{2}$　④ 2　⑤ $\frac{5}{2}$

실력 완성

정답과 풀이 6쪽

[24008-0029]

1 집합 $A_1=\{64\}$이고, 2 이상의 자연수 n에 대하여 집합 A_n은 $a^n \in A_{n-1}$을 만족시키는 모든 실수 a의 값만을 원소로 갖는다. 집합 A_3의 모든 원소의 곱을 p, 집합 A_5의 원소의 개수를 q라 할 때, $p+q$의 값은?

① -2　　② -1　　③ 0　　④ 1　　⑤ 2

[24008-0030]

2 다음 조건을 만족시키는 두 정수 p, q $(p<q)$의 모든 순서쌍 (p, q)의 개수는?

> $\sqrt[n]{p} \times \sqrt[n]{q} = -\sqrt[3]{2}$ 인 자연수 n $(2 \le n \le 20)$이 존재한다.

① 11　　② 12　　③ 13　　④ 14　　⑤ 15

[24008-0031]

3 다음 조건을 만족시키는 500 이하의 두 자연수 m, n의 모든 순서쌍 (m, n)의 개수는?

> $$\log_{2n} \sqrt{m} + \log_{2n} \sqrt{m+1} \times \log_{m+1} m = \frac{3}{2}$$

① 1　　② 2　　③ 3　　④ 4　　⑤ 5

대표 기출 문제

출제경향 지수법칙을 이용한 간단한 계산 문제, a의 n제곱근의 뜻을 이해하는지를 묻는 문제 등이 출제된다.

2023학년도 수능

자연수 m $(m \geq 2)$에 대하여 m^{12}의 n제곱근 중에서 정수가 존재하도록 하는 2 이상의 자연수 n의 개수를 $f(m)$이라 할 때, $\sum_{m=2}^{9} f(m)$의 값은? **[4점]**

① 37 ② 42 ③ 47 ④ 52 ⑤ 57

출제 의도 a의 n제곱근의 뜻을 이해하고 방정식 $x^n = a$가 정수인 근을 갖도록 하는 자연수 n의 개수를 구할 수 있는지를 묻는 문제이다.

풀이 m^{12}의 n제곱근은 x에 대한 다음 방정식의 근이다.

$x^n = m^{12}$ …… ㉠

m의 값에 따라 ㉠의 방정식이 정수인 근을 갖도록 하는 2 이상의 자연수 n의 개수를 구하면 다음과 같다.

(i) $m=2$일 때, ㉠은 $x^n = 2^{12}$이므로 n의 값은 2, 3, 4, 6, 12이고 $f(2)=5$

(ii) $m=3$일 때, ㉠은 $x^n = 3^{12}$이므로 n의 값은 2, 3, 4, 6, 12이고 $f(3)=5$

(iii) $m=4$일 때, ㉠은 $x^n = 4^{12}$, 즉 $x^n = 2^{24}$이므로 n의 값은 2, 3, 4, 6, 8, 12, 24이고 $f(4)=7$

(iv) $m=5$일 때, ㉠은 $x^n = 5^{12}$이므로 n의 값은 2, 3, 4, 6, 12이고 $f(5)=5$

(v) $m=6$일 때, ㉠은 $x^n = 6^{12}$이므로 n의 값은 2, 3, 4, 6, 12이고 $f(6)=5$

(vi) $m=7$일 때, ㉠은 $x^n = 7^{12}$이므로 n의 값은 2, 3, 4, 6, 12이고 $f(7)=5$

(vii) $m=8$일 때, ㉠은 $x^n = 8^{12}$, 즉 $x^n = 2^{36}$이므로 n의 값은 2, 3, 4, 6, 9, 12, 18, 36이고 $f(8)=8$

(viii) $m=9$일 때, ㉠은 $x^n = 9^{12}$, 즉 $x^n = 3^{24}$이므로 n의 값은 2, 3, 4, 6, 8, 12, 24이고 $f(9)=7$

따라서

$$\begin{aligned}\sum_{m=2}^{9} f(m) &= f(2)+f(3)+f(4)+\cdots+f(9)\\ &= 5\times5+7\times2+8\\ &= 47\end{aligned}$$

답 ③

02 지수함수와 로그함수

1. 지수함수의 뜻

a가 1이 아닌 양수일 때, 실수 x에 a^x의 값을 대응시키는 함수

$y=a^x$

을 a를 밑으로 하는 지수함수라고 한다.

참고 ① 함수 $y=a^x$에서 x는 실수이므로 $a>0$인 경우만 생각한다.

② $y=a^x$에서 $a=1$이면 모든 실수 x에 대하여 $y=1^x=1$이므로 함수 $y=a^x$은 상수함수이다.

그러므로 지수함수 $y=a^x$에서는 $a>0$이고 $a\neq1$인 경우만을 생각한다.

2. 지수함수 $y=a^x$ $(a>0, a\neq1)$의 그래프와 성질

(1) 지수함수 $y=a^x$ $(a>0,\ a\neq1)$의 그래프

밑 a의 값의 범위에 따라 다음과 같다.

① $a>1$일 때

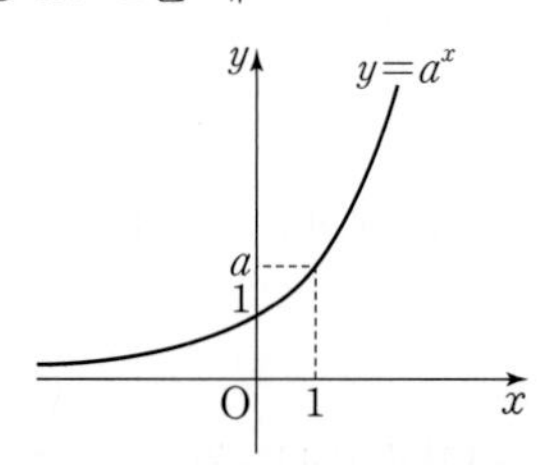

② $0<a<1$일 때

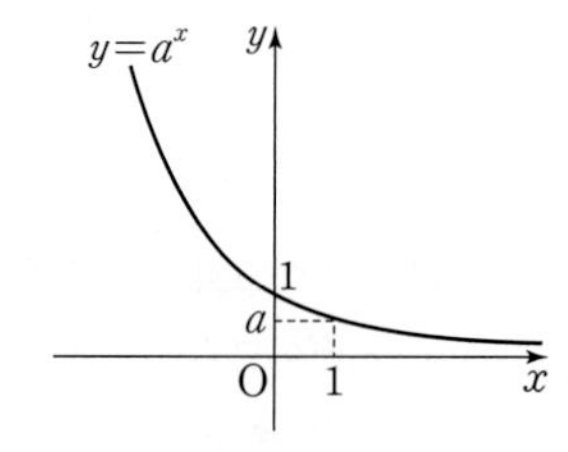

(2) 지수함수 $y=a^x$ $(a>0,\ a\neq1)$의 성질

① 정의역은 실수 전체의 집합이고, 치역은 양의 실수 전체의 집합이다.

② $a>1$일 때, x의 값이 증가하면 y의 값도 증가한다.

$0<a<1$일 때, x의 값이 증가하면 y의 값은 감소한다.

③ 그래프는 두 점 $(0,\ 1)$, $(1,\ a)$를 지나고, 점근선은 x축이다.

참고 지수함수 $y=a^x$에서

① $a>1$일 때, $x_1<x_2$이면 $a^{x_1}<a^{x_2}$이다.

② $0<a<1$일 때, $x_1<x_2$이면 $a^{x_1}>a^{x_2}$이다.

예 두 함수 $y=2^x$, $y=3^x$의 그래프와 두 함수 $y=\left(\frac{1}{2}\right)^x$, $y=\left(\frac{1}{3}\right)^x$의 그래프는 그림과 같다.

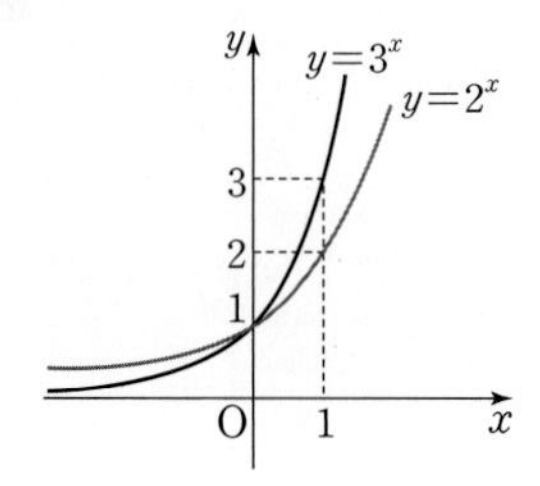

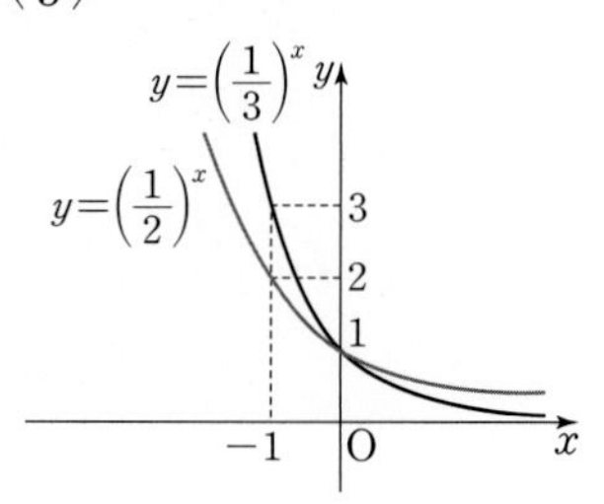

참고 두 함수 $y=2^x$, $y=3^x$에 대하여 다음이 성립한다.

(i) $x>0$일 때, $2^x<3^x$

(ii) $x<0$일 때, $2^x>3^x$

예제 1 지수함수의 그래프

www.ebsi.co.kr

두 함수 $y=a^x$, $y=3x+1$의 그래프가 만나는 모든 점의 x좌표의 합이 1보다 크도록 하는 모든 자연수 a $(a\geq 2)$의 값의 합은?

① 5 ② 6 ③ 7 ④ 8 ⑤ 9

길잡이 두 함수 $y=a^x$, $y=3x+1$의 그래프가 모두 점 $(0, 1)$을 지나고 함수 $y=a^x$의 그래프가 점 $(1, a)$를 지남을 이용한다.

풀이 두 함수 $y=a^x$, $y=3x+1$의 그래프는 모두 점 $\mathrm{A}(0, 1)$을 지난다.
한편, 두 함수 $y=a^x$, $y=3x+1$의 그래프가 만나는 모든 점의 x좌표의 합이 1보다 커야 하므로 두 함수 $y=a^x$, $y=3x+1$의 그래프가 만나는 두 점 A, B 중에서 점 B의 x좌표는 1보다 커야 한다.
직선 $x=1$이 두 함수 $y=a^x$, $y=3x+1$의 그래프와 만나는 점을 각각 C, D라 할 때, 점 B의 x좌표가 1보다 크려면 점 C의 y좌표가 점 D의 y좌표보다 작아야 하므로

$a<4$

따라서 a는 2 이상인 자연수이므로 a의 값은 2, 3이고 그 합은 5이다.

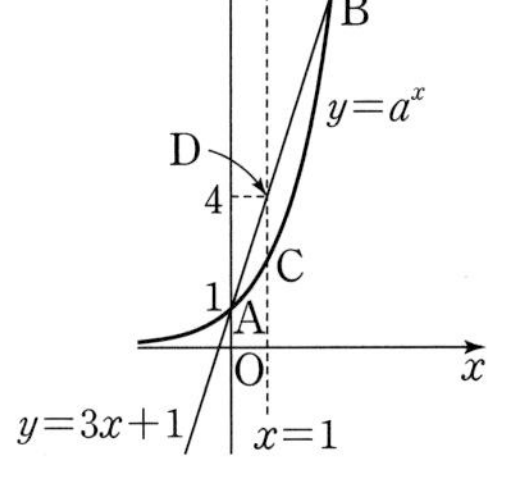

답 ①

유제

정답과 풀이 8쪽

1 [24008-0032]

함수 $f(x)=a^x$ $(a>0, a\neq 1)$이 $f(1)+f(-1)=\frac{5}{2}$를 만족시키고 함수 $y=f(x)$의 그래프가 직선 $y=-x+2$와 서로 다른 두 점에서 만날 때, $f(2)$의 값은?

① $\frac{1}{4}$ ② $\frac{1}{2}$ ③ 1 ④ 2 ⑤ 4

2 [24008-0033]

직선 $y=mx+k$ $(k>1)$이 두 함수 $y=2^x$, $y=3^x$의 그래프와 제1사분면에서 만나는 점의 x좌표를 각각 a, b라 하면 $\{a, b\}=\{1, 2\}$이다. 두 상수 m, k에 대하여 mk의 값은? (단, $m\neq 0$)

① 1 ② 2 ③ 3 ④ 4 ⑤ 5

3. 지수함수의 그래프의 평행이동과 대칭이동

(1) 평행이동

지수함수 $y=a^x$ $(a>0,\ a\neq1)$의 그래프를 x축의 방향으로 m만큼, y축의 방향으로 n만큼 평행이동한 그래프를 나타내는 식은

$$y=a^{x-m}+n$$

참고 함수 $y=a^{x-m}+n$의 그래프는 항상 점 $(m,\ n+1)$을 지나고, 점근선은 직선 $y=n$이다.

(2) 대칭이동

지수함수 $y=a^x$ $(a>0,\ a\neq1)$의 그래프를 x축, y축, 원점에 대하여 대칭이동한 그래프를 나타내는 식은 각각 다음과 같다.

① x축에 대하여 대칭이동한 그래프를 나타내는 식 : $y=-a^x$

② y축에 대하여 대칭이동한 그래프를 나타내는 식 : $y=a^{-x}$

③ 원점에 대하여 대칭이동한 그래프를 나타내는 식 : $y=-a^{-x}$

참고 $y=\left(\frac{1}{a}\right)^x=a^{-x}$이므로 함수 $y=\left(\frac{1}{a}\right)^x$의 그래프는 함수 $y=a^x$의 그래프를 y축에 대하여 대칭이동한 것이다.

예 함수 $y=-2^{x-1}+2$의 그래프는 지수함수 $y=2^x$의 그래프를 이용하여 다음과 같이 나타내어 그릴 수 있다.

$y=2^x$ ⇨ (x축에 대하여 대칭이동) ⇨ $y=-2^x$ ⇨ (x축의 방향으로 1만큼, y축의 방향으로 2만큼 평행이동) ⇨ $y=-2^{x-1}+2$

4. 지수함수의 최댓값과 최솟값

$m<n$일 때, 정의역이 $\{x\,|\,m\leq x\leq n\}$인 함수 $y=a^x$ $(a>0,\ a\neq1)$의 최댓값과 최솟값은 다음과 같다.

(1) $a>1$일 때

$x=m$에서 최솟값 a^m,

$x=n$에서 최댓값 a^n을 갖는다.

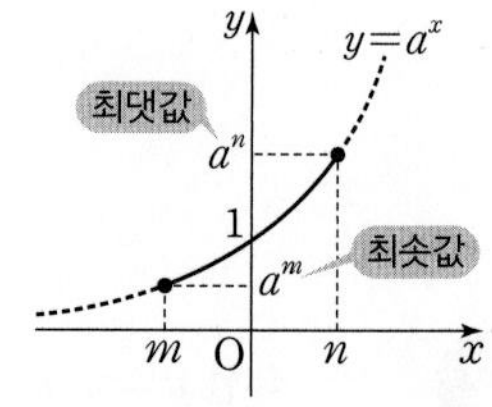

(2) $0<a<1$일 때

$x=m$에서 최댓값 a^m,

$x=n$에서 최솟값 a^n을 갖는다.

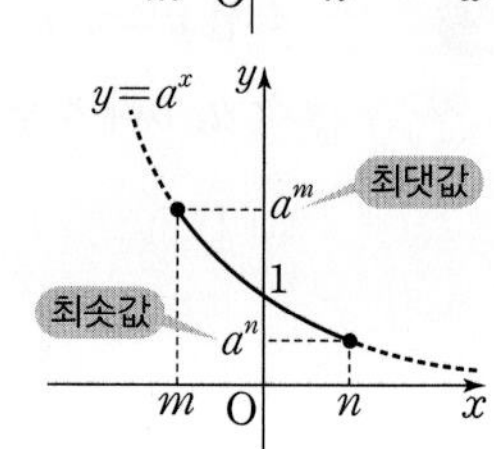

예 정의역이 $\{x\,|\,-1\leq x\leq 2\}$인 함수 $y=2^x$의 최댓값과 최솟값은 다음과 같다.

밑 2가 1보다 크므로 $x=-1$에서 최솟값 $2^{-1}=\frac{1}{2}$을 갖고, $x=2$에서 최댓값 $2^2=4$를 갖는다.

예제 2 지수함수의 그래프의 대칭이동

www.ebsi.co.kr

직선 $x=-k$ $(k>0)$이 두 함수 $y=2^x$, $y=-\left(\frac{1}{2}\right)^x$의 그래프와 만나는 점을 각각 A, B라 하고, 두 점 A, O를 지나는 직선이 함수 $y=-\left(\frac{1}{2}\right)^x$의 그래프와 만나는 점을 C라 하자. 삼각형 ABC의 무게중심의 좌표가 $(-1, a)$일 때, 상수 a의 값은? (단, O는 원점이다.)

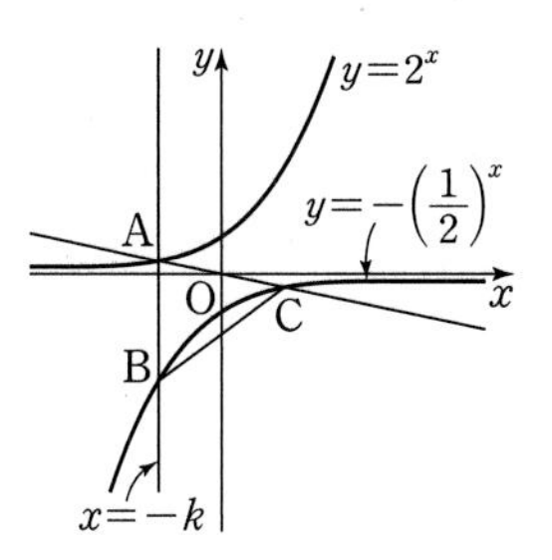

① $-\frac{5}{3}$ ② -2 ③ $-\frac{7}{3}$ ④ $-\frac{8}{3}$ ⑤ -3

길잡이 두 함수 $y=2^x$, $y=-\left(\frac{1}{2}\right)^x$의 그래프의 대칭성을 이용한다.

풀이 $-\left(\frac{1}{2}\right)^x=-2^{-x}$이므로 함수 $y=-\left(\frac{1}{2}\right)^x$의 그래프는 함수 $y=2^x$의 그래프를 원점에 대하여 대칭이동한 것이다.

이때 두 점 A, O를 지나는 직선이 함수 $y=-2^{-x}$의 그래프와 만나는 점이 C이므로 점 C는 점 A를 원점에 대하여 대칭이동한 것이다.

그러므로 $\mathrm{A}(-k,\ 2^{-k})$, $\mathrm{B}(-k,\ -2^k)$, $\mathrm{C}(k,\ -2^{-k})$

한편, 삼각형 ABC의 무게중심의 좌표가 $(-1, a)$이므로

$$-1=\frac{(-k)+(-k)+k}{3}=-\frac{k}{3},\ a=\frac{2^{-k}+(-2^k)+(-2^{-k})}{3}=-\frac{2^k}{3}$$

따라서 $k=3$이므로 $a=-\frac{8}{3}$

답 ④

유제

정답과 풀이 8쪽

3 [24008-0034]

두 함수 $y=2^{x+2}+3$, $y=\left(\frac{1}{3}\right)^{x-1}+k$의 그래프가 제2사분면에서 만나도록 하는 모든 자연수 k의 개수는?

① 1 ② 2 ③ 3 ④ 4 ⑤ 5

4 [24008-0035]

정의역이 $\{x\,|\,1\le x\le 2\}$인 함수 $y=-3^x+a$의 최솟값은 1이고 최댓값은 b이다. $a+b$의 값을 구하시오. (단, a, b는 상수이다.)

5. 로그함수의 뜻

지수함수 $y=a^x$ $(a>0,\ a\neq1)$의 역함수 $y=\log_a x$를 a를 밑으로 하는 로그함수라고 한다.

설명 지수함수 $y=a^x$ $(a>0,\ a\neq1)$은 실수 전체의 집합에서 양의 실수 전체의 집합으로의 일대일대응이므로 역함수가 존재한다. 이때 로그의 정의로부터 다음이 성립한다.

$y=a^x \Longleftrightarrow x=\log_a y$

위의 $x=\log_a y$에서 x와 y를 서로 바꾸면 $y=\log_a x$이므로 지수함수 $y=a^x$ $(a>0,\ a\neq1)$의 역함수는 $y=\log_a x$이다.

6. 로그함수 $y=\log_a x$ $(a>0,\ a\neq1)$의 그래프와 성질

(1) 로그함수 $y=\log_a x$ $(a>0,\ a\neq1)$의 그래프

밑 a의 값의 범위에 따라 다음과 같다.

① $a>1$일 때

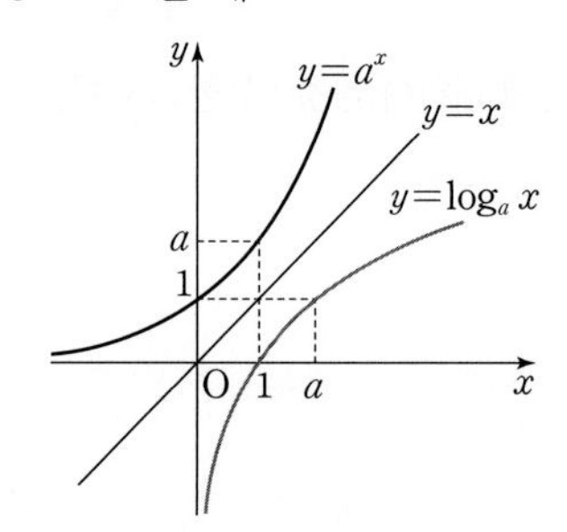

② $0<a<1$일 때

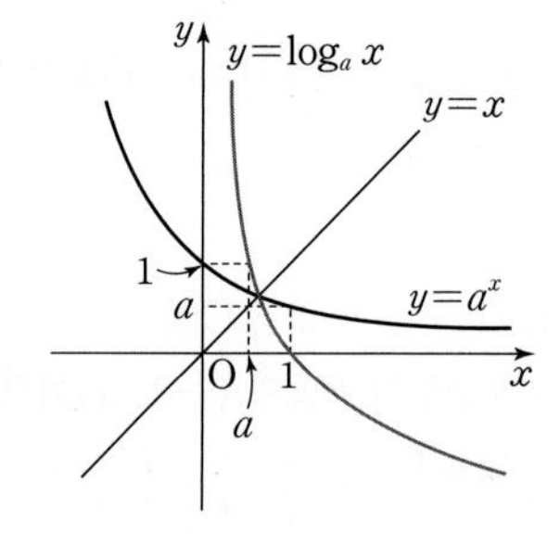

(2) 로그함수 $y=\log_a x$ $(a>0,\ a\neq1)$의 성질

① 정의역은 양의 실수 전체의 집합이고, 치역은 실수 전체의 집합이다.

② $a>1$일 때, x의 값이 증가하면 y의 값도 증가한다.

$0<a<1$일 때, x의 값이 증가하면 y의 값은 감소한다.

③ 그래프는 두 점 $(1,\ 0)$, $(a,\ 1)$을 지나고, 점근선은 y축이다.

참고 로그함수 $y=\log_a x$에서

① $a>1$일 때, $x_1<x_2$이면 $\log_a x_1<\log_a x_2$이다.

② $0<a<1$일 때, $x_1<x_2$이면 $\log_a x_1>\log_a x_2$이다.

예 두 함수 $y=\log_2 x$, $y=\log_3 x$의 그래프와 두 함수 $y=\log_{\frac{1}{2}} x$, $y=\log_{\frac{1}{3}} x$의 그래프는 그림과 같다.

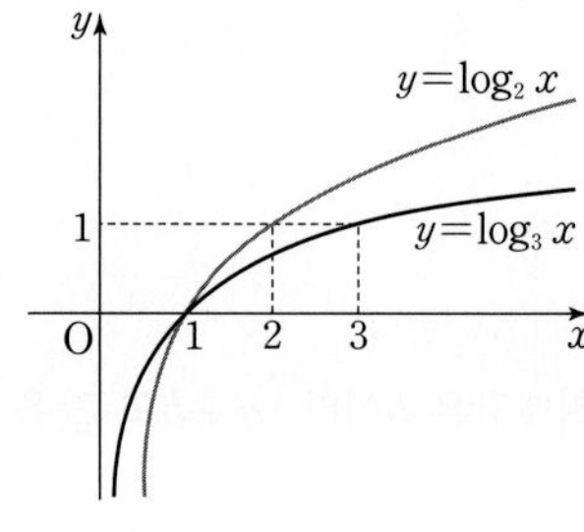

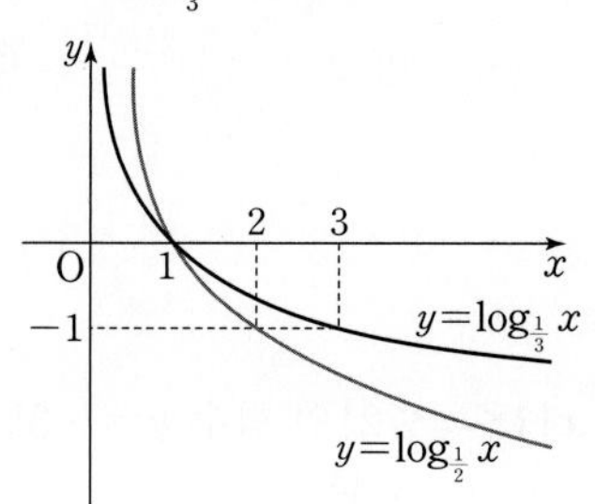

참고 두 함수 $y=\log_2 x$, $y=\log_3 x$에 대하여 다음이 성립한다.

(i) $x>1$일 때, $\log_2 x>\log_3 x$

(ii) $0<x<1$일 때, $\log_2 x<\log_3 x$

예제 3 로그함수의 그래프

www.ebsi.co.kr

함수 $y=\log_3 x$의 그래프가 x축과 만나는 점을 A, 점 A를 지나고 y축에 평행한 직선이 함수 $y=3^x$의 그래프와 만나는 점을 B, 점 B를 지나고 기울기가 -1인 직선이 함수 $y=\log_3 x$의 그래프와 만나는 점을 C라 할 때, 삼각형 ABC의 넓이는?

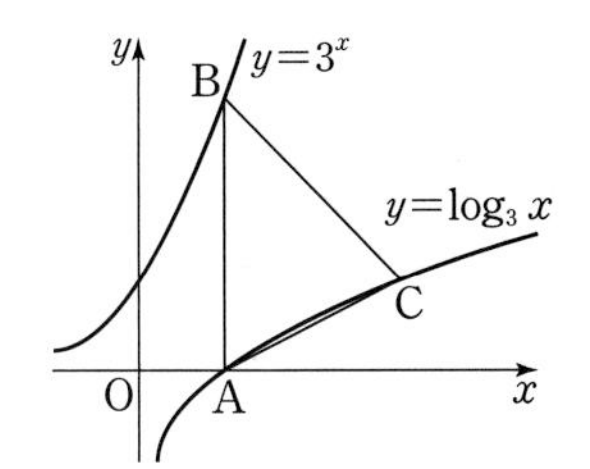

① 2 ② $\frac{5}{2}$ ③ 3 ④ $\frac{7}{2}$ ⑤ 4

길잡이 두 함수 $y=\log_3 x$, $y=3^x$의 그래프가 직선 $y=x$에 대하여 대칭임을 이용한다.

풀이 함수 $y=\log_3 x$의 그래프가 x축과 만나는 점의 x좌표는

$0=\log_3 x$, $x=1$

이때 A(1, 0)이므로 B$(1, 3^1)$, 즉 B(1, 3)

한편, 두 함수 $y=\log_3 x$, $y=3^x$의 그래프는 직선 $y=x$에 대하여 대칭이고, 점 B를 지나고 기울기가 -1인 직선이 함수 $y=\log_3 x$의 그래프와 만나는 점이 C이므로 두 점 B, C는 직선 $y=x$에 대하여 대칭이다.

그러므로 C(3, 1)

따라서 점 C에서 선분 AB에 내린 수선의 발을 H라 하면 삼각형 ABC의 넓이는

$$\frac{1}{2}\times\overline{\text{AB}}\times\overline{\text{CH}}=\frac{1}{2}\times(3-0)\times(3-1)=3$$

답 ③

유제

정답과 풀이 9쪽

5 [24008-0036]

함수 $f(x)=\log_a x$ $(a>0, a\neq1)$에 대하여 직선 $y=-x+2$와 함수 $y=f(x)$의 그래프가 만나는 점의 개수가 2이고 $|f(2)|=2$일 때, 상수 a의 값은?

① $\frac{\sqrt{2}}{4}$ ② $\frac{1}{2}$ ③ $\frac{\sqrt{2}}{2}$ ④ $\sqrt{2}$ ⑤ $2\sqrt{2}$

6 [24008-0037]

원 $(x-1)^2+y^2=r^2$이 두 함수 $y=\log_2 x$, $y=\log_4 x$의 그래프와 만나는 네 점의 x좌표 중 가장 큰 값이 8일 때, $4r^2$의 값을 구하시오. (단, r은 상수이다.)

7. 로그함수의 그래프의 평행이동과 대칭이동

(1) 평행이동

로그함수 $y=\log_a x$ $(a>0,\ a\neq1)$의 그래프를 x축의 방향으로 m만큼, y축의 방향으로 n만큼 평행이동한 그래프를 나타내는 식은

$$y=\log_a(x-m)+n$$

참고 로그함수 $y=\log_a(x-m)+n$의 그래프는 항상 점 $(m+1,\ n)$을 지나고, 점근선은 직선 $x=m$이다.

(2) 대칭이동

로그함수 $y=\log_a x$ $(a>0,\ a\neq1)$의 그래프를 x축, y축, 원점에 대하여 대칭이동한 그래프를 나타내는 식은 각각 다음과 같다.

① x축에 대하여 대칭이동한 그래프를 나타내는 식 : $y=-\log_a x$

② y축에 대하여 대칭이동한 그래프를 나타내는 식 : $y=\log_a(-x)$

③ 원점에 대하여 대칭이동한 그래프를 나타내는 식 : $y=-\log_a(-x)$

참고 $y=\log_{\frac{1}{a}} x=-\log_a x$이므로 함수 $y=\log_{\frac{1}{a}} x$의 그래프는 함수 $y=\log_a x$의 그래프를 x축에 대하여 대칭이동한 것이다.

예 함수 $y=-\log_2(x-1)+2$의 그래프는 함수 $y=\log_2 x$의 그래프를 이용하여 다음과 같이 나타내어 그릴 수 있다.

$y=\log_2 x$ ⇨ (x축에 대하여 대칭이동) ⇨ $y=-\log_2 x$ ⇨ (x축의 방향으로 1만큼, y축의 방향으로 2만큼 평행이동) ⇨ $y=-\log_2(x-1)+2$

8. 로그함수의 최댓값과 최솟값

$0<m<n$일 때, 정의역이 $\{x|m\leq x\leq n\}$인 함수 $y=\log_a x$ $(a>0,\ a\neq1)$의 최댓값과 최솟값은 다음과 같다.

(1) $a>1$일 때

$x=m$에서 최솟값 $\log_a m$,

$x=n$에서 최댓값 $\log_a n$을 갖는다.

(2) $0<a<1$일 때

$x=m$에서 최댓값 $\log_a m$,

$x=n$에서 최솟값 $\log_a n$을 갖는다.

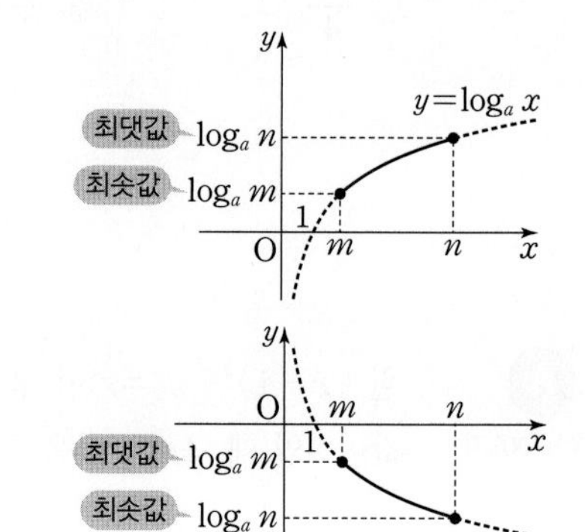

예 정의역이 $\{x|1\leq x\leq 2\}$인 함수 $y=\log_2 x$의 최댓값과 최솟값은 다음과 같다.

밑 2가 1보다 크므로 $x=1$에서 최솟값 $\log_2 1=0$을 갖고, $x=2$에서 최댓값 $\log_2 2=1$을 갖는다.

예제 4 로그함수의 그래프의 대칭이동

www.ebsi.co.kr

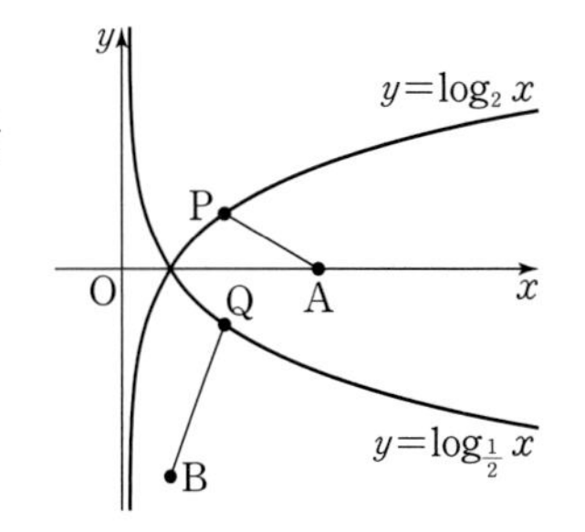

함수 $y=\log_2 x$의 그래프 위를 움직이는 점 $\mathrm{P}(a, \log_2 a)$ $(1<a<4)$와 함수 $y=\log_{\frac{1}{2}} x$의 그래프 위를 움직이는 점 $\mathrm{Q}(b, \log_{\frac{1}{2}} b)$ $(1<b<4)$가 $\overline{\mathrm{OP}}=\overline{\mathrm{OQ}}$를 만족시킨다. 두 점 $\mathrm{A}(4, 0)$, $\mathrm{B}(1, -4)$에 대하여 $\overline{\mathrm{AP}}+\overline{\mathrm{QB}}$의 최솟값은?

① 4 ② $\frac{9}{2}$ ③ 5 ④ $\frac{11}{2}$ ⑤ 6

길잡이 두 함수 $y=\log_2 x$, $y=\log_{\frac{1}{2}} x$의 그래프가 x축에 대하여 대칭임을 이용한다.

풀이 $y=\log_{\frac{1}{2}} x=\log_{2^{-1}} x=-\log_2 x$이므로 함수 $y=\log_{\frac{1}{2}} x$의 그래프는 함수 $y=\log_2 x$의 그래프를 x축에 대하여 대칭이동한 것이다.

한편, $\overline{\mathrm{OP}}=\overline{\mathrm{OQ}}$이고 $1<a<4$, $1<b<4$이므로 점 P를 x축에 대하여 대칭이동한 점은 Q이고 $\overline{\mathrm{AP}}=\overline{\mathrm{AQ}}$이다.

그러므로

$$\overline{\mathrm{AP}}+\overline{\mathrm{QB}}=\overline{\mathrm{AQ}}+\overline{\mathrm{QB}}\geq\overline{\mathrm{AB}}$$

따라서 $\overline{\mathrm{AP}}+\overline{\mathrm{QB}}$의 최솟값은 선분 AB의 길이이므로

$$\sqrt{(4-1)^2+(0+4)^2}=5$$

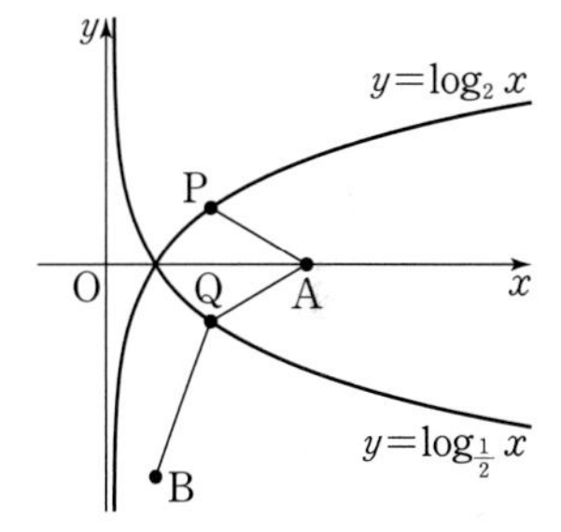

답 ③

유제

정답과 풀이 9쪽

7 [24008-0038]

함수 $y=\log_2 x$의 그래프와 함수 $y=\log_3(-x+m)$의 그래프가 제1사분면에서 만나도록 하는 자연수 m의 최솟값은?

① 1 ② 2 ③ 3 ④ 4 ⑤ 5

8 [24008-0039]

정의역이 $\left\{x \,\middle|\, -4\leq x\leq -\frac{1}{8}\right\}$인 함수 $y=-\log_2(-x)+a$의 최댓값은 4이고 최솟값은 b이다. $a+b$의 값은? (단, a, b는 상수이다.)

① -2 ② -1 ③ 0 ④ 1 ⑤ 2

9. 지수함수의 활용

(1) 지수에 미지수를 포함한 방정식의 풀이

$a>0$, $a\neq1$일 때,

$a^{f(x)}=a^{g(x)} \Longleftrightarrow f(x)=g(x)$

설명 지수함수 $y=a^x$ $(a>0,\ a\neq1)$은 실수 전체의 집합에서 양의 실수 전체의 집합으로의 일대일대응이므로 다음 식이 성립한다.

$a^{x_1}=a^{x_2} \Longleftrightarrow x_1=x_2$

이를 이용하여 지수에 미지수를 포함한 방정식을 푼다.

(2) 지수에 미지수를 포함한 부등식의 풀이

① $a>1$일 때, $a^{f(x)}<a^{g(x)} \Longleftrightarrow f(x)<g(x)$

② $0<a<1$일 때, $a^{f(x)}<a^{g(x)} \Longleftrightarrow f(x)>g(x)$

설명 지수함수 $y=a^x$ $(a>0,\ a\neq1)$은 다음과 같은 성질을 갖는다.

① $a>1$일 때, $a^{x_1}<a^{x_2} \Longleftrightarrow x_1<x_2$

② $0<a<1$일 때, $a^{x_1}<a^{x_2} \Longleftrightarrow x_1>x_2$

이를 이용하여 지수에 미지수를 포함한 부등식을 푼다.

예 ① $3^{2x}=3^{x+1} \Longleftrightarrow 2x=x+1$이므로 $x=1$

② $3^{2x}>3^{x+1} \Longleftrightarrow 2x>x+1$이므로 $x>1$

10. 로그함수의 활용

(1) 로그의 진수에 미지수를 포함한 방정식의 풀이

$a>0$, $a\neq1$, $f(x)>0$, $g(x)>0$일 때,

$\log_a f(x)=\log_a g(x) \Longleftrightarrow f(x)=g(x)$

설명 로그함수 $y=\log_a x$ $(a>0,\ a\neq1)$은 양의 실수 전체의 집합에서 실수 전체의 집합으로의 일대일대응이므로 다음 식이 성립한다.

$\log_a x_1=\log_a x_2 \Longleftrightarrow x_1=x_2$ (단, $a>0$, $a\neq1$, $x_1>0$, $x_2>0$)

이를 이용하여 로그의 진수에 미지수를 포함한 방정식을 푼다.

(2) 로그의 진수에 미지수를 포함한 부등식의 풀이

$f(x)>0$, $g(x)>0$인 $f(x)$, $g(x)$에 대하여

① $a>1$일 때, $\log_a f(x)<\log_a g(x) \Longleftrightarrow f(x)<g(x)$

② $0<a<1$일 때, $\log_a f(x)<\log_a g(x) \Longleftrightarrow f(x)>g(x)$

설명 로그함수 $y=\log_a x$ $(a>0,\ a\neq1)$은 다음과 같은 성질을 갖는다.

① $a>1$일 때, $\log_a x_1<\log_a x_2 \Longleftrightarrow x_1<x_2$ (단, $x_1>0$, $x_2>0$)

② $0<a<1$일 때, $\log_a x_1<\log_a x_2 \Longleftrightarrow x_1>x_2$ (단, $x_1>0$, $x_2>0$)

이를 이용하여 로그의 진수에 미지수를 포함한 부등식을 푼다.

예 ① $\log_2(x+1)=\log_2 2 \Longleftrightarrow x+1=2$이므로 $x=1$이고, $x=1$은 진수의 조건을 만족시킨다.

② $\log_2(x+1)>\log_2 2 \Longleftrightarrow x+1>2$이므로 $x>1$이고, $x>1$은 진수의 조건을 만족시킨다.

예제 5 지수에 미지수를 포함한 부등식

www.ebsi.co.kr

부등식 $(x-2)(3^{x-3}-26)<x-2$를 만족시키는 모든 정수 x의 값의 합은?

① 11 ② 12 ③ 13 ④ 14 ⑤ 15

길잡이 $x-2>0$, $x-2<0$으로 나눈 후 $a>1$일 때 $a^{x_1}<a^{x_2}$이면 $x_1<x_2$, $0<a<1$일 때 $a^{x_1}<a^{x_2}$이면 $x_1>x_2$임을 이용하여 부등식을 푼다.

풀이 $(x-2)(3^{x-3}-26)<x-2$에서

$(x-2)(3^{x-3}-27)<0$

x의 값에 따라 나누면 다음과 같다.

(i) $x>2$일 때

$(x-2)(3^{x-3}-27)<0$에서 $x-2>0$이므로

$3^{x-3}-27<0$, $3^{x-3}<3^3$

밑 3이 1보다 크므로

$x-3<3$, $x<6$

그러므로 $2<x<6$

(ii) $x<2$일 때

$(x-2)(3^{x-3}-27)<0$에서 $x-2<0$이므로

$3^{x-3}-27>0$, $3^{x-3}>3^3$

밑 3이 1보다 크므로

$x-3>3$, $x>6$

이때 $x<2$이므로 이 부등식을 만족시키는 x의 값은 없다.

(i), (ii)에서 $2<x<6$이므로 부등식을 만족시키는 모든 정수 x의 값의 합은

$3+4+5=12$

답 ②

유제

정답과 풀이 10쪽

9 [24008-0040]

함수 $y=\log_a x$ $(a>0, a\neq1)$의 그래프가 원 $x^2+(y-1)^2=1$과 만날 때,
부등식 $\log_a(3x+1)\leq\log_a(x+6)$을 만족시키는 10 이하의 모든 자연수 x의 값의 합을 구하시오.

10 [24008-0041]

방정식 $4^{|x-1|}=2\sqrt{2}$를 만족시키는 모든 실수 x의 값의 곱은?

① $\frac{1}{4}$ ② $\frac{5}{16}$ ③ $\frac{3}{8}$ ④ $\frac{7}{16}$ ⑤ $\frac{1}{2}$

Level 1

기초 연습

[24008-0042]

1 함수 $f(x)=a^x$ $(a>0,\ a\neq1)$에 대하여 $(f\circ f)(0)=\sqrt{2}$일 때, $f(3)$의 값은?

① $\sqrt{2}$ ② $\sqrt{3}$ ③ $2\sqrt{2}$ ④ $2\sqrt{3}$ ⑤ $3\sqrt{2}$

[24008-0043]

2 정의역이 $\{x|0\leq x\leq 1\}$인 함수 $y=a^x$ $(a>0,\ a\neq1)$의 치역이 $\left\{y\,\middle|\,\frac{1}{3}\leq y\leq b\right\}$일 때, $a+b$의 값은?

(단, a, b는 상수이다.)

① $\frac{7}{6}$ ② $\frac{4}{3}$ ③ $\frac{3}{2}$ ④ $\frac{5}{3}$ ⑤ $\frac{11}{6}$

[24008-0044]

3 함수 $y=a^x$ $(a>0,\ a\neq1)$의 그래프를 x축의 방향으로 m만큼, y축의 방향으로 n만큼 평행이동하면 함수 $y=4\times2^{x-1}+3$의 그래프와 일치할 때, $a+m+n$의 값은? (단, a, m, n은 상수이다.)

① 1 ② 2 ③ 3 ④ 4 ⑤ 5

[24008-0045]

4 정의역이 $\{x|-1\leq x\leq 3\}$인 함수 $y=-\left(\frac{2}{3}\right)^{x-2}+1$의 최댓값은?

① $\frac{1}{6}$ ② $\frac{1}{3}$ ③ $\frac{1}{2}$ ④ $\frac{2}{3}$ ⑤ $\frac{5}{6}$

[24008-0046]

5 함수 $y=2^{x-1}+2$의 그래프 위의 점 $(a,\ b)$와 함수 $y=2^{x-1}+2$의 그래프의 점근선 사이의 거리가 1일 때, $a+b$의 값은? (단, a, b는 상수이다.)

① 1 ② 2 ③ 3 ④ 4 ⑤ 5

[24008-0047]

6 함수 $y=\frac{2}{3}\log_4 \frac{1}{x}$의 그래프가 함수 $y=\log_a x$ $(a>0, a\neq 1)$의 그래프와 일치할 때, 상수 a의 값은?

① $\frac{1}{32}$ ② $\frac{1}{8}$ ③ $\frac{1}{2}$ ④ 2 ⑤ 8

[24008-0048]

7 함수 $y=\log_3 x$의 그래프를 x축에 대하여 대칭이동한 후 x축의 방향으로 1만큼, y축의 방향으로 2만큼 평행이동한 그래프가 점 $(4, a)$를 지날 때, 상수 a의 값은?

① -2 ② -1 ③ 0 ④ 1 ⑤ 2

[24008-0049]

8 함수 $y=4^{x-1}+1$의 그래프를 x축의 방향으로 1만큼 평행이동한 후 직선 $y=x$에 대하여 대칭이동한 그래프가 x축과 만나는 점의 x좌표는?

① $\frac{17}{16}$ ② $\frac{9}{8}$ ③ $\frac{19}{16}$ ④ $\frac{5}{4}$ ⑤ $\frac{21}{16}$

[24008-0050]

9 함수 $y=\log_7 (8x-1)$의 그래프의 점근선이 함수 $y=\log_{\frac{1}{4}} x$의 그래프와 만나는 점의 y좌표는?

① $\frac{1}{2}$ ② 1 ③ $\frac{3}{2}$ ④ 2 ⑤ $\frac{5}{2}$

[24008-0051]

10 부등식 $\log_2 (x+7)<1-\log_{\frac{1}{2}} (x+1)$을 만족시키는 자연수 x의 최솟값은?

① 5 ② 6 ③ 7 ④ 8 ⑤ 9

Level

2 기본 연습

[24008-0052]

1 함수 $f(x)=\begin{cases} 2^x \ (2^x \geq 4^x) \\ 4^x \ (2^x < 4^x) \end{cases}$에 대하여 $f(a) \times f(-a)=f(0)+7$일 때, 양수 a의 값은?

① 1　　② $\frac{3}{2}$　　③ 2　　④ $\frac{5}{2}$　　⑤ 3

[24008-0053]

2 함수 $y=2^x+1$의 그래프의 점근선과 함수 $y=-\left(\frac{1}{3}\right)^x+a$의 그래프의 점근선 사이의 거리가 3이고, 두 함수 $y=2^x+1$, $y=-\left(\frac{1}{3}\right)^x+a$의 그래프가 만날 때, 상수 a의 값은?

① -4　　② -2　　③ 0　　④ 2　　⑤ 4

[24008-0054]

3 정의역이 $\{x \mid 2 \leq x \leq 3\}$인 함수 $y=a^{x-1}+2$ $(a>0, a \neq 1)$의 최솟값이 $\frac{9}{4}$이고 최댓값이 b일 때, $a+b$의 값은? (단, a, b는 상수이다.)

① $\frac{5}{2}$　　② 3　　③ $\frac{7}{2}$　　④ 4　　⑤ $\frac{9}{2}$

[24008-0055]

4 기울기가 -2인 직선이 두 함수 $y=3^x$, $y=3^{x+2}+4$의 그래프와 만나는 점을 각각 A, B라 하자. 선분 AB의 중점의 좌표가 $(2, a)$일 때, 상수 a의 값을 구하시오.

[24008-0056]

5 다음 조건을 만족시키는 1이 아닌 두 양수 a, b에 대하여 정의역이 $\{x|-1\le x\le 2\}$인 함수 $y=\left(\frac{a}{b}\right)^x$의 최댓값이 2일 때, 최솟값은?

> (가) 함수 $y=a^x$의 그래프와 직선 $y=2x$는 서로 다른 두 점에서 만난다.
> (나) 함수 $y=\log_b x$의 그래프는 직선 $y=\frac{1}{2}x$와 만나지 않는다.

① $\frac{1}{4}$ ② $\frac{1}{2}$ ③ $\frac{\sqrt{2}}{2}$ ④ 1 ⑤ $\sqrt{2}$

[24008-0057]

6 함수 $y=-|x|+k$ $(k>1)$의 그래프가 함수 $y=2^x$의 그래프와 제1사분면에서 만나는 점을 A라 하고, 함수 $y=-|x|+k$ $(k>1)$의 그래프가 두 함수 $y=\log_2 x$, $y=\log_2(-x)$의 그래프와 만나는 점을 각각 B, C라 하자. 삼각형 ABC의 무게중심의 좌표가 $\left(\frac{2}{3}, a\right)$일 때, $k+a$의 값은? (단, k, a는 상수이다.)

① $\frac{23}{3}$ ② 8 ③ $\frac{25}{3}$ ④ $\frac{26}{3}$ ⑤ 9

[24008-0058]

7 실수 k에 대하여 직선 $y=k$가 두 함수 $y=\log_2 2x$, $y=\log_2(ax+b)$ $(a<0)$의 그래프와 만나는 점을 각각 P, Q라 하고 직선 $y=k$가 직선 $x=2$와 만나는 점을 R이라 하자. $k\ne 2$인 임의의 실수 k에 대하여 $\overline{PR}=\overline{QR}$을 만족시킬 때, ab의 값은? (단, a, b는 상수이다.)

① -19 ② -18 ③ -17 ④ -16 ⑤ -15

[24008-0059]

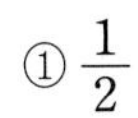

8 두 점 $\mathrm{A}(0, 6\sqrt{2})$, $\mathrm{B}(a, 0)$ $(a>0)$에 대하여 선분 AB가 함수 $y=4^{x+1}$의 그래프와 만나는 점을 C라 하자. $\overline{AC} : \overline{CB}=1 : 2$일 때, 점 C의 x좌표는? (단, a는 상수이다.)

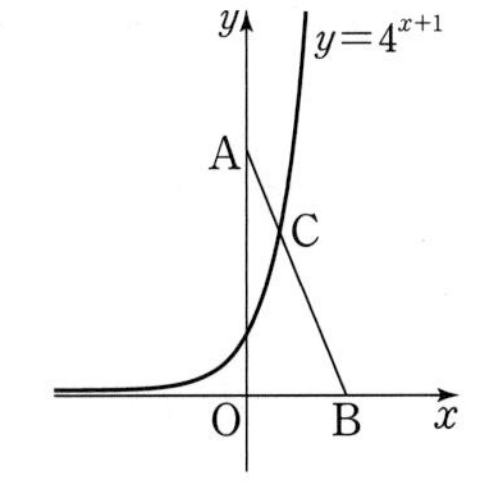

① $\frac{1}{2}$ ② $\frac{1}{3}$ ③ $\frac{1}{4}$ ④ $\frac{1}{5}$ ⑤ $\frac{1}{6}$

[24008-0060]

1 원점 O를 지나는 직선 l이 함수 $y=2^x$의 그래프와 서로 다른 두 점 P, Q ($\overline{OP}>\overline{OQ}$)에서 만난다. 직선 l이 함수 $y=-2^{-x}$의 그래프와 만나는 점 중 점 O와 가까운 점을 R이라 하자. $\overline{PQ}:\overline{QR}=3:2$일 때, 점 Q의 x좌표는?

① $\frac{1}{6}$ ② $\frac{1}{3}$ ③ $\frac{1}{2}$ ④ $\frac{2}{3}$ ⑤ $\frac{5}{6}$

[24008-0061]

2 함수 $y=\log_2 x$의 그래프 위의 제1사분면에 있는 점 A에 대하여 점 A를 지나고 x축에 평행한 직선이 함수 $y=\log_{\frac{1}{2}}(-x)$의 그래프와 만나는 점을 B, 두 점 O, B를 지나는 직선이 함수 $y=\log_2 x$의 그래프와 만나는 점을 C라 하자. 삼각형 ABC가 $\overline{AB}=\overline{AC}$인 이등변삼각형일 때, 삼각형 ABC의 넓이는? (단, O는 원점이다.)

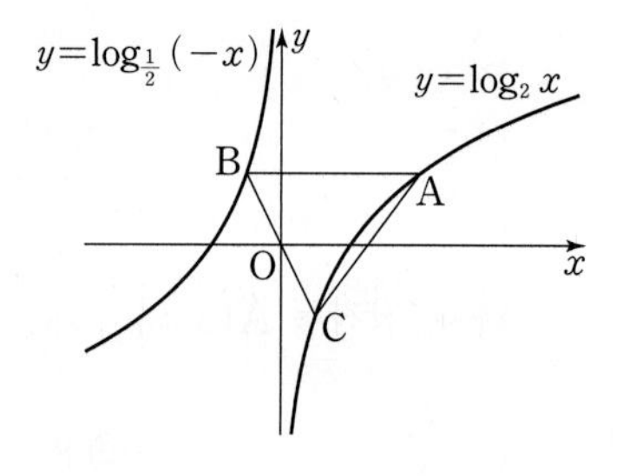

① 2 ② $\frac{9}{4}$ ③ $\frac{5}{2}$
④ $\frac{11}{4}$ ⑤ 3

[24008-0062]

3 자연수 n에 대하여 함수 $f(x)$를

$$f(x)=\begin{cases} |2^{x+3}-3| & (x\le 0) \\ 3^{-x+2}-n & (x>0) \end{cases}$$

이라 하자. 다음 조건을 만족시키는 모든 자연수 n의 개수를 구하시오.

> x에 대한 방정식 $f(x)=t$의 서로 다른 실근의 개수가 3이 되도록 하는 실수 t가 존재한다.

대표 기출 문제

출제경향 지수함수와 로그함수의 그래프를 이해하는 문제, 지수함수와 로그함수에 관련된 방정식 또는 부등식 등의 문제가 출제된다.

2022학년도 수능

직선 $y=2x+k$가 두 함수

$$y=\left(\frac{2}{3}\right)^{x+3}+1,\ y=\left(\frac{2}{3}\right)^{x+1}+\frac{8}{3}$$

의 그래프와 만나는 점을 각각 P, Q라 하자. $\overline{PQ}=\sqrt{5}$일 때, 상수 k의 값은? [4점]

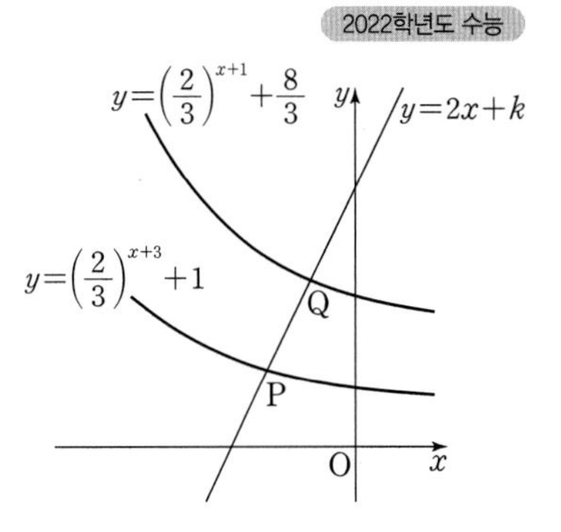

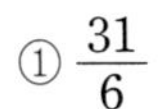

① $\frac{31}{6}$ ② $\frac{16}{3}$ ③ $\frac{11}{2}$
④ $\frac{17}{3}$ ⑤ $\frac{35}{6}$

출제 의도 지수함수의 그래프에 관련된 문제를 방정식으로 나타낸 후 지수에 미지수가 있는 방정식을 풀 수 있는지를 묻는 문제이다.

풀이 두 점 P, Q의 x좌표를 각각 p, q $(p<q)$라 하면 두 점 P, Q는 직선 $y=2x+k$ 위의 점이므로

$\mathrm{P}(p,\ 2p+k)$, $\mathrm{Q}(q,\ 2q+k)$

이때 $\overline{PQ}=\sqrt{5}$, 즉 $\overline{PQ}^2=5$이므로

$(q-p)^2+(2q-2p)^2=5$, $(q-p)^2=1$, $q-p=1$, $q=p+1$

한편, 점 $\mathrm{P}(p,\ 2p+k)$는 함수 $y=\left(\frac{2}{3}\right)^{x+3}+1$의 그래프 위의 점이므로

$\left(\frac{2}{3}\right)^{p+3}+1=2p+k$ …… ㉠

또 점 $\mathrm{Q}(p+1,\ 2p+k+2)$는 함수 $y=\left(\frac{2}{3}\right)^{x+1}+\frac{8}{3}$의 그래프 위의 점이므로

$\left(\frac{2}{3}\right)^{p+2}+\frac{8}{3}=2p+k+2$ …… ㉡

㉠, ㉡에서

$\left(\frac{2}{3}\right)^{p+2}+\frac{8}{3}=\left(\frac{2}{3}\right)^{p+3}+3$, $\left(\frac{2}{3}\right)^{p+2}-\frac{2}{3}\left(\frac{2}{3}\right)^{p+2}=\frac{1}{3}$, $\left(\frac{2}{3}\right)^{p+2}=1$, $p+2=0$, $p=-2$

$p=-2$를 ㉠에 대입하면

$\left(\frac{2}{3}\right)^{-2+3}+1=2\times(-2)+k$

따라서 $k=\frac{17}{3}$

답 ④

03 삼각함수

1. 일반각과 호도법

(1) 일반각

① 각과 각의 크기

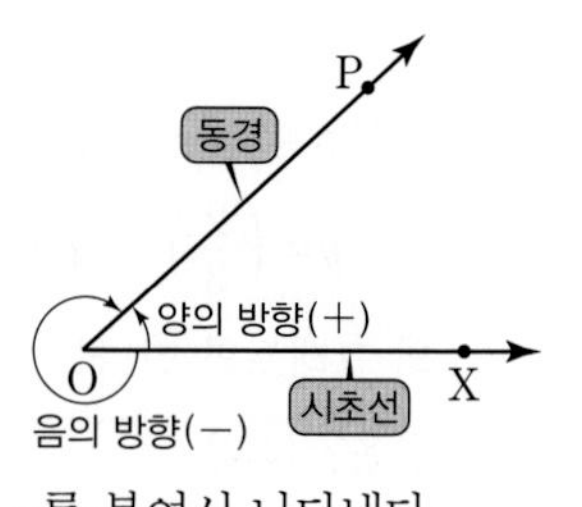

평면에서 반직선 OP가 반직선 OX의 위치에서 점 O를 중심으로 회전할 때, 두 반직선 OX, OP로 이루어진 도형을 기호 ∠XOP로 나타내고, 회전한 양을 ∠XOP의 크기라고 한다. 이때 반직선 OX를 시초선, 반직선 OP를 동경이라고 한다. 또 동경 OP가 점 O를 중심으로 회전할 때, 시곗바늘이 도는 방향의 반대 방향을 양의 방향, 시곗바늘이 도는 방향을 음의 방향이라고 한다. 이때 각의 크기는 양의 방향일 때는 양의 부호 +, 음의 방향일 때는 음의 부호 −를 붙여서 나타낸다.

② 일반각

시초선 OX와 동경 OP에 의하여 ∠XOP가 주어질 때, 동경 OP가 나타내는 한 각의 크기를 α°라 하면 ∠XOP의 크기는 다음과 같이 나타내고, 이것을 동경 OP가 나타내는 일반각이라고 한다.

$360^\circ \times n + \alpha^\circ$ (단, n은 정수)

③ 사분면의 각

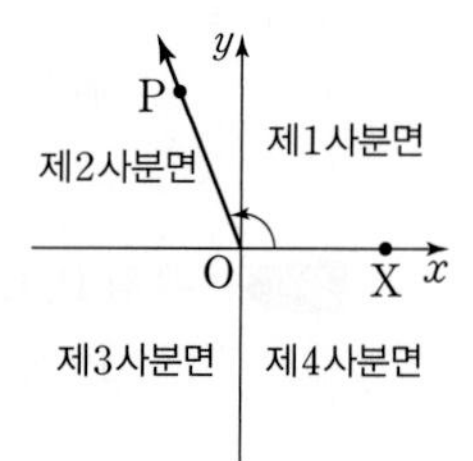

좌표평면에서 원점 O에 대하여 시초선 OX를 x축의 양의 방향으로 잡을 때, 동경 OP가 제1사분면, 제2사분면, 제3사분면, 제4사분면에 있으면 동경 OP가 나타내는 각을 각각 제1사분면의 각, 제2사분면의 각, 제3사분면의 각, 제4사분면의 각이라고 한다.

(2) 호도법

① 호도법

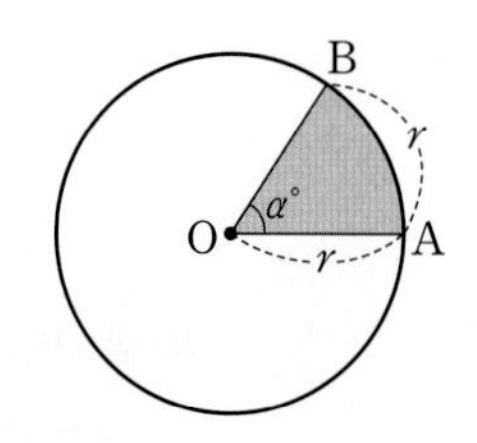

중심이 O이고 반지름의 길이가 r인 원에서 호 AB의 길이가 r인 부채꼴 OAB의 중심각의 크기 α°를 1라디안(radian)이라 하고, 이것을 단위로 하여 각의 크기를 나타내는 방법을 호도법이라고 한다.

참고 호도법으로 각의 크기를 나타낼 때는 단위인 라디안은 보통 생략한다.

② 육십분법과 호도법의 관계

$1(\text{라디안}) = \dfrac{180^\circ}{\pi}$, $1^\circ = \dfrac{\pi}{180}(\text{라디안})$

설명 호의 길이는 중심각의 크기에 비례하므로 $2\pi r : r = 360^\circ : \alpha^\circ$, $\alpha^\circ = \dfrac{180^\circ}{\pi}$, 즉 $1(\text{라디안}) = \dfrac{180^\circ}{\pi}$

③ 부채꼴의 호의 길이와 넓이

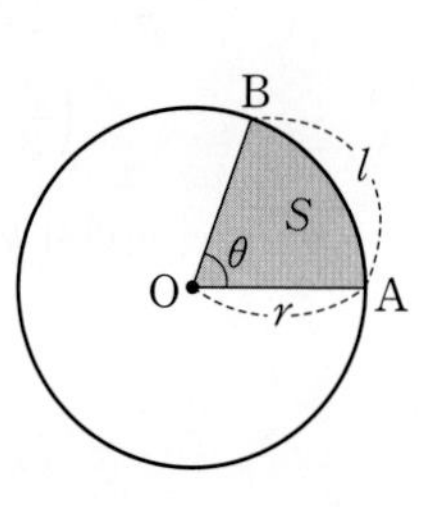

반지름의 길이가 r, 중심각의 크기가 θ(라디안)인 부채꼴에서 호의 길이를 l, 넓이를 S라 하면

(i) $l = r\theta$ (ii) $S = \dfrac{1}{2}r^2\theta = \dfrac{1}{2}rl$

설명 호의 길이 l과 부채꼴의 넓이 S는 중심각의 크기 θ(라디안)에 비례하므로

(i) $l : 2\pi r = \theta : 2\pi$에서 $l = r\theta$ (ii) $S : \pi r^2 = \theta : 2\pi$에서 $S = \dfrac{1}{2}r^2\theta = \dfrac{1}{2}rl$

예제 1 호도법

www.ebs*i*.co.kr

중심이 O이고 반지름의 길이가 2인 부채꼴 OAB에 대하여 호 AB의 길이를 l, 부채꼴 OAB의 넓이를 S라 하자. $S=l^2$일 때, 부채꼴 OAB의 중심각인 $\angle$AOB의 크기는? (단, $l>0$)

① $\frac{1}{4}$　　② $\frac{1}{2}$　　③ $\frac{3}{4}$　　④ 1　　⑤ $\frac{5}{4}$

길잡이 반지름의 길이가 r, 중심각의 크기가 θ(라디안)인 부채꼴에서

(1) 호의 길이 $l=r\theta$

(2) 부채꼴의 넓이 $S=\frac{1}{2}r^2\theta=\frac{1}{2}rl$

풀이 부채꼴 OAB의 반지름의 길이가 2이므로

$$S=\frac{1}{2}\times 2\times l=l$$

이때 $S=l^2$에서

$$l=l^2,\ l(l-1)=0$$

$l>0$이므로 $l=1$

따라서 부채꼴 OAB의 중심각인 $\angle$AOB의 크기를 θ(라디안)이라 하면 $l=1$이므로

$$1=2\times\theta,\ \theta=\frac{1}{2}$$

답 ②

유제

정답과 풀이 16쪽

1 [24008-0063]

중심이 O인 원 C 위의 점 X에 대하여 반직선 OX를 시초선으로 잡을 때, 두 각 $-\frac{\pi}{6}$, $\frac{\pi}{5}$가 나타내는 동경이 원 C와 만나는 점을 각각 A, B라 하자. 부채꼴 OAB의 넓이가 $\frac{33}{5}\pi$일 때, 원 C의 반지름의 길이를 구하시오. (단, 점 X는 부채꼴 OAB의 호 AB 위에 있다.)

2 [24008-0064]

그림과 같이 중심이 O이고 반지름의 길이가 3인 부채꼴 OAB와 두 선분 OA, OB를 각각 지름으로 하는 반원이 있다. 세 호 OA, OB, AB로 둘러싸인 도형의 둘레의 길이가 $\frac{14}{3}\pi$일 때, 부채꼴 OAB의 넓이는?

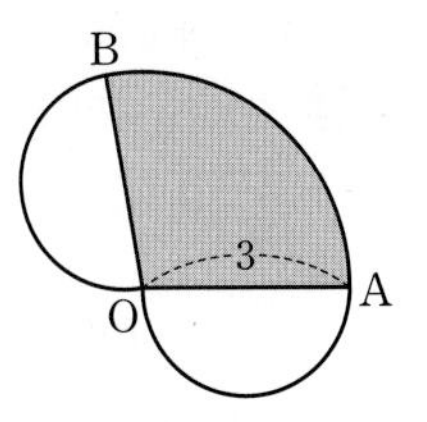

① π　　② $\frac{3}{2}\pi$　　③ 2π

④ $\frac{5}{2}\pi$　　⑤ 3π

2. 삼각함수의 뜻

좌표평면에서 중심이 원점 O이고 반지름의 길이가 r $(r>0)$인 원 위의 한 점을 P(x, y), x축의 양의 방향을 시초선으로 하였을 때, 동경 OP가 나타내는 각의 크기를 θ라 하자. 이때 θ에 대한 삼각함수를 다음과 같이 정의한다.

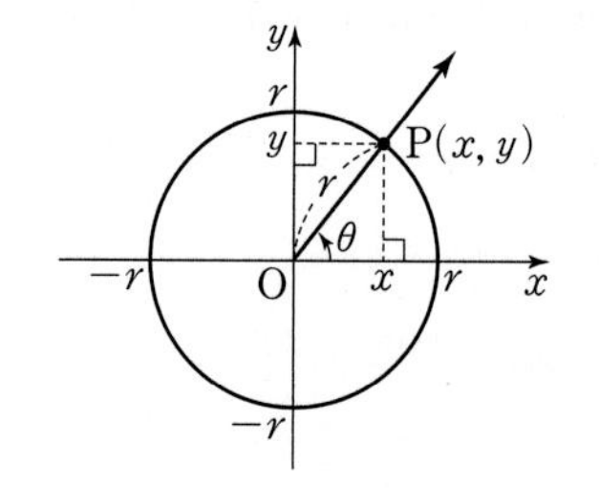

$$\sin\theta=\frac{y}{r},\ \cos\theta=\frac{x}{r},\ \tan\theta=\frac{y}{x}\ (x\neq0)$$

이때 $\sin\theta$, $\cos\theta$, $\tan\theta$를 각각 사인함수, 코사인함수, 탄젠트함수라 하고, 이 함수들을 θ에 대한 삼각함수라고 한다.

설명 동경 OP가 나타내는 각의 크기 θ에 대하여 $\frac{y}{r}$, $\frac{x}{r}$, $\frac{y}{x}$ $(x\neq0)$의 값은 각각 하나로 결정된다.

즉, 다음의 대응 관계는 각각 θ에 대한 함수가 된다.

$$\theta \longrightarrow \frac{y}{r},\ \theta \longrightarrow \frac{x}{r},\ \theta \longrightarrow \frac{y}{x}\ (x\neq0)$$

이때 각 함수를 사인함수, 코사인함수, 탄젠트함수라 하고, 이것을 각각 기호로 다음과 같이 나타낸다.

$$\sin\theta=\frac{y}{r},\ \cos\theta=\frac{x}{r},\ \tan\theta=\frac{y}{x}\ (x\neq0)$$

참고 (1) 각 사분면에서의 삼각함수의 부호는 다음 표와 같다.

사분면 / 삼각함수	제1사분면 $(x>0, y>0)$	제2사분면 $(x<0, y>0)$	제3사분면 $(x<0, y<0)$	제4사분면 $(x>0, y<0)$
$\sin\theta$	$+$	$+$	$-$	$-$
$\cos\theta$	$+$	$-$	$-$	$+$
$\tan\theta$	$+$	$-$	$+$	$-$

(2) $\tan\theta$는 $\theta=n\pi+\frac{\pi}{2}$ (n은 정수)에서 정의되지 않는다.

3. 삼각함수 사이의 관계

(1) $\tan\theta=\dfrac{\sin\theta}{\cos\theta}$

(2) $\sin^2\theta+\cos^2\theta=1$

설명 각 θ가 나타내는 동경과 원 $x^2+y^2=1$이 만나는 점을 P(x, y)라 하면 다음이 성립한다.

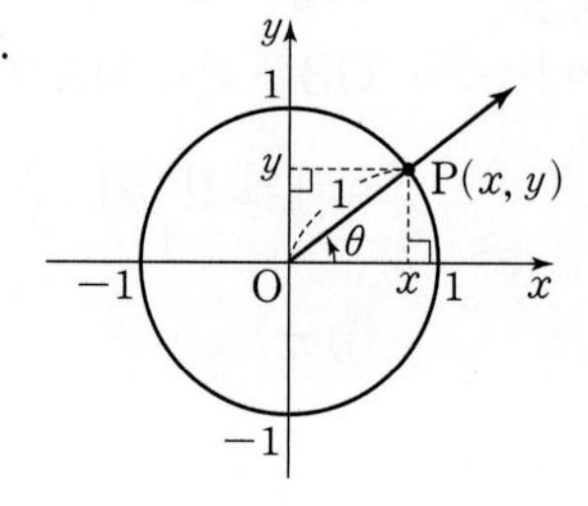

(1) $\sin\theta=y$, $\cos\theta=x$, $\tan\theta=\frac{y}{x}$ $(x\neq0)$이므로

$$\tan\theta=\frac{y}{x}=\frac{\sin\theta}{\cos\theta}$$

(2) 점 P(x, y)가 원 $x^2+y^2=1$ 위의 점이므로

$$\sin^2\theta+\cos^2\theta=y^2+x^2=1$$

예제 2 삼각함수의 뜻

www.ebsi.co.kr

$m<-1$인 음수 m에 대하여 원 $x^2+y^2=1$과 직선 $y=mx$가 만나는 점 중 제2사분면 위의 점을 A, 원 $x^2+y^2=1$과 직선 $y=\frac{1}{m}x$가 만나는 점 중 제4사분면 위의 점을 B라 하고, 두 동경 OA, OB가 나타내는 각의 크기를 각각 α, β라 하자. $\sin\alpha\sin\beta=-\frac{\sqrt{2}}{3}$일 때, 상수 m의 값은? (단, O는 원점이고, 시초선은 x축의 양의 방향이다.)

① $-\sqrt{2}$ ② $-\sqrt{3}$ ③ -2 ④ $-\sqrt{5}$ ⑤ $-\sqrt{6}$

길잡이 조건을 만족시키는 두 점 A, B의 좌표를 구한 후, 삼각함수의 정의를 이용하여 $\sin\alpha$, $\sin\beta$의 값을 구한다.

풀이 원 $x^2+y^2=1$과 직선 $y=mx$가 만나는 점의 x좌표는

$$x^2+(mx)^2=1,\ x^2=\frac{1}{m^2+1}$$

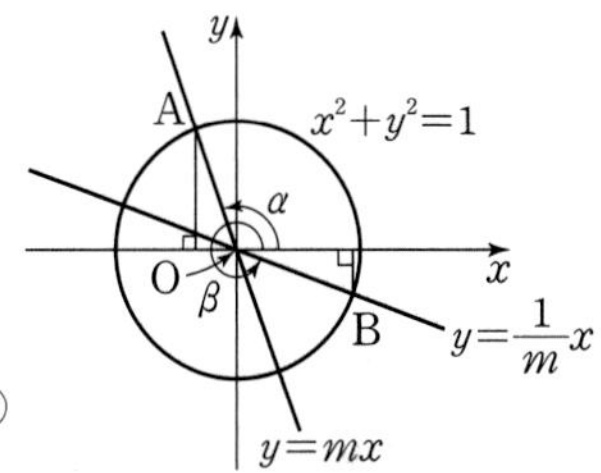

점 A가 제2사분면 위의 점이므로 $A\left(-\frac{1}{\sqrt{m^2+1}},\ -\frac{m}{\sqrt{m^2+1}}\right)$

$\overline{OA}=1$이므로 $\sin\alpha=-\frac{m}{\sqrt{m^2+1}}$ …… ㉠

두 직선 $y=mx$, $y=\frac{1}{m}x$는 직선 $y=x$에 대하여 대칭이고, 원 $x^2+y^2=1$도 직선 $y=x$에 대하여 대칭이므로 두 점 A, B는 직선 $y=x$에 대하여 대칭이다.

즉, $B\left(-\frac{m}{\sqrt{m^2+1}},\ -\frac{1}{\sqrt{m^2+1}}\right)$이고 $\overline{OB}=1$이므로 $\sin\beta=-\frac{1}{\sqrt{m^2+1}}$ …… ㉡

㉠, ㉡에 의하여

$$\sin\alpha\sin\beta=\left(-\frac{m}{\sqrt{m^2+1}}\right)\times\left(-\frac{1}{\sqrt{m^2+1}}\right)=\frac{m}{m^2+1}$$

이때 $\sin\alpha\sin\beta=-\frac{\sqrt{2}}{3}$에서

$$\frac{m}{m^2+1}=-\frac{\sqrt{2}}{3},\ \sqrt{2}m^2+3m+\sqrt{2}=0,\ (\sqrt{2}m+1)(m+\sqrt{2})=0$$

$m<-1$이므로 $m=-\sqrt{2}$

답 ①

유제

정답과 풀이 17쪽

3 [24008-0065]

$\sin\theta=\frac{3}{5}$이고 $\cos\theta+\tan\theta<0$일 때, $\cos\theta-\tan\theta$의 값은?

① $-\frac{1}{10}$ ② $-\frac{1}{20}$ ③ 0 ④ $\frac{1}{20}$ ⑤ $\frac{1}{10}$

4 [24008-0066]

$\sin\theta-\cos\theta=\frac{\sqrt{2}}{2}$일 때, $\tan\theta+\frac{1}{\tan\theta}$의 값을 구하시오.

4. 삼각함수의 그래프

(1) 함수 $y=\sin x$의 그래프

① 정의역은 실수 전체의 집합이고,
치역은 $\{y \mid -1 \le y \le 1\}$이다.

② 함수 $y=\sin x$의 그래프는 원점에 대하여 대칭이다.

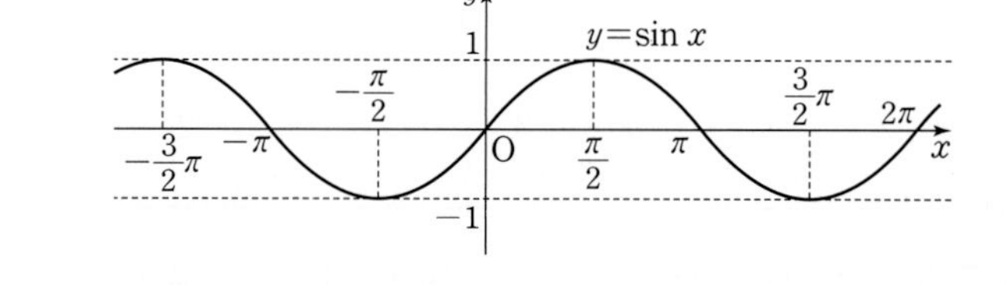

③ 모든 실수 x에 대하여
$\sin(2n\pi+x)=\sin x$ (n은 정수)이고, 주기가 2π인 주기함수이다.

참고 함수 $f(x)$의 정의역에 속하는 임의의 실수 x에 대하여 $f(x+p)=f(x)$를 만족시키는 0이 아닌 상수 p가 존재할 때 함수 $f(x)$를 주기함수라 하고, 상수 p 중 최소인 양수를 함수 $f(x)$의 주기라고 한다.

(2) 함수 $y=\cos x$의 그래프

① 정의역은 실수 전체의 집합이고,
치역은 $\{y \mid -1 \le y \le 1\}$이다.

② 함수 $y=\cos x$의 그래프는 y축에 대하여 대칭이다.

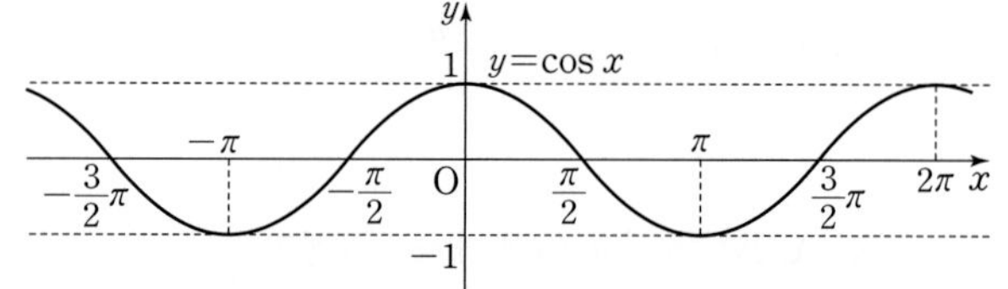

③ 모든 실수 x에 대하여
$\cos(2n\pi+x)=\cos x$ (n은 정수)이고, 주기가 2π인 주기함수이다.

(3) 함수 $y=\tan x$의 그래프

① 정의역은 $x \ne n\pi+\frac{\pi}{2}$ (n은 정수)인 실수 전체의 집합이고, 치역은 실수 전체의 집합이다.

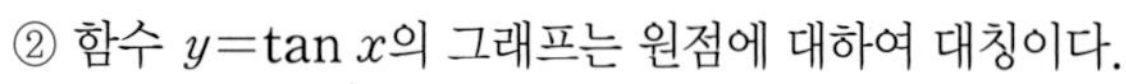
② 함수 $y=\tan x$의 그래프는 원점에 대하여 대칭이다.

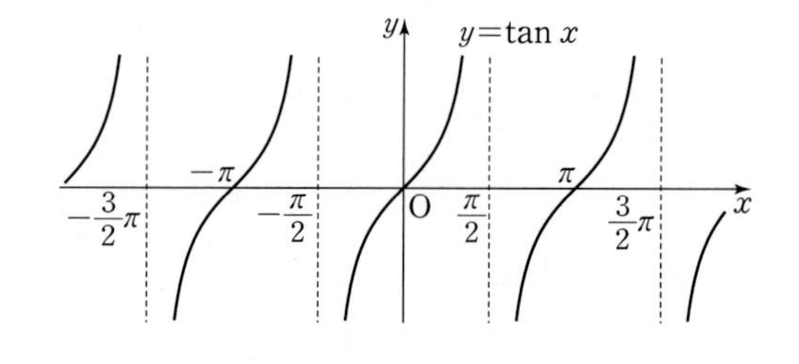

③ 정의역에 속하는 모든 실수 x에 대하여
$\tan(n\pi+x)=\tan x$ (n은 정수)이고, 주기가 π인 주기함수이다.

④ 그래프의 점근선은 직선 $x=n\pi+\frac{\pi}{2}$ (n은 정수)이다.

참고 여러 가지 삼각함수의 그래프

(1) 함수 $y=a\sin x$, $y=a\cos x$, $y=a\tan x$ (a는 0이 아닌 상수)의 그래프

① 두 함수 $y=a\sin x$, $y=a\cos x$의 최댓값은 $|a|$, 최솟값은 $-|a|$이다.

② 함수 $y=a\tan x$의 최솟값과 최댓값은 없다.

(2) 함수 $y=\sin ax$, $y=\cos ax$, $y=\tan ax$ (a는 0이 아닌 상수)의 그래프

① 두 함수 $y=\sin ax$, $y=\cos ax$의 주기는 모두 $\frac{2\pi}{|a|}$이다.

② 함수 $y=\tan ax$의 주기는 $\frac{\pi}{|a|}$이다.

예제 3 삼각함수의 그래프

www.ebsi.co.kr

자연수 n에 대하여 $0<x<n$에서 함수 $y=2\sin\frac{\pi}{2}x$의 그래프가 직선 $y=1$과 서로 다른 네 점 A, B, C, D에서만 만난다. 네 점 A, B, C, D의 x좌표를 각각 p, q, r, s라 할 때, $\frac{n}{p+q+r+s}$의 최댓값과 최솟값을 각각 M, m이라 하자. Mm의 값은? (단, $p<q<r<s$)

① $\frac{1}{3}$ ② $\frac{1}{2}$ ③ 1 ④ 2 ⑤ 3

길잡이 함수 $y=2\sin\frac{\pi}{2}x$의 그래프의 대칭성과 주기를 이용하여 n의 최댓값, 최솟값과 $p+q+r+s$의 값을 구한다.

풀이 함수 $y=2\sin\frac{\pi}{2}x$의 주기는 $\frac{2\pi}{\frac{\pi}{2}}=4$이고, 최댓값과 최솟값은 각각 2, -2이므로 함수 $y=2\sin\frac{\pi}{2}x$의 그래프는 그림과 같다.

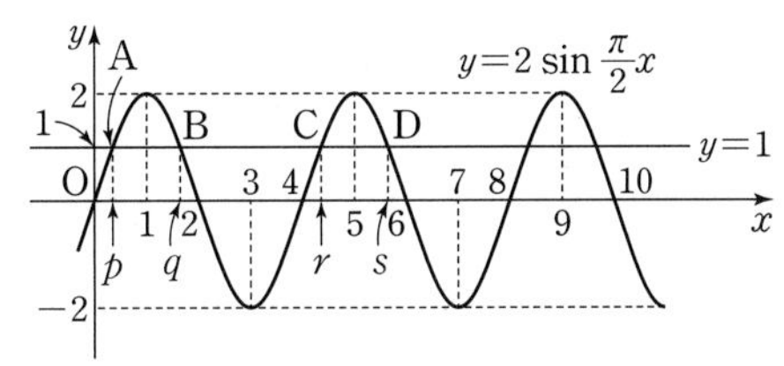

자연수 n에 대하여 $0<x<n$에서 함수 $y=2\sin\frac{\pi}{2}x$의 그래프가 직선 $y=1$과 서로 다른 네 점에서 만나려면 $n=6$ 또는 $n=7$ 또는 $n=8$이어야 한다.

이때 함수 $y=2\sin\frac{\pi}{2}x$의 그래프는 두 직선 $x=1$, $x=5$에 대하여 모두 대칭이므로

$\frac{p+q}{2}=1$, $\frac{r+s}{2}=5$

$p+q+r+s=2+10=12$

따라서 $\frac{n}{p+q+r+s}$의 값은 $n=8$일 때 최댓값 $M=\frac{8}{12}=\frac{2}{3}$를 갖고, $n=6$일 때 최솟값 $m=\frac{6}{12}=\frac{1}{2}$을 가지므로

$Mm=\frac{2}{3}\times\frac{1}{2}=\frac{1}{3}$

답 ①

참고 $p+q=2$이고 $r=p+4$, $s=q+4$이므로 $p+q+r+s=2(p+q)+8=2\times2+8=12$로 구할 수도 있다.

유제

정답과 풀이 17쪽

5 [24008-0067]
두 양수 a, b에 대하여 함수 $y=a\cos bx+ab$의 주기가 π이고 최댓값이 3일 때, $a+b$의 값을 구하시오.

6 [24008-0068]
함수 $y=a\tan 2x+b$의 그래프가 두 점 $\left(\frac{\pi}{3}, 0\right)$, $\left(\frac{\pi}{2}, 3\right)$을 지날 때, a^2+b^2의 값을 구하시오.
(단, a, b는 상수이다.)

5. 삼각함수의 성질

(1) $2n\pi+\theta$의 삼각함수 (단, n은 정수)

① $\sin(2n\pi+\theta)=\sin\theta$ ② $\cos(2n\pi+\theta)=\cos\theta$ ③ $\tan(2n\pi+\theta)=\tan\theta$

(2) $-\theta$의 삼각함수

① $\sin(-\theta)=-\sin\theta$ ② $\cos(-\theta)=\cos\theta$ ③ $\tan(-\theta)=-\tan\theta$

(3) $\pi+\theta$의 삼각함수

① $\sin(\pi+\theta)=-\sin\theta$ ② $\cos(\pi+\theta)=-\cos\theta$ ③ $\tan(\pi+\theta)=\tan\theta$

(4) $\frac{\pi}{2}+\theta$의 삼각함수

① $\sin\left(\frac{\pi}{2}+\theta\right)=\cos\theta$ ② $\cos\left(\frac{\pi}{2}+\theta\right)=-\sin\theta$

설명 (2)는 다음과 같이 두 가지 방법으로 설명할 수 있다.

(i) 함수 $y=\sin x$의 그래프는 원점에 대하여 대칭이므로 $\sin(-\theta)=-\sin\theta$

함수 $y=\cos x$의 그래프는 y축에 대하여 대칭이므로 $\cos(-\theta)=\cos\theta$

함수 $y=\tan x$의 그래프는 원점에 대하여 대칭이므로 $\tan(-\theta)=-\tan\theta$

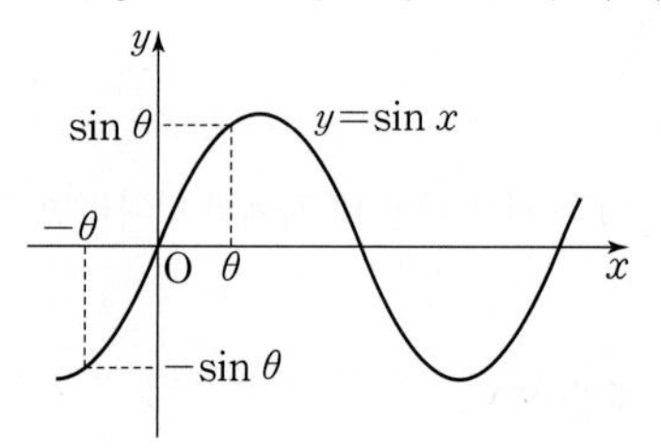

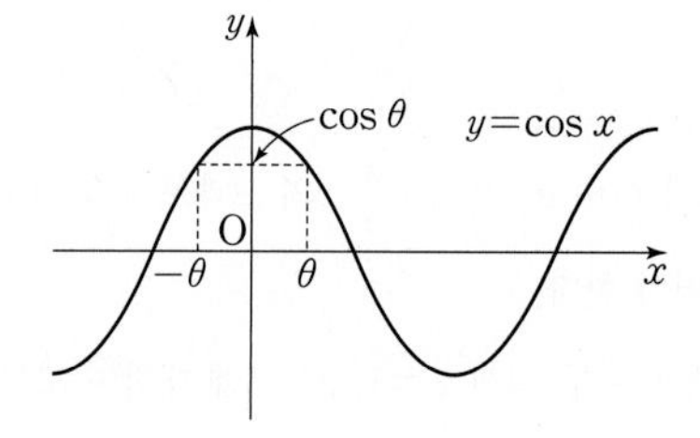

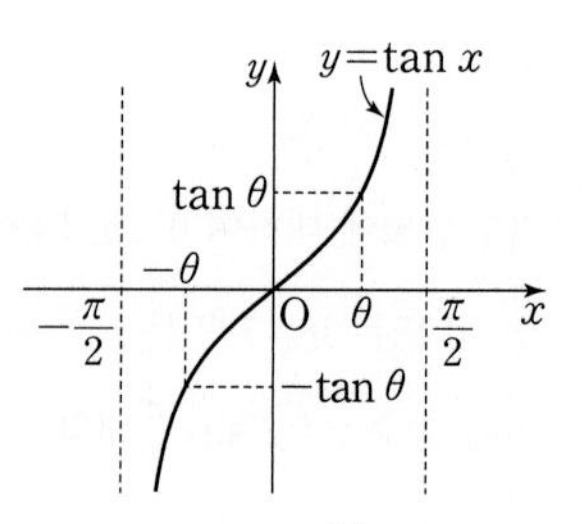

(ii) 각 θ와 각 $-\theta$가 나타내는 동경이 원 $x^2+y^2=1$과 만나는 점을 각각 P(x, y), P$'(x', y')$이라 하면 점 P와 점 P$'$은 x축에 대하여 서로 대칭이므로 $x'=x$, $y'=-y$이다. 따라서 다음이 성립한다.

$\sin(-\theta)=y'=-y=-\sin\theta$

$\cos(-\theta)=x'=x=\cos\theta$

$\tan(-\theta)=\frac{y'}{x'}=\frac{-y}{x}=-\tan\theta\ (x\neq0)$

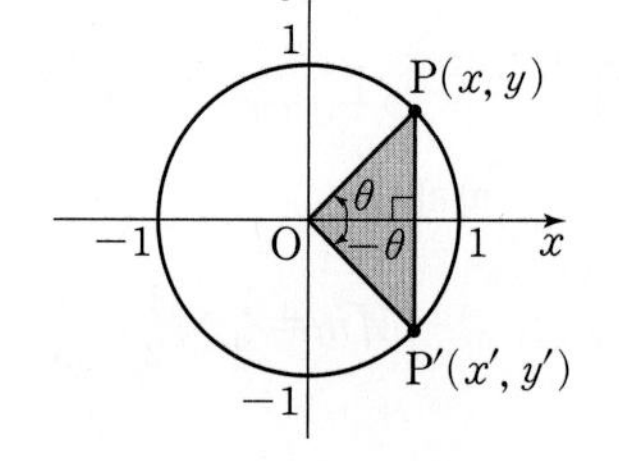

참고 위의 (3), (4)의 식에 θ 대신 $-\theta$를 대입하면 다음이 성립한다.

(3) $\sin(\pi-\theta)=-\sin(-\theta)=\sin\theta$

$\cos(\pi-\theta)=-\cos(-\theta)=-\cos\theta$

$\tan(\pi-\theta)=\tan(-\theta)=-\tan\theta$

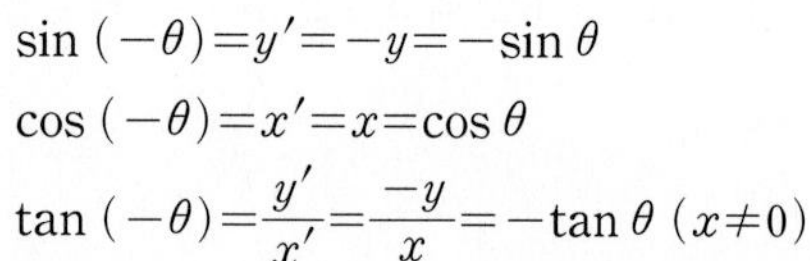

(4) $\sin\left(\frac{\pi}{2}-\theta\right)=\cos(-\theta)=\cos\theta$

$\cos\left(\frac{\pi}{2}-\theta\right)=-\sin(-\theta)=\sin\theta$

예제 4 삼각함수의 성질

www.ebsi.co.kr

$\sin\left(\frac{\pi}{2}+\theta\right)\times\cos\left(\frac{\pi}{2}-\theta\right)=\frac{1}{4}$이고 $\sin(\pi+\theta)<0$일 때, $\sin^3\theta+\cos^3\theta$의 값은?

① $\frac{\sqrt{6}}{4}$ ② $\frac{3\sqrt{6}}{8}$ ③ $\frac{\sqrt{6}}{2}$ ④ $\frac{5\sqrt{6}}{8}$ ⑤ $\frac{3\sqrt{6}}{4}$

길잡이 삼각함수의 성질과 삼각함수 사이의 관계를 이용하여 $\sin^3\theta+\cos^3\theta$의 값을 구한다.

풀이 $\sin\left(\frac{\pi}{2}+\theta\right)\times\cos\left(\frac{\pi}{2}-\theta\right)=\frac{1}{4}$에서 $\cos\theta\sin\theta=\frac{1}{4}$ …… ㉠

$\sin(\pi+\theta)<0$에서 $\sin(\pi+\theta)=-\sin\theta$이므로 $\sin\theta>0$

㉠에서 $\cos\theta=\frac{1}{4\sin\theta}>0$이므로 $\sin\theta+\cos\theta>0$

이때

$$(\sin\theta+\cos\theta)^2=(\sin^2\theta+\cos^2\theta)+2\sin\theta\cos\theta$$
$$=1+2\times\frac{1}{4}=\frac{3}{2}$$

이므로 $\sin\theta+\cos\theta=\frac{\sqrt{6}}{2}$

따라서

$$\sin^3\theta+\cos^3\theta=(\sin\theta+\cos\theta)^3-3\sin\theta\cos\theta(\sin\theta+\cos\theta)$$
$$=\left(\frac{\sqrt{6}}{2}\right)^3-3\times\frac{1}{4}\times\frac{\sqrt{6}}{2}=\frac{3\sqrt{6}}{8}$$

답 ②

유제

정답과 풀이 17쪽

7 [24008-0069]

$\sin(\pi-\theta)=\frac{3}{5}$이고 $\tan\theta<0$일 때, $\sin\left(\frac{3}{2}\pi+\theta\right)$의 값은?

① $-\frac{4}{5}$ ② $-\frac{3}{5}$ ③ 0 ④ $\frac{3}{5}$ ⑤ $\frac{4}{5}$

8 [24008-0070]

x에 대한 이차방정식

$$x^2+2x\tan\left(\frac{\pi}{2}+\theta\right)+\tan(\pi+\theta)=0$$

의 두 근을 α, β라 하자. $(4\alpha-1)(4\beta-1)=1$일 때, $\tan^2\theta$의 값은? (단, θ는 상수이다.)

① 1 ② $\frac{1}{2}$ ③ $\frac{1}{3}$ ④ $\frac{1}{4}$ ⑤ $\frac{1}{5}$

6. 삼각함수의 활용

(1) 방정식에의 활용

방정식 $2\sin x=1$, $\tan x=-1$과 같이 각의 크기가 미지수인 삼각함수를 포함한 방정식은 삼각함수의 그래프를 이용하여 다음과 같이 풀 수 있다.

① 주어진 방정식을 $\sin x=k$ ($\cos x=k$, $\tan x=k$)의 꼴로 변형한다.

② 주어진 범위에서 삼각함수 $y=\sin x$ ($y=\cos x$, $y=\tan x$)의 그래프와 직선 $y=k$를 그린 후 두 그래프의 교점의 x좌표를 찾아서 해를 구한다.

예 $0\le x<2\pi$일 때, 방정식 $\sin x=\frac{1}{2}$의 해를 구해 보자.

방정식 $\sin x=\frac{1}{2}$의 해는 함수 $y=\sin x$의 그래프와 직선 $y=\frac{1}{2}$의 교점의 x좌표이다.

따라서 그림에서 구하는 해는

$x=\frac{\pi}{6}$ 또는 $x=\frac{5}{6}\pi$

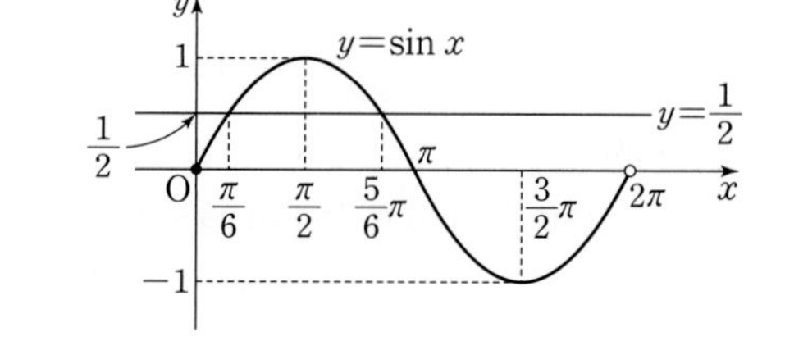

참고 단위원을 이용하는 방법

단위원 $x^2+y^2=1$과 직선 $y=\frac{1}{2}$이 만나는 두 점을 P, P′이라 할 때, 방정식 $\sin x=\frac{1}{2}$의 해는 두 동경 OP, OP′이 나타내는 각의 크기이다.

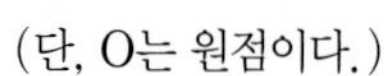
(단, O는 원점이다.)

따라서 그림에서 구하는 해는 $x=\frac{\pi}{6}$ 또는 $x=\frac{5}{6}\pi$

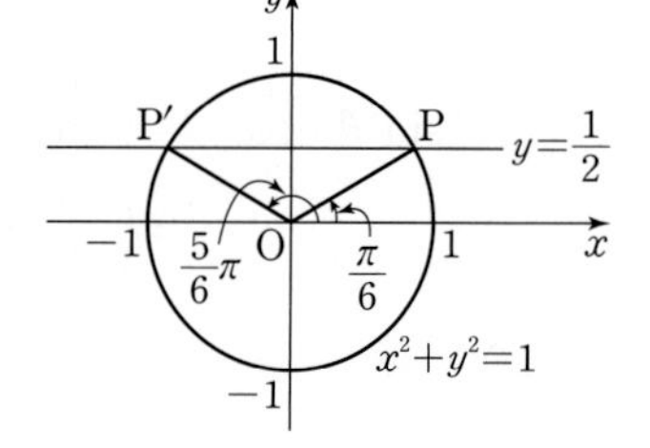

(2) 부등식에의 활용

부등식 $2\sin x<1$, $2\sin x>-1$과 같이 각의 크기가 미지수인 삼각함수를 포함한 부등식은 삼각함수의 그래프를 이용하여 다음과 같이 풀 수 있다.

① 주어진 부등식을 $\sin x>k$ ($\sin x\ge k$, $\sin x<k$, $\sin x\le k$)의 꼴로 변형한다.

② 주어진 범위에서 삼각함수 $y=\sin x$의 그래프가 직선 $y=k$보다 위쪽에 있는 x의 값의 범위를 구하여 해를 구한다. 이때 함수 $y=\sin x$의 그래프와 직선 $y=k$의 교점의 x좌표를 구하여 해를 구한다.

예 $0\le x<2\pi$일 때, 부등식 $\sin x<\frac{1}{2}$의 해를 구해 보자.

$0\le x<2\pi$일 때, 방정식 $\sin x=\frac{1}{2}$의 해는 $x=\frac{\pi}{6}$ 또는 $x=\frac{5}{6}\pi$

이때 부등식 $\sin x<\frac{1}{2}$의 해는 함수 $y=\sin x$의 그래프가 직선 $y=\frac{1}{2}$보다 아래쪽에 있는 x의 값의 범위이므로

$0\le x<\frac{\pi}{6}$ 또는 $\frac{5}{6}\pi<x<2\pi$

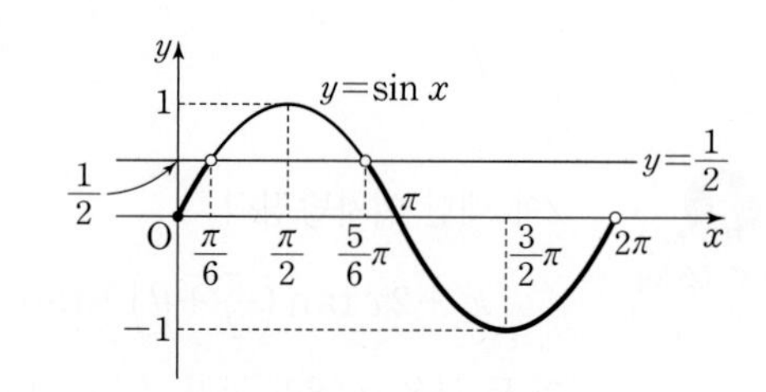

참고 (1) 삼각함수를 포함한 부등식도 삼각함수를 포함한 방정식과 마찬가지로 단위원을 이용하여 풀 수 있다.

(2) 두 개 이상의 삼각함수가 포함된 방정식 또는 부등식은 $\sin^2 x+\cos^2 x=1$ 등을 이용하여 하나의 삼각함수로 변형하여 풀면 편리하다.

예제 5 삼각함수의 활용

www.ebsi.co.kr

$0\le x<2\pi$이고 $\cos x\ne 0$일 때, 방정식 $2\sin x-\tan x-2\cos x+1=0$을 만족시키는 모든 실수 x의 값의 합은?

① 3π ② $\frac{7}{2}\pi$ ③ 4π ④ $\frac{9}{2}\pi$ ⑤ 5π

길잡이 삼각함수 사이의 관계를 이용하여 식을 변형한 후, 인수분해하여 방정식의 해를 구한다.

풀이 $\tan x=\frac{\sin x}{\cos x}$이므로 $2\sin x-\tan x-2\cos x+1=0$에서

$$2\sin x-\frac{\sin x}{\cos x}-2\cos x+1=0$$
$$2\sin x\cos x-\sin x-2\cos^2 x+\cos x=0$$
$$\sin x(2\cos x-1)-\cos x(2\cos x-1)=0$$
$$(\sin x-\cos x)(2\cos x-1)=0$$
$$\sin x=\cos x \text{ 또는 } \cos x=\frac{1}{2}$$

즉, $\tan x=\frac{\sin x}{\cos x}=1$ 또는 $\cos x=\frac{1}{2}$

$0\le x<2\pi$이고 $\cos x\ne 0$일 때 방정식 $\tan x=1$의 해는 함수 $y=\tan x$의 그래프와 직선 $y=1$이 만나는 점의 x좌표이므로 $x=\frac{\pi}{4}$ 또는 $x=\frac{5}{4}\pi$이고, 방정식 $\cos x=\frac{1}{2}$의 해는 함수 $y=\cos x$의 그래프와 직선 $y=\frac{1}{2}$이 만나는 점의 x좌표이므로 $x=\frac{\pi}{3}$ 또는 $x=\frac{5}{3}\pi$이다.

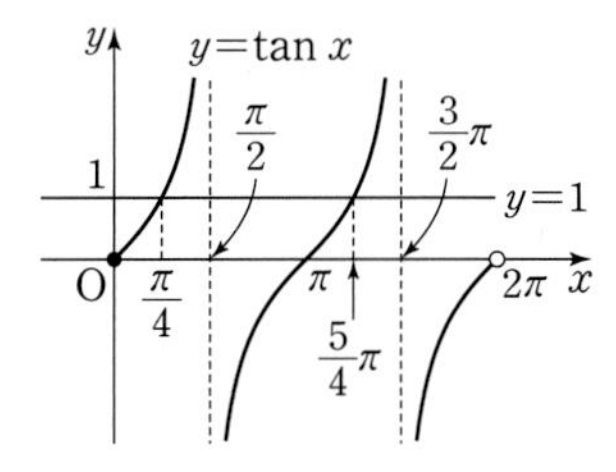

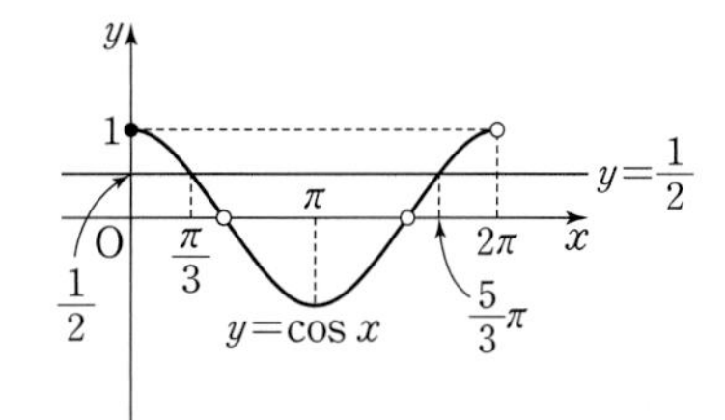

따라서 구하는 모든 실수 x의 값의 합은 $\frac{\pi}{4}+\frac{5}{4}\pi+\frac{\pi}{3}+\frac{5}{3}\pi=\frac{7}{2}\pi$

답 ②

유제

정답과 풀이 18쪽

9 [24008-0071]

x에 대한 이차방정식 $2x^2+(2\sin\theta)x+\sin\theta\cos\theta=0$이 중근을 갖도록 하는 상수 $\theta\left(0<\theta<\frac{\pi}{2}\right)$에 대하여 $\tan\theta$의 값을 구하시오.

10 [24008-0072]

$0\le x<2\pi$일 때, 부등식 $\cos^2 x+\left(2+\frac{\sqrt{2}}{2}\right)\sin x>1+\sqrt{2}$의 해가 $\alpha<x<\beta$이다. $\beta-\alpha$의 값은?

① $\frac{\pi}{2}$ ② $\frac{3}{4}\pi$ ③ π ④ $\frac{5}{4}\pi$ ⑤ $\frac{3}{2}\pi$

Level 1 기초 연습

[24008-0073]

1 두 상수 a, b에 대하여 $400^\circ = a\pi$, $320^\circ = b\pi$일 때, $a+b$의 값을 구하시오.

[24008-0074]

2 그림과 같이 중심이 O, 중심각의 크기가 $\frac{\pi}{3}$, 반지름의 길이가 4인 부채꼴 OAB가 있다. 점 A를 지나고 선분 OA에 수직인 직선이 반직선 OB와 만나는 점을 C라 하고, 중심이 O이고 선분 OC를 반지름으로 하는 원이 반직선 OA와 만나는 점을 D라 할 때, 두 호 AB, CD와 두 선분 AD, BC로 둘러싸인 도형의 넓이는?

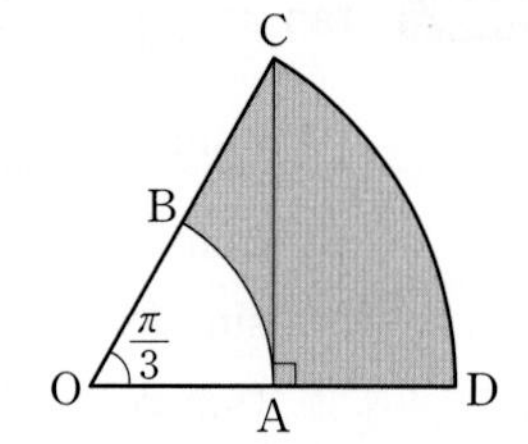

① 6π ② 7π ③ 8π
④ 9π ⑤ 10π

[24008-0075]

3 중심이 O이고 반지름의 길이가 6인 부채꼴 OAB의 둘레의 길이가 24일 때, 선분 AB의 길이는?

① $12\sin 1$ ② $12\cos 1$ ③ $14\sin 2$ ④ $14\cos 2$ ⑤ $16\sin 1$

[24008-0076]

4 $\sin\theta+\cos\theta=\frac{1}{3}$일 때, $\sin^4\theta+\cos^4\theta$의 값은?

① $\frac{25}{81}$ ② $\frac{4}{9}$ ③ $\frac{49}{81}$ ④ $\frac{64}{81}$ ⑤ 1

[24008-0077]

5 $\sin\frac{\pi}{6}\times\cos\frac{2}{3}\pi\times\tan\frac{7}{6}\pi$의 값은?

① $-\sqrt{3}$ ② $-\frac{\sqrt{3}}{4}$ ③ $-\frac{\sqrt{3}}{12}$ ④ $\frac{\sqrt{3}}{12}$ ⑤ $\frac{\sqrt{3}}{4}$

[24008-0078]

6 함수 $f(x)=3\tan(\pi+2x)-1$에 대한 설명으로 옳은 것만을 **보기**에서 있는 대로 고른 것은?

보기

ㄱ. $f\left(\frac{\pi}{8}\right)=2$

ㄴ. 함수 $f(x)$의 주기는 π이다.

ㄷ. 함수 $y=f(x)$의 그래프는 점 $(0, -1)$에 대하여 대칭이다.

① ㄱ ② ㄴ ③ ㄱ, ㄷ ④ ㄴ, ㄷ ⑤ ㄱ, ㄴ, ㄷ

[24008-0079]

7 $\left\{\sin\left(\frac{\pi}{2}-\frac{\pi}{7}\right)+\sin\left(\pi-\frac{\pi}{7}\right)\right\}^2+\left\{\cos\left(\frac{\pi}{2}-\frac{\pi}{7}\right)+\cos\left(\pi-\frac{\pi}{7}\right)\right\}^2$의 값은?

① $\frac{1}{3}$ ② $\frac{1}{2}$ ③ 1 ④ 2 ⑤ 3

[24008-0080]

8 $0\le x<2\pi$에서 $\sin x>\frac{1}{6}$일 때, 방정식 $\log_2 \sin x+\log_2(6\sin x-1)=0$을 만족시키는 모든 실수 x의 값의 곱은?

① $\frac{\pi^2}{36}$ ② $\frac{\pi^2}{18}$ ③ $\frac{\pi^2}{12}$ ④ $\frac{\pi^2}{9}$ ⑤ $\frac{5}{36}\pi^2$

[24008-0081]

9 함수 $f(x)=2\sin^2 x+\cos x-1$의 최댓값과 최솟값을 각각 M, m이라 할 때, $M-m$의 값은?

① 3 ② $\frac{25}{8}$ ③ $\frac{13}{4}$ ④ $\frac{27}{8}$ ⑤ $\frac{7}{2}$

Level 2 기본 연습

[24008-0082]

1 각 $\frac{50}{n}\pi$가 제2사분면의 각이 되도록 하는 두 자리의 자연수 n의 개수는?

① 51 ② 53 ③ 55 ④ 57 ⑤ 59

[24008-0083]

2 그림과 같이 중심이 O, 중심각의 크기가 θ, 반지름의 길이가 1인 부채꼴 OAB에 대하여 반직선 OA 위의 점 C를 $\overline{AB}=\overline{AC}$가 되도록 잡는다. 부채꼴 ACB의 넓이가 $\frac{3}{4}(\pi+\theta)$일 때, $\sin\theta\cos\theta$의 값은? $\left(단, \frac{\pi}{2}<\theta<\pi\right)$

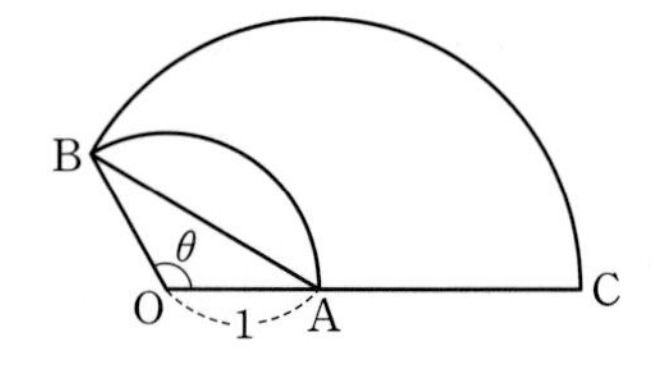

① $-\frac{1}{4}$ ② $-\frac{\sqrt{2}}{4}$ ③ $-\frac{\sqrt{3}}{4}$

④ $-\frac{1}{2}$ ⑤ $-\frac{\sqrt{5}}{4}$

[24008-0084]

3 그림과 같이 원점 O를 지나고 x축의 양의 방향과 이루는 각의 크기가 θ, 2θ인 직선을 각각 l, l'이라 하고, 직선 $y=1$과 두 직선 l, l'이 만나는 점을 각각 A, B라 하자. 삼각형 OAB의 넓이가 1일 때, $\sin 6\theta$의 값은? $\left(단, 0<\theta<\frac{\pi}{4}\right)$

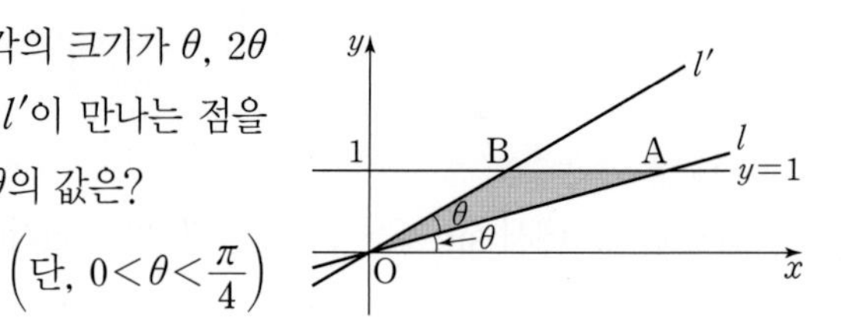

① 0 ② $\frac{1}{2}$ ③ $\frac{\sqrt{2}}{2}$ ④ $\frac{\sqrt{3}}{2}$ ⑤ 1

[24008-0085]

4 다음 조건을 만족시키는 모든 자연수 n의 값의 합은?

> 함수 $f(x)=\sin\frac{\pi}{n}x$가 모든 실수 x에 대하여 $f(x+20)=f(x)$를 만족시킨다.

① 15 ② 16 ③ 17 ④ 18 ⑤ 19

[24008-0086]

5 직선 $x+ny-n=0$과 함수 $y=\tan\frac{\pi}{4}x$의 그래프가 제1사분면에서 만나는 점의 개수가 3이 되도록 하는 모든 자연수 n의 값의 합은?

① 42 ② 46 ③ 50 ④ 54 ⑤ 58

[24008-0087]

6 함수 $f(x)=a\sin bx+c$가 있다. 함수 $y=|f(x)|$의 그래프가 그림과 같이 $|f(0)|=1$, $\left|f\left(\frac{\pi}{6}\right)\right|=4$, $\left|f\left(\frac{7}{6}\pi\right)\right|=2$가 되도록 하는 세 실수 a, b, c에 대하여 $a+b+c$의 최댓값과 최솟값을 각각 M, m이라 하자. $M-m$의 값은?

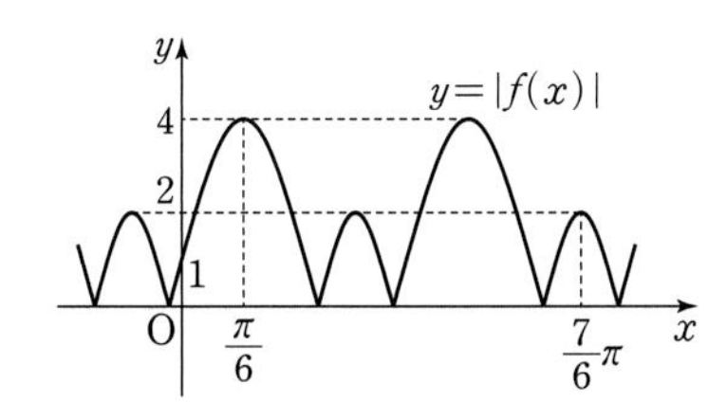

① 9 ② 10 ③ 11 ④ 12 ⑤ 13

[24008-0088]

7 함수 $f(x)=a\sin b(x+\pi)+c$가 다음 조건을 만족시키도록 하는 세 자연수 a, b, c에 대하여 $a+b+c$의 최솟값은?

> (가) 함수 $f(x)$의 최댓값과 최솟값은 각각 7, -3이다.
> (나) $f\left(\frac{\pi}{2}\right)=2$

① 8 ② 9 ③ 10 ④ 11 ⑤ 12

[24008-0089]

8 $-3<x\le 3$에서 두 함수 $f(x)=\sin\frac{\pi}{3}x$, $g(x)=\sin\frac{5}{3}\pi x$의 그래프가 만나는 서로 다른 점의 개수를 n이라 하고, 이 n개의 점의 x좌표의 합을 S라 할 때, $n\times S$의 값은?

① 21 ② 24 ③ 27 ④ 30 ⑤ 33

[24008-0090]

9 그림과 같이 $0 \le x \le 3$에서 함수 $y=2\cos \pi x$의 그래프와 직선 $y=m$ $(0<m<2)$가 서로 다른 세 점 A_1, A_2, A_3 $(\overline{OA_1}<\overline{OA_2}<\overline{OA_3})$에서 만나고, 함수 $y=2\cos \pi x$의 그래프와 직선 $y=-m$이 서로 다른 세 점 B_1, B_2, B_3 $(\overline{OB_1}<\overline{OB_2}<\overline{OB_3})$에서 만난다. 사각형 $A_2B_2B_3A_3$의 넓이가 $2\sqrt{3}$일 때, 삼각형 $A_2B_1B_2$의 넓이는? (단, O는 원점이다.)

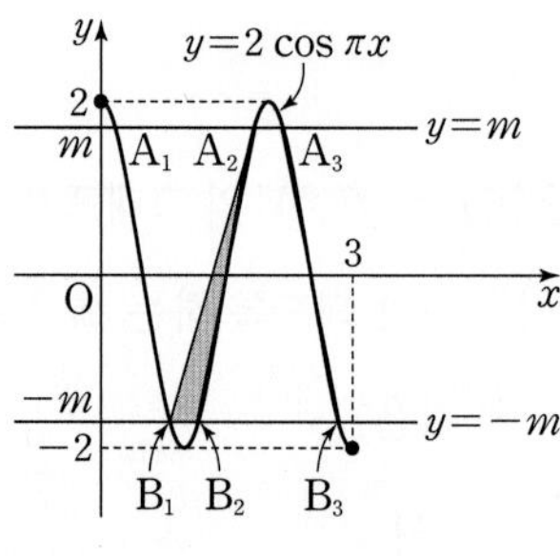

① $\frac{\sqrt{3}}{6}$ ② $\frac{\sqrt{3}}{3}$ ③ $\frac{\sqrt{3}}{2}$ ④ $\frac{2\sqrt{3}}{3}$ ⑤ $\frac{5\sqrt{3}}{6}$

[24008-0091]

10 모든 실수 θ에 대하여 등식 $\left|\sin\left(\frac{\pi}{3}+\theta\right)\right|=\left|\sin\left(\frac{n+2}{3}\pi-\theta\right)\right|$가 성립하도록 하는 두 자리의 자연수 n의 개수를 구하시오.

[24008-0092]

11 두 함수 $f(x)=\sin 2x$, $g(x)=\pi\cos x$에 대하여 $n\pi<x<(n+1)\pi$에서 방정식 $(f\circ g)(x)=0$의 모든 실근의 합이 $\frac{51}{2}\pi$가 되도록 하는 자연수 n의 값을 구하시오.

[24008-0093]

12 $0\le\theta<2\pi$일 때, 모든 실수 x에 대하여 부등식

$$x^2+(2\sin\theta)x-\cos^2\theta+2\sin\theta\ge 0$$

이 성립하도록 하는 θ의 값의 범위는 $\alpha\le\theta\le\beta$이다. $3(\beta-\alpha)$의 값은?

① π ② 2π ③ 3π ④ 4π ⑤ 5π

정답과 풀이 25쪽

[24008-0094]

1 양수 a에 대하여 정의역이 $\{x\,|\,0\leq x\leq 4\}$인 함수 $f(x)=a\cos\frac{\pi}{2}x+a$가 있다. 함수 $y=f(x)$의 그래프와 직선 $y=2a$로 둘러싸인 부분의 넓이가 8일 때, 함수 $y=f(x)$의 그래프와 x축 및 y축으로 둘러싸인 부분의 넓이를 S라 하자. $a+S$의 값은?

① 4　② $\frac{9}{2}$　③ 5　④ $\frac{11}{2}$　⑤ 6

[24008-0095]

2 다음 조건을 만족시키는 네 실수 α, β, M, k에 대하여 $\frac{\alpha}{\beta}+\frac{k}{M}$의 최솟값은?

> $0\leq x\leq\frac{5}{2}\pi$에서 함수 $f(x)=\sin^2\left(\frac{11}{10}\pi-x\right)+\sin\left(x-\frac{3}{5}\pi\right)+k$는 $x=\alpha$일 때 최댓값 M을 갖고, $x=\beta$일 때 최솟값 0을 갖는다.

① $\frac{5}{7}$　② $\frac{16}{21}$　③ $\frac{17}{21}$　④ $\frac{6}{7}$　⑤ $\frac{19}{21}$

[24008-0096]

3 10보다 작은 두 자연수 a, b에 대하여 $0<x<2\pi$에서 함수 $y=a\sin x+b$의 그래프가 세 직선 $y=1$, $y=3$, $y=5$와 만나는 서로 다른 점의 개수를 각각 p, q, r이라 할 때, $p+q+r=3$이 되도록 하는 a, b의 모든 순서쌍 (a, b)의 개수를 구하시오.

[24008-0097]

4 실수 전체의 집합에서 정의된 함수 $f(x)$가 다음 조건을 만족시킨다.

> (가) $0\leq x\leq 4$일 때, $f(x)=\sin\frac{\pi}{2}x$이다.
> (나) 모든 실수 x에 대하여 $f(-x)=f(x)$, $f(x+8)=f(x)$이다.

$0<x<20$일 때, 방정식 $|f(x)+f(x-2)|=2$의 모든 근의 합은?

① 41　② 42　③ 43　④ 44　⑤ 45

대표 기출 문제

출제경향 삼각함수의 성질에 관한 문제 또는 이를 이용하여 삼각함수의 최댓값과 최솟값을 구하는 문제가 출제된다.

2023학년도 수능

함수

$$f(x)=a-\sqrt{3}\tan 2x$$

가 닫힌구간 $\left[-\frac{\pi}{6},\ b\right]$에서 최댓값 7, 최솟값 3을 가질 때, $a\times b$의 값은? (단, a, b는 상수이다.) **[4점]**

① $\frac{\pi}{2}$ ② $\frac{5\pi}{12}$ ③ $\frac{\pi}{3}$ ④ $\frac{\pi}{4}$ ⑤ $\frac{\pi}{6}$

출제 의도 닫힌구간에서 탄젠트함수의 최댓값과 최솟값을 이용하여 두 상수의 곱을 구할 수 있는지를 묻는 문제이다.

풀이 함수 $f(x)=a-\sqrt{3}\tan 2x$의 주기는 $\frac{\pi}{2}$이고,

함수 $f(x)$가 닫힌구간 $\left[-\frac{\pi}{6},\ b\right]$에서 최댓값 7, 최솟값 3을 가지므로 함수 $y=f(x)$의 그래프는 그림과 같고,

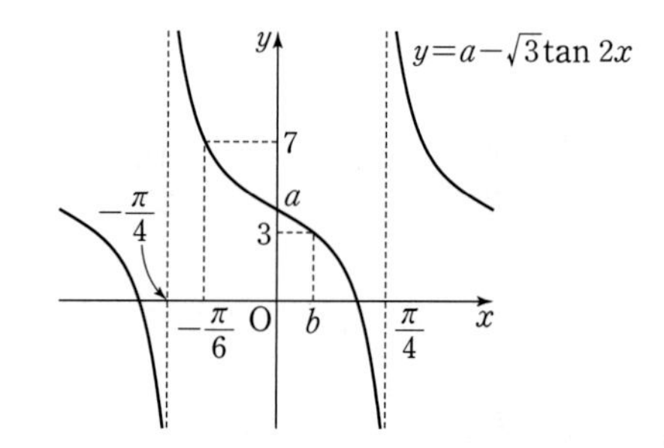

$-\frac{\pi}{6}<b<\frac{\pi}{4}$이다.

함수 $f(x)$는 $x=-\frac{\pi}{6}$에서 최댓값 7을 가지므로

$f\left(-\frac{\pi}{6}\right)=a-\sqrt{3}\tan\left(-\frac{\pi}{3}\right)=7$에서

$$a+\sqrt{3}\tan\frac{\pi}{3}=7,\ a+3=7,\ a=4$$

함수 $f(x)$는 $x=b$에서 최솟값 3을 가지므로

$f(b)=4-\sqrt{3}\tan 2b=3$에서 $\tan 2b=\frac{\sqrt{3}}{3}$

이때 $-\frac{\pi}{3}<2b<\frac{\pi}{2}$이므로 $2b=\frac{\pi}{6}$에서 $b=\frac{\pi}{12}$

따라서 $a\times b=4\times\frac{\pi}{12}=\frac{\pi}{3}$

답 ③

대표 기출 문제

출제경향 삼각함수의 그래프의 주기, 최댓값, 최솟값 등을 이용하는 문제가 출제된다.

2022학년도 수능

양수 a에 대하여 집합 $\left\{x \,\middle|\, -\frac{a}{2}<x\le a,\ x\ne\frac{a}{2}\right\}$에서 정의된 함수

$$f(x)=\tan\frac{\pi x}{a}$$

가 있다. 그림과 같이 함수 $y=f(x)$의 그래프 위의 세 점 O, A, B를 지나는 직선이 있다. 점 A를 지나고 x축에 평행한 직선이 함수 $y=f(x)$의 그래프와 만나는 점 중 A가 아닌 점을 C라 하자. 삼각형 ABC가 정삼각형일 때, 삼각형 ABC의 넓이는? (단, O는 원점이다.) [4점]

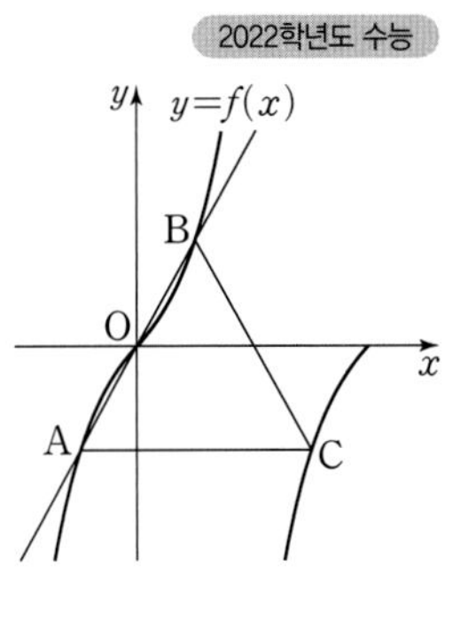

① $\frac{3\sqrt{3}}{2}$ ② $\frac{17\sqrt{3}}{12}$ ③ $\frac{4\sqrt{3}}{3}$ ④ $\frac{5\sqrt{3}}{4}$ ⑤ $\frac{7\sqrt{3}}{6}$

출제 의도 삼각함수의 그래프의 성질을 이용하여 조건을 만족시키는 삼각형의 넓이를 구할 수 있는지를 묻는 문제이다.

풀이 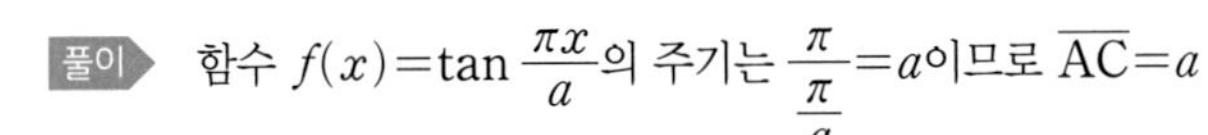
함수 $f(x)=\tan\frac{\pi x}{a}$의 주기는 $\frac{\pi}{\frac{\pi}{a}}=a$이므로 $\overline{\text{AC}}=a$

직선 BC와 x축이 만나는 점을 D라 하면 삼각형 ODB도 정삼각형이므로 두 삼각형 ACB, ODB는 서로 닮은 도형이고, 닮음비는 $\overline{\text{AB}}:\overline{\text{OB}}=2:1$이다.

따라서 $\overline{\text{OD}}=\frac{1}{2}\overline{\text{AC}}=\frac{1}{2}a$이므로

점 B의 x좌표는 $\frac{1}{2}\overline{\text{OD}}=\frac{1}{2}\times\frac{1}{2}a=\frac{1}{4}a$, 점 B의 y좌표는 $\overline{\text{OB}}\times\sin 60^\circ=\frac{1}{2}a\times\frac{\sqrt{3}}{2}=\frac{\sqrt{3}}{4}a$

이때 점 $\text{B}\left(\frac{1}{4}a,\ \frac{\sqrt{3}}{4}a\right)$는 함수 $y=f(x)$의 그래프 위의 점이므로

$\frac{\sqrt{3}}{4}a=\tan\left(\frac{\pi}{a}\times\frac{1}{4}a\right)=\tan\frac{\pi}{4}=1$에서 $a=\frac{4}{\sqrt{3}}=\frac{4\sqrt{3}}{3}$

따라서 정삼각형 ABC의 한 변의 길이가 $\frac{4\sqrt{3}}{3}$이므로 삼각형 ABC의 넓이는

$$\frac{\sqrt{3}}{4}\times\left(\frac{4\sqrt{3}}{3}\right)^2=\frac{4\sqrt{3}}{3}$$

답 ③

04 사인법칙과 코사인법칙

1. 사인법칙

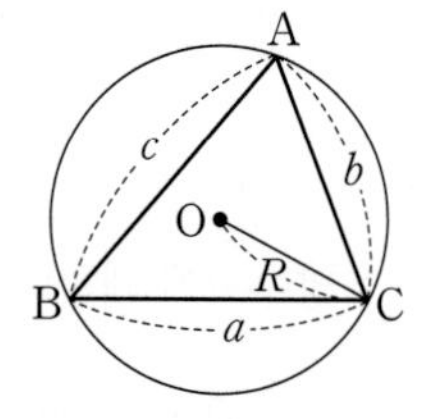

삼각형 ABC의 외접원의 반지름의 길이를 R이라 하면

$$\frac{a}{\sin A}=\frac{b}{\sin B}=\frac{c}{\sin C}=2R$$

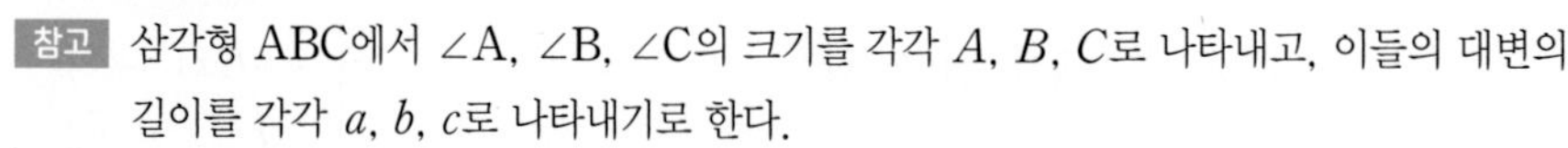

참고 삼각형 ABC에서 ∠A, ∠B, ∠C의 크기를 각각 A, B, C로 나타내고, 이들의 대변의 길이를 각각 a, b, c로 나타내기로 한다.

설명 삼각형 ABC의 외접원의 중심을 O라 할 때, 등식 $\frac{a}{\sin A}=2R$이 성립함을 ∠A가 예각, 직각, 둔각인 세 경우로 나누어 다음과 같이 증명할 수 있다.

(i) $0°<A<90°$일 때

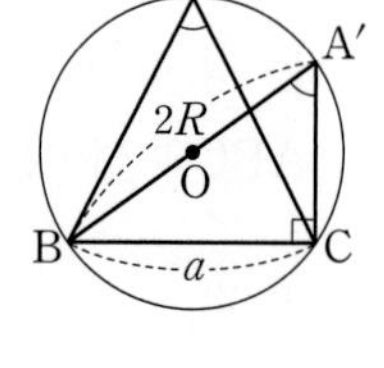

점 B에서 중심 O를 지나는 지름 BA′을 그리면 $A=A'$이므로

$$\sin A=\sin A'$$

삼각형 A′BC에서 ∠BCA′$=90°$이므로

$$\sin A'=\frac{\overline{\mathrm{BC}}}{\overline{\mathrm{BA'}}}=\frac{a}{2R}$$

따라서 $\sin A=\frac{a}{2R}$, 즉 $\frac{a}{\sin A}=2R$

(ii) $A=90°$일 때

$\sin A=\sin 90°=1$이므로 $a=2R$

따라서 $\frac{a}{\sin A}=\frac{2R}{1}=2R$

(iii) $90°<A<180°$일 때

점 B에서 중심 O를 지나는 지름 BA′을 그리면 $A+A'=180°$이므로

$$A=180°-A'$$

즉, $\sin A=\sin(180°-A')=\sin A'$

삼각형 A′BC에서 ∠A′CB$=90°$이므로

$$\sin A'=\frac{\overline{\mathrm{BC}}}{\overline{\mathrm{BA'}}}=\frac{a}{2R}$$

따라서 $\sin A=\frac{a}{2R}$, 즉 $\frac{a}{\sin A}=2R$

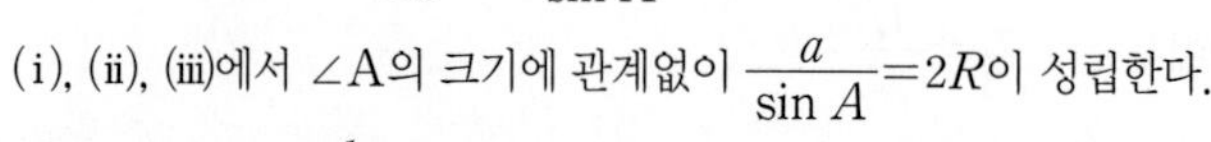

(i), (ii), (iii)에서 ∠A의 크기에 관계없이 $\frac{a}{\sin A}=2R$이 성립한다.

같은 방법으로 $\frac{b}{\sin B}=2R$, $\frac{c}{\sin C}=2R$도 성립한다.

예 $\overline{\mathrm{BC}}=4$, ∠A$=45°$인 삼각형 ABC의 외접원의 반지름의 길이를 구해 보자.

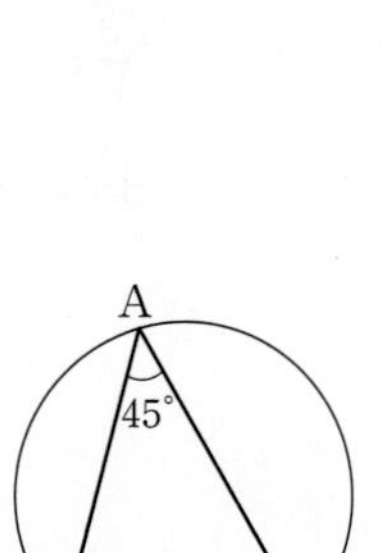

삼각형 ABC의 외접원의 반지름의 길이를 R이라 하면 사인법칙에 의하여

$\frac{\overline{\mathrm{BC}}}{\sin A}=2R$이므로

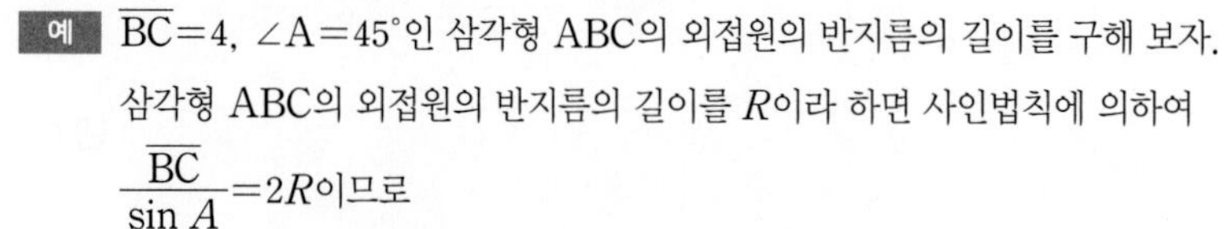

$$R=\frac{1}{2}\times\frac{\overline{\mathrm{BC}}}{\sin A}=\frac{1}{2}\times\frac{4}{\sin 45°}=\frac{1}{2}\times\frac{4}{\frac{\sqrt{2}}{2}}=2\sqrt{2}$$

예제 1 사인법칙

www.ebsi.co.kr

그림과 같이 $\overline{\mathrm{AB}}=6$, $\overline{\mathrm{BC}}=8$인 예각삼각형 ABC의 외접원의 넓이가 18π일 때, $\dfrac{\overline{\mathrm{AC}}}{\sin(2C+A)\times\sin B}$의 값은?

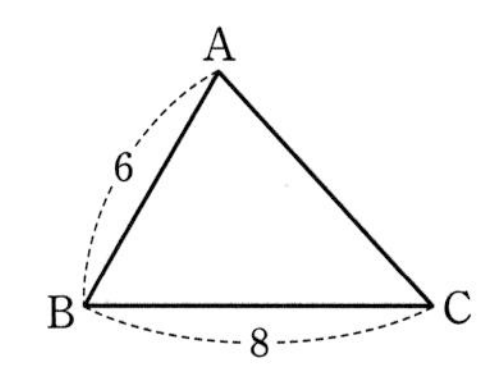

① $14\sqrt{2}$　② $16\sqrt{2}$　③ $18\sqrt{2}$
④ $20\sqrt{2}$　⑤ $22\sqrt{2}$

길잡이 삼각형 ABC의 외접원의 반지름의 길이를 R이라 하면 $\dfrac{a}{\sin A}=\dfrac{b}{\sin B}=\dfrac{c}{\sin C}=2R$이다.

풀이 삼각형 ABC의 외접원의 넓이가 18π이므로 외접원의 반지름의 길이는 $\sqrt{18}=3\sqrt{2}$

삼각형 ABC에서 사인법칙에 의하여

$$\frac{8}{\sin A}=\frac{\overline{\mathrm{AC}}}{\sin B}=\frac{6}{\sin C}=2\times3\sqrt{2}=6\sqrt{2}$$

$\dfrac{8}{\sin A}=6\sqrt{2}$에서

$$\sin A=\frac{8}{6\sqrt{2}}=\frac{2\sqrt{2}}{3}$$

$\dfrac{6}{\sin C}=6\sqrt{2}$에서

$$\sin C=\frac{6}{6\sqrt{2}}=\frac{\sqrt{2}}{2}$$

이때 예각삼각형 ABC에서 $0<A<\dfrac{\pi}{2}$이므로

$$\cos A=\sqrt{1-\sin^2 A}=\sqrt{1-\left(\frac{2\sqrt{2}}{3}\right)^2}=\frac{1}{3}$$

또한 $0<C<\dfrac{\pi}{2}$이고 $\sin C=\dfrac{\sqrt{2}}{2}$이므로 $C=\dfrac{\pi}{4}$

따라서 $\dfrac{\overline{\mathrm{AC}}}{\sin(2C+A)\times\sin B}=\dfrac{1}{\sin\left(\frac{\pi}{2}+A\right)}\times\dfrac{\overline{\mathrm{AC}}}{\sin B}=\dfrac{1}{\cos A}\times6\sqrt{2}=3\times6\sqrt{2}=18\sqrt{2}$

답 ③

유제

정답과 풀이 28쪽

[24008-0098]

$\overline{\mathrm{AB}}=4$, $\sin(A+B)=\dfrac{1}{3}$인 삼각형 ABC의 외접원의 반지름의 길이를 구하시오.

[24008-0099]

삼각형 ABC가 다음 조건을 만족시킬 때, $3(\sin A+\sin B+\sin C)$의 값을 구하시오.

(가) 삼각형 ABC의 둘레의 길이는 10이다.　(나) 삼각형 ABC의 외접원의 넓이는 9π이다.

2. 코사인법칙

삼각형 ABC에서

(1) $a^2=b^2+c^2-2bc\cos A$

(2) $b^2=c^2+a^2-2ca\cos B$

(3) $c^2=a^2+b^2-2ab\cos C$

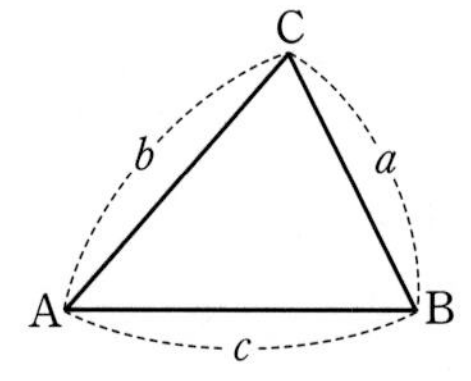

설명 삼각형 ABC의 꼭짓점 C에서 직선 AB에 내린 수선의 발을 H라 할 때, 등식 $a^2=b^2+c^2-2bc\cos A$가 성립함을 $\angle$A가 예각, 직각, 둔각인 세 경우로 나누어 다음과 같이 증명할 수 있다.

(i) $0° < A < 90°$일 때

직각삼각형 CAH에서

$\overline{CH}=b\sin A$, $\overline{AH}=b\cos A$

또 $\overline{BH}=\overline{AB}-\overline{AH}=c-b\cos A$

직각삼각형 BCH에서 $\overline{BC}^2=\overline{CH}^2+\overline{BH}^2$이므로

$$\begin{aligned}a^2&=(b\sin A)^2+(c-b\cos A)^2\\&=b^2\sin^2 A+c^2-2bc\cos A+b^2\cos^2 A\\&=b^2(\sin^2 A+\cos^2 A)+c^2-2bc\cos A\\&=b^2+c^2-2bc\cos A\end{aligned}$$

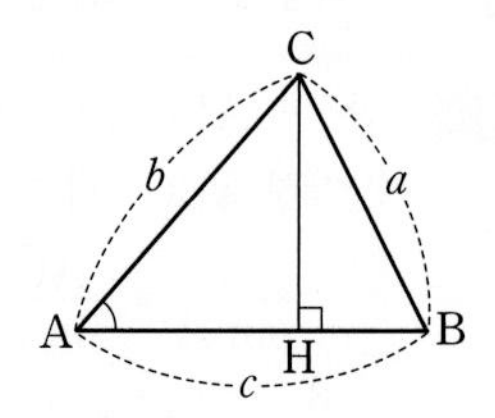

(ii) $A=90°$일 때

직각삼각형 ABC에서

$\cos A=\cos 90°=0$이므로

$$\begin{aligned}a^2&=b^2+c^2\\&=b^2+c^2-2bc\cos A\end{aligned}$$

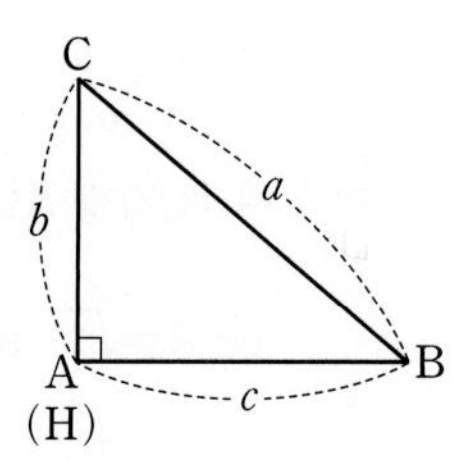

(iii) $90° < A < 180°$일 때

직각삼각형 ACH에서

$\overline{CH}=b\sin(180°-A)=b\sin A$, $\overline{AH}=b\cos(180°-A)=-b\cos A$

또 $\overline{BH}=\overline{AB}+\overline{AH}=c-b\cos A$

직각삼각형 BCH에서 $\overline{BC}^2=\overline{CH}^2+\overline{BH}^2$이므로

$$\begin{aligned}a^2&=(b\sin A)^2+(c-b\cos A)^2\\&=b^2\sin^2 A+c^2-2bc\cos A+b^2\cos^2 A\\&=b^2(\sin^2 A+\cos^2 A)+c^2-2bc\cos A\\&=b^2+c^2-2bc\cos A\end{aligned}$$

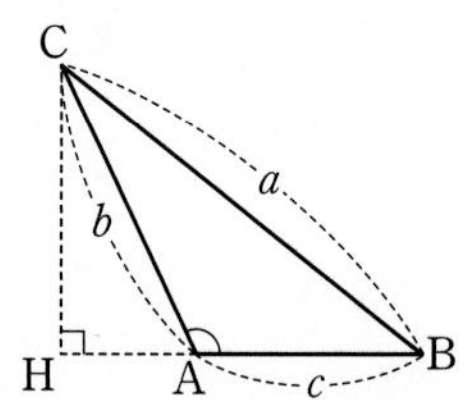

(i), (ii), (iii)에서 $\angle$A의 크기에 관계없이

$$a^2=b^2+c^2-2bc\cos A$$

가 성립한다.

같은 방법으로

$$b^2=c^2+a^2-2ca\cos B,\ c^2=a^2+b^2-2ab\cos C$$

도 성립한다.

예제 2 코사인법칙

www.ebsi.co.kr

그림과 같이 $\overline{AB}=4$, $\overline{BC}=5$이고 $\cos B=\frac{1}{8}$인 삼각형 ABC가 있다. 선분 BC 위의 점 D에 대하여 $\angle ABD=\angle ADB$일 때, $\cos(\angle CAD)$의 값은?

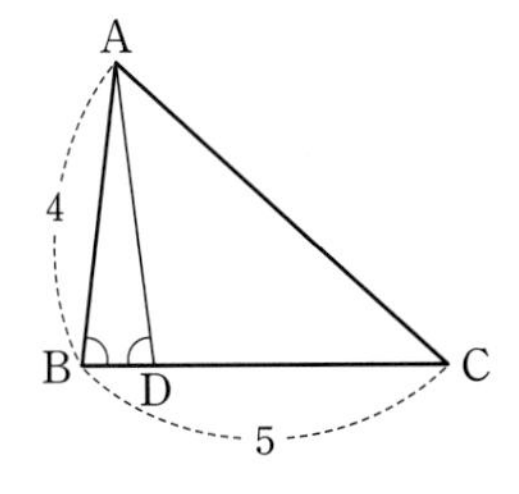

① $\frac{3}{8}$ ② $\frac{1}{2}$ ③ $\frac{5}{8}$

④ $\frac{3}{4}$ ⑤ $\frac{7}{8}$

길잡이 삼각형 ABC에서

$a^2=b^2+c^2-2bc\cos A,\ b^2=c^2+a^2-2ca\cos B,\ c^2=a^2+b^2-2ab\cos C$

풀이 삼각형 ABC에서 코사인법칙에 의하여

$$\overline{CA}^2=\overline{AB}^2+\overline{BC}^2-2\times\overline{AB}\times\overline{BC}\times\cos B=4^2+5^2-2\times4\times5\times\frac{1}{8}=36$$

이므로 $\overline{CA}=6$

한편, $\angle ABD=\angle ADB$이므로 이등변삼각형 ABD의 꼭짓점 A에서 선분 BC에 내린 수선의 발을 E라 하면

A
H
B E D C

$$\overline{BE}=\overline{DE}=\overline{AB}\cos B=4\times\frac{1}{8}=\frac{1}{2}$$

$$\overline{BD}=2\overline{BE}=2\times\frac{1}{2}=1$$

$$\overline{CD}=\overline{BC}-\overline{BD}=5-1=4$$

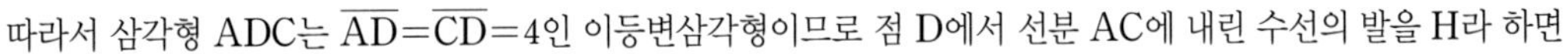

따라서 삼각형 ADC는 $\overline{AD}=\overline{CD}=4$인 이등변삼각형이므로 점 D에서 선분 AC에 내린 수선의 발을 H라 하면

$$\cos(\angle CAD)=\frac{\overline{AH}}{\overline{AD}}=\frac{\frac{1}{2}\overline{AC}}{\overline{AD}}=\frac{3}{4}$$

답 ④

유제

정답과 풀이 29쪽

3 [24008-0100]

그림과 같이 $\overline{AB}:\overline{BC}=1:2$이고 $\angle B=\frac{\pi}{2}$인 직각삼각형 ABC에서 선분 BC의 중점을 M이라 하자. $\cos^2(\angle CAM)=\frac{q}{p}$일 때, $p+q$의 값을 구하시오.

(단, p와 q는 서로소인 자연수이다.)

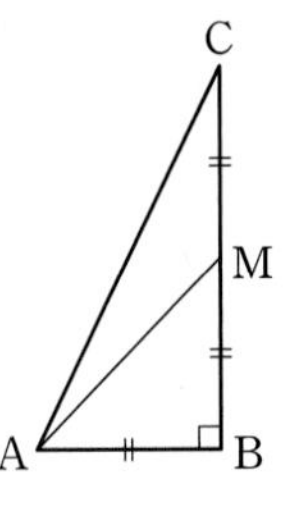

4 [24008-0101]

예각삼각형 ABC에 대하여

$$\overline{CA}^2+\overline{AB}^2=\overline{BC}^2+4\overline{CA},\ \overline{BC}^2+\overline{CA}^2=\overline{AB}^2+8\overline{CA}$$

가 성립할 때, $\frac{\overline{BC}\cos C}{\overline{AB}\cos A}$의 값을 구하시오.

3. 삼각형의 모양

삼각형 ABC의 모양은 각의 크기 A, B, C에 대한 식을 변의 길이 a, b, c에 대한 식으로 고쳐서 알아본다.

(1) 사인법칙을 이용하는 경우

① 삼각형 ABC의 외접원의 반지름의 길이를 R이라 하면

$$\sin A=\frac{a}{2R},\ \sin B=\frac{b}{2R},\ \sin C=\frac{c}{2R}$$

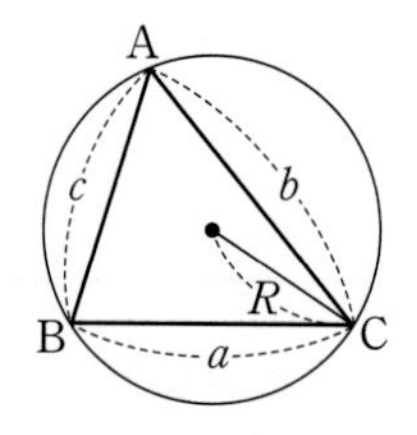

② $a:b:c=\sin A:\sin B:\sin C$

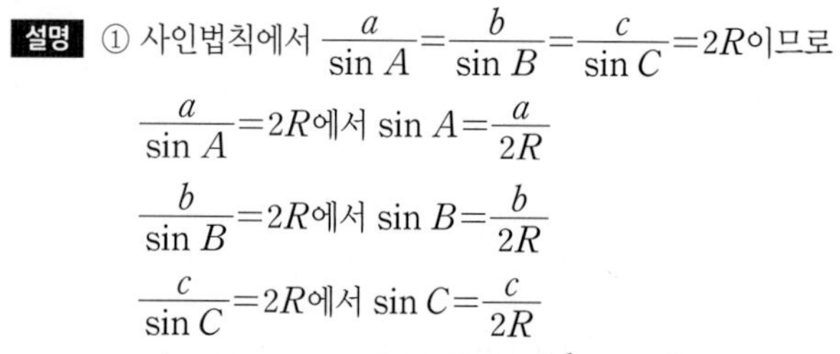

설명 ① 사인법칙에서 $\frac{a}{\sin A}=\frac{b}{\sin B}=\frac{c}{\sin C}=2R$이므로

$\frac{a}{\sin A}=2R$에서 $\sin A=\frac{a}{2R}$

$\frac{b}{\sin B}=2R$에서 $\sin B=\frac{b}{2R}$

$\frac{c}{\sin C}=2R$에서 $\sin C=\frac{c}{2R}$

② ①에서 $\sin A=\frac{a}{2R}$, $\sin B=\frac{b}{2R}$, $\sin C=\frac{c}{2R}$이므로

$$\sin A:\sin B:\sin C=\frac{a}{2R}:\frac{b}{2R}:\frac{c}{2R}=a:b:c$$

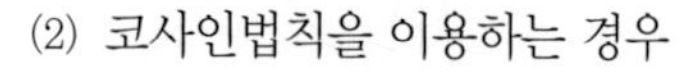

(2) 코사인법칙을 이용하는 경우

삼각형 ABC에서

① $\cos A=\frac{b^2+c^2-a^2}{2bc}$

② $\cos B=\frac{c^2+a^2-b^2}{2ca}$

③ $\cos C=\frac{a^2+b^2-c^2}{2ab}$

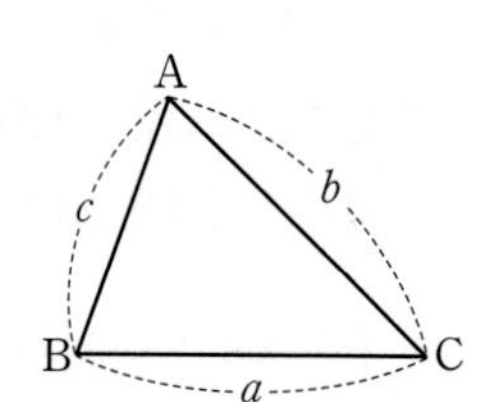

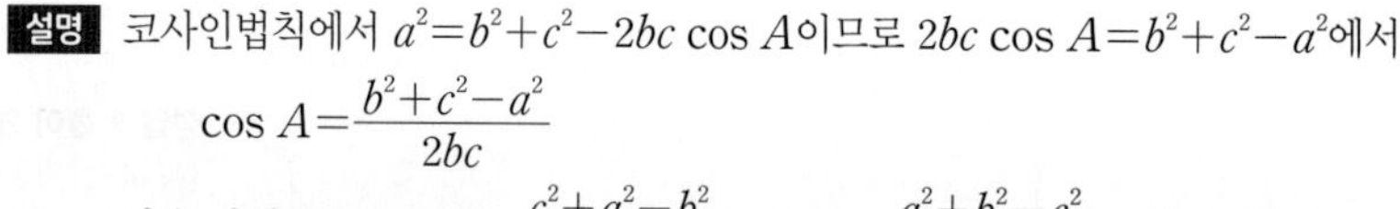

설명 코사인법칙에서 $a^2=b^2+c^2-2bc\cos A$이므로 $2bc\cos A=b^2+c^2-a^2$에서

$$\cos A=\frac{b^2+c^2-a^2}{2bc}$$

같은 방법으로 $\cos B=\frac{c^2+a^2-b^2}{2ca}$, $\cos C=\frac{a^2+b^2-c^2}{2ab}$도 성립한다.

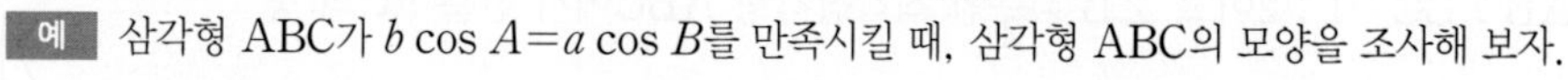

예 삼각형 ABC가 $b\cos A=a\cos B$를 만족시킬 때, 삼각형 ABC의 모양을 조사해 보자.

코사인법칙에 의하여 $\cos A=\frac{b^2+c^2-a^2}{2bc}$, $\cos B=\frac{c^2+a^2-b^2}{2ca}$이므로 $b\cos A=a\cos B$에서

$b\times\frac{b^2+c^2-a^2}{2bc}=a\times\frac{c^2+a^2-b^2}{2ca}$

$b^2+c^2-a^2=c^2+a^2-b^2$

$a^2-b^2=0$

$(a+b)(a-b)=0$

이때 $a+b\neq0$이므로 $a=b$

따라서 삼각형 ABC는 $a=b$인 이등변삼각형이다.

예제 3 삼각형의 모양

www.ebsi.co.kr

삼각형 ABC가 다음 조건을 만족시킬 때, $\overline{AB}^2+\overline{BC}^2+\overline{CA}^2$의 값을 구하시오.

(가) $\sin(B+C)+\sin(A+C)\times\cos(A+B)=0$

(나) 삼각형 ABC의 외접원의 반지름의 길이는 $\frac{5}{2}$이다.

길잡이 사인법칙과 코사인법칙을 이용하여 삼각형 ABC의 모양을 알아낸다.

풀이 삼각형의 세 내각의 크기의 합은 π이므로 $B+C=\pi-A$, $A+C=\pi-B$, $A+B=\pi-C$

$\sin(B+C)+\sin(A+C)\times\cos(A+B)=0$에서

$\sin(\pi-A)+\sin(\pi-B)\times\cos(\pi-C)=0$

$\sin A-\sin B\times\cos C=0$

$\sin A=\sin B\times\cos C$ …… ㉠

이때 삼각형 ABC의 외접원의 반지름의 길이가 $\frac{5}{2}$이므로 $\overline{AB}=c$, $\overline{BC}=a$, $\overline{CA}=b$라 하면 사인법칙과 코사인법칙에 의하여

$\sin A=\frac{a}{5}$, $\sin B=\frac{b}{5}$, $\cos C=\frac{a^2+b^2-c^2}{2ab}$

이를 ㉠에 대입하면

$\frac{a}{5}=\frac{b}{5}\times\frac{a^2+b^2-c^2}{2ab}$, $a^2+c^2=b^2$

즉, 삼각형 ABC는 $\angle B=\frac{\pi}{2}$인 직각삼각형이다.

이때 직각삼각형 ABC의 빗변이 외접원의 지름이므로 $b=\overline{CA}=5$이다.

따라서 $\overline{AB}^2+\overline{BC}^2+\overline{CA}^2=c^2+a^2+b^2=2b^2=2\times5^2=50$

답 50

유제

정답과 풀이 29쪽

5 [24008-0102]

2보다 큰 양수 n에 대하여 삼각형 ABC가

$\overline{AB}=n$, $\overline{BC}=n+2$, $\overline{CA}=n+4$, $\angle B=\frac{2}{3}\pi$

를 만족시킬 때, $14\cos A$의 값을 구하시오.

6 [24008-0103]

다음 조건을 만족시키는 삼각형 ABC에 대하여 등식 $\sin A=k(\sin B-\sin C)$가 성립하도록 하는 양수 k가 존재할 때, k의 값은?

(가) $\cos A\cos B\cos C=0$

(나) $(\cos A-\cos B)(\cos B-\cos C)(\cos C-\cos A)=0$

① $\sqrt{2}-1$ ② 1 ③ $\sqrt{2}$ ④ 2 ⑤ $\sqrt{2}+1$

4. 삼각형의 넓이

삼각형 ABC에서 두 변의 길이와 그 끼인각의 크기가 주어질 때, 삼각형 ABC의 넓이를 S라 하면

$$S=\frac{1}{2}bc\sin A=\frac{1}{2}ca\sin B=\frac{1}{2}ab\sin C$$

설명 삼각형 ABC의 꼭짓점 C에서 직선 AB에 내린 수선의 발을 H라 할 때, 삼각형 ABC의 넓이를 ∠A가 예각, 직각, 둔각인 세 경우로 나누어 생각한다.

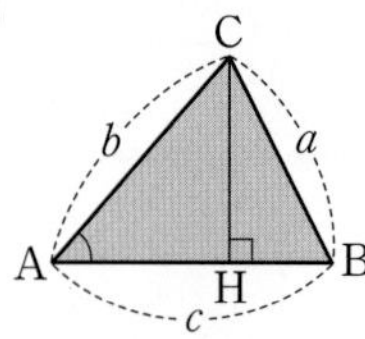

(ii)
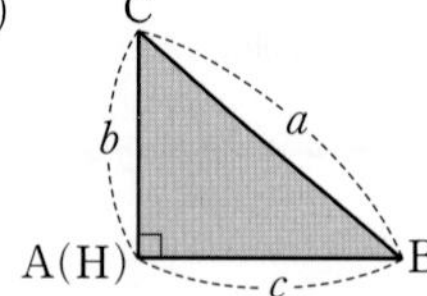

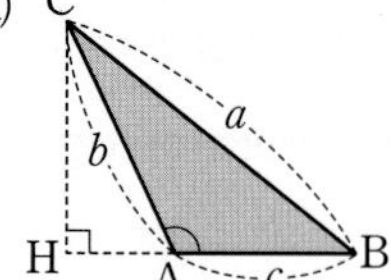

(i) $0^\circ < A < 90^\circ$일 때

$\overline{\mathrm{CH}}=b\sin A$

(ii) $A=90^\circ$일 때

$\sin A=\sin 90^\circ=1$이므로

$\overline{\mathrm{CH}}=b=b\sin A$

(iii) $90^\circ < A < 180^\circ$일 때

$\overline{\mathrm{CH}}=b\sin(180^\circ-A)=b\sin A$

(i), (ii), (iii)에서 ∠A의 크기에 관계없이 $\overline{\mathrm{CH}}=b\sin A$이므로 삼각형 ABC의 넓이를 S라 하면

$$S=\frac{1}{2}\times\overline{\mathrm{AB}}\times\overline{\mathrm{CH}}=\frac{1}{2}bc\sin A$$

같은 방법으로

$$S=\frac{1}{2}ca\sin B,\ S=\frac{1}{2}ab\sin C$$

도 성립한다.

참고 그림과 같은 사각형 ABCD에서 두 대각선의 길이가 각각 p, q이고, 두 대각선이 이루는 각의 크기가 θ일 때, 사각형 ABCD의 넓이를 S라 하면

$$S=\frac{1}{2}pq\sin\theta$$

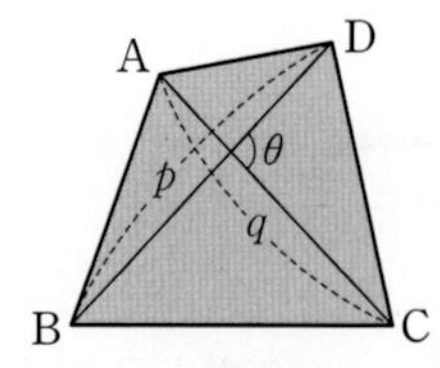

설명 그림과 같이 대각선 BD와 평행하고 두 점 A, C를 지나는 직선을 각각 그리고, 대각선 AC와 평행하고 두 점 B, D를 지나는 직선을 각각 그린다.

네 직선이 만나는 점을 각각 P, Q, R, S라 하면 사각형 PQRS는 평행사변형이다.

따라서 사각형 ABCD의 넓이는 사각형 PQRS의 넓이의 $\frac{1}{2}$이고, 삼각형 PQR의 넓이도 사각형 PQRS의 넓이의 $\frac{1}{2}$이므로 사각형 ABCD의 넓이와 삼각형 PQR의 넓이는 같다.

즉, $S=\frac{1}{2}\times\overline{\mathrm{PQ}}\times\overline{\mathrm{QR}}\times\sin\theta=\frac{1}{2}pq\sin\theta$

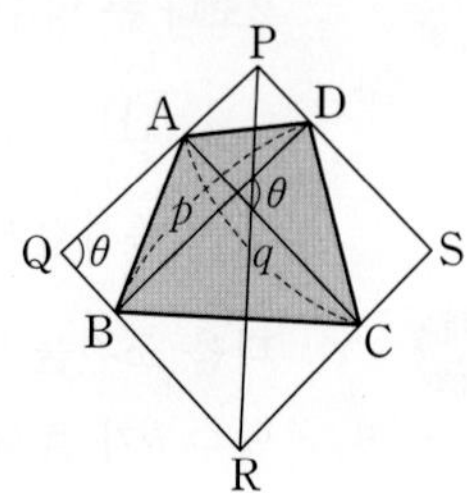

예제 4 삼각형의 넓이

www.ebsi.co.kr

그림과 같이 $\overline{AB}=2$, $\overline{BC}=3$, $\overline{CA}=4$인 삼각형 ABC가 있다. 삼각형 ABC의 외접원과 내접원의 넓이를 각각 S_1, S_2라 할 때, S_1-S_2의 값은?

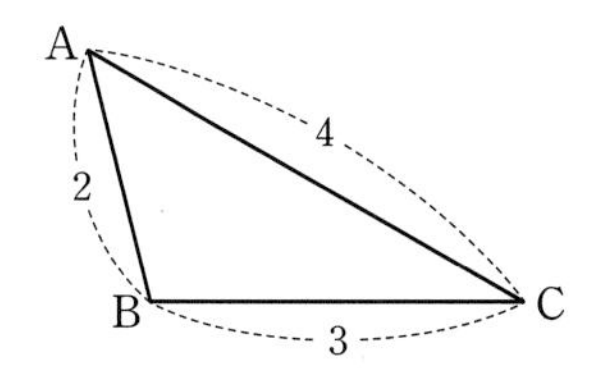

① $\frac{37}{10}\pi$ ② $\frac{15}{4}\pi$ ③ $\frac{19}{5}\pi$ ④ $\frac{77}{20}\pi$ ⑤ $\frac{39}{10}\pi$

길잡이 삼각형 ABC의 넓이를 S라 하면

$$S=\frac{1}{2}\times\overline{AB}\times\overline{CA}\times\sin A=\frac{1}{2}\times\overline{AB}\times\overline{BC}\times\sin B=\frac{1}{2}\times\overline{BC}\times\overline{CA}\times\sin C$$

풀이 삼각형 ABC에서 코사인법칙에 의하여

$$\overline{CA}^2=\overline{AB}^2+\overline{BC}^2-2\times\overline{AB}\times\overline{BC}\times\cos B$$

$$\cos B=\frac{\overline{AB}^2+\overline{BC}^2-\overline{CA}^2}{2\times\overline{AB}\times\overline{BC}}=\frac{2^2+3^2-4^2}{2\times2\times3}=-\frac{1}{4}$$

이므로 $\sin B=\sqrt{1-\cos^2 B}=\sqrt{1-\left(-\frac{1}{4}\right)^2}=\frac{\sqrt{15}}{4}$

이때 삼각형 ABC의 외접원의 반지름의 길이를 R이라 하면 사인법칙에 의하여

$$\frac{\overline{CA}}{\sin B}=2R,\ R=\frac{\overline{CA}}{2\sin B}=\frac{4}{2\times\frac{\sqrt{15}}{4}}=\frac{8\sqrt{15}}{15}$$

한편, 삼각형 ABC의 넓이를 S라 하면

$$S=\frac{1}{2}\times\overline{AB}\times\overline{BC}\times\sin B=\frac{1}{2}\times2\times3\times\frac{\sqrt{15}}{4}=\frac{3\sqrt{15}}{4} \quad \cdots\cdots ㉠$$

이때 삼각형 ABC의 내접원의 반지름의 길이를 r이라 하면

$$S=\frac{r}{2}(\overline{AB}+\overline{BC}+\overline{CA})=\frac{r}{2}(2+3+4)=\frac{9}{2}r \quad \cdots\cdots ㉡$$

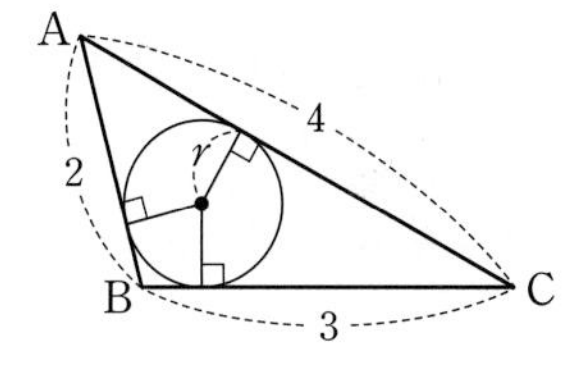

㉠, ㉡에서 $\frac{3\sqrt{15}}{4}=\frac{9}{2}r$, $r=\frac{\sqrt{15}}{6}$

따라서 $S_1-S_2=\pi\times\left(\frac{8\sqrt{15}}{15}\right)^2-\pi\times\left(\frac{\sqrt{15}}{6}\right)^2=\frac{64}{15}\pi-\frac{5}{12}\pi=\frac{77}{20}\pi$

답 ④

유제

정답과 풀이 30쪽

7 [24008-0104]

$\overline{AB}=2$, $\overline{AC}=3$이고 $\angle BAC>\frac{\pi}{2}$인 삼각형 ABC에 대하여 $\angle BAC$의 이등분선이 선분 BC와 만나는 점을 P라 하자. 삼각형 ABC의 넓이가 $\frac{3\sqrt{3}}{2}$일 때, 선분 AP의 길이는?

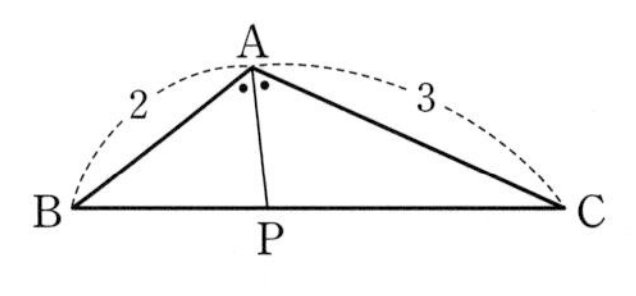

① 1 ② $\frac{6}{5}$ ③ $\frac{7}{5}$ ④ $\frac{8}{5}$ ⑤ $\frac{9}{5}$

Level 1 기초 연습

[24008-0105]

1 그림과 같이 $\overline{\mathrm{AB}}=2$, $\sin C=\frac{1}{3}$인 예각삼각형 ABC의 외접원의 중심을 O라 할 때, 삼각형 OAB의 넓이는?

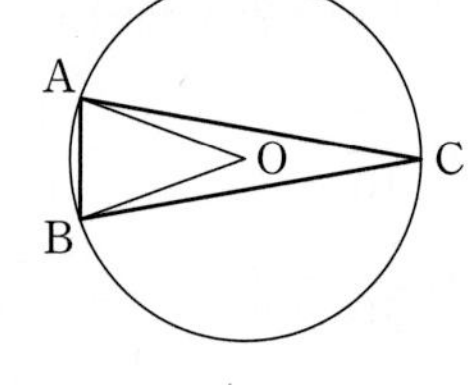

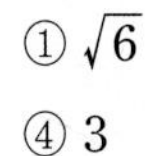

① $\sqrt{6}$　② $\sqrt{7}$　③ $2\sqrt{2}$
④ 3　⑤ $\sqrt{10}$

[24008-0106]

2 그림과 같이 $\overline{\mathrm{AB}}=\sqrt{2}$, $\overline{\mathrm{BC}}=2$, $\angle\mathrm{B}=\frac{\pi}{2}$인 직각삼각형 ABC에 대하여 선분 BC의 중점을 M이라 할 때, 삼각형 AMC의 외접원의 넓이는?

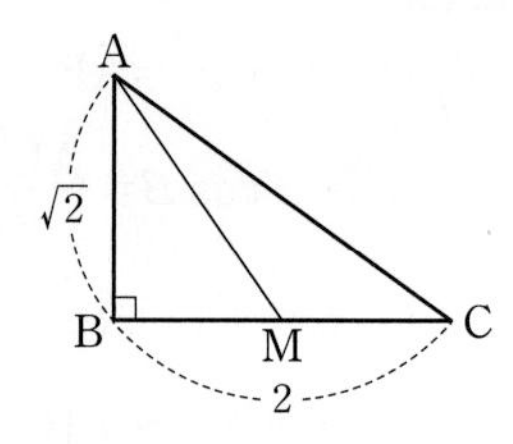

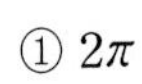

① 2π　② $\frac{9}{4}\pi$　③ $\frac{5}{2}\pi$
④ $\frac{11}{4}\pi$　⑤ 3π

[24008-0107]

3 $\overline{\mathrm{AB}}=4$, $\overline{\mathrm{BC}}=6$, $\cos A=\frac{1}{8}$인 삼각형 ABC에 대하여 $\cos B$의 값은?

① $\frac{1}{2}$　② $\frac{9}{16}$　③ $\frac{5}{8}$　④ $\frac{11}{16}$　⑤ $\frac{3}{4}$

[24008-0108]

4 그림과 같이 한 변의 길이가 6인 정삼각형 ABC에 대하여 선분 BC를 $2:1$로 내분하는 점을 D라 하고, 선분 AC의 중점을 M이라 할 때, $\overline{\mathrm{AD}}\times\overline{\mathrm{DM}}$의 값은?

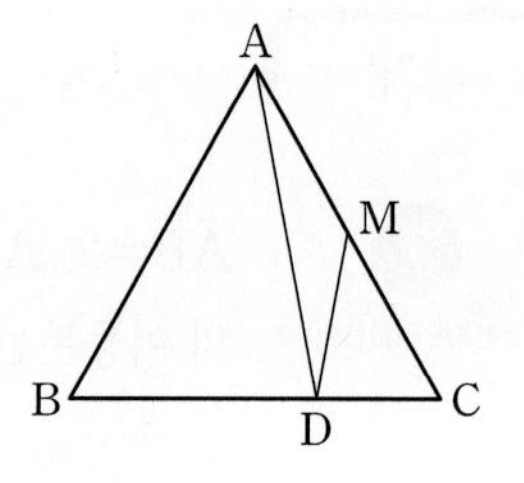

① 11　② 12　③ 13
④ 14　⑤ 15

[24008-0109]

5 그림과 같이 원 $x^2+y^2=3$과 직선 $y=1$이 만나는 점 중 제1사분면 위의 점을 A, 제2사분면 위의 점을 B라 할 때, $\sin(\angle AOB)$의 값은?

(단, O는 원점이고, $0<\angle AOB<\pi$이다.)

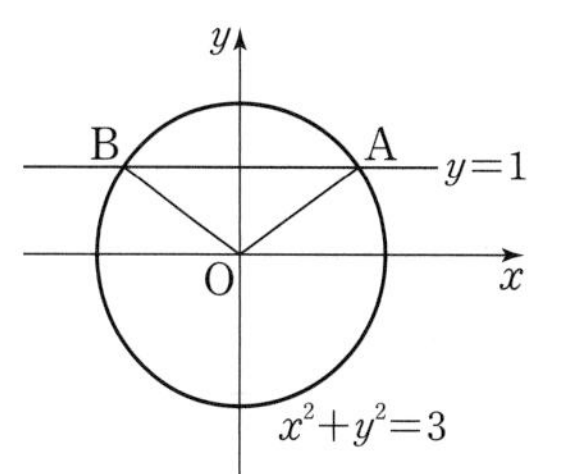

① $\frac{\sqrt{2}}{3}$　② $\frac{4\sqrt{2}}{9}$　③ $\frac{5\sqrt{2}}{9}$
④ $\frac{2\sqrt{2}}{3}$　⑤ $\frac{7\sqrt{2}}{9}$

[24008-0110]

6 그림과 같이 두 변 AD, BC가 평행하고, $\overline{AB}=3$, $\overline{AD}=2$, $\overline{BD}=\overline{BC}=4$인 사다리꼴 ABCD가 있다. 선분 CD의 길이는?

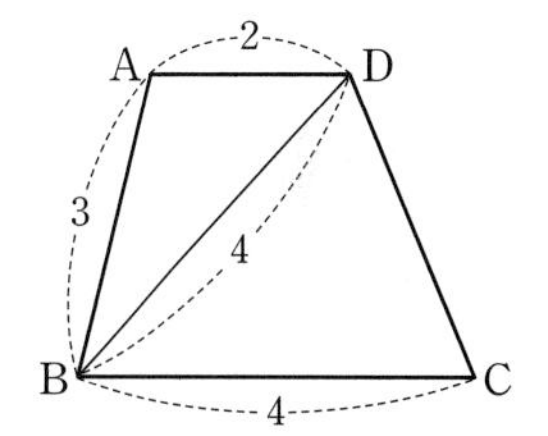

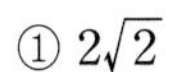
① $2\sqrt{2}$　② 3　③ $\sqrt{10}$
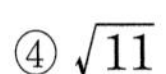
④ $\sqrt{11}$　⑤ $2\sqrt{3}$

[24008-0111]

7 $\overline{AB}=4$, $\overline{AC}=5$이고 넓이가 $5\sqrt{3}$인 예각삼각형 ABC가 있다. 점 A에서 선분 BC에 내린 수선의 발을 H라 할 때, $\overline{AH}^2$의 값은?

① 14　② $\frac{99}{7}$　③ $\frac{100}{7}$　④ $\frac{101}{7}$　⑤ $\frac{102}{7}$

[24008-0112]

8 그림과 같이 $\overline{AB}=3$, $\angle B=\frac{\pi}{4}$, $\angle C=\frac{\pi}{3}$인 삼각형 ABC가 있다. 삼각형 ABC의 외접원의 중심을 O라 할 때, 삼각형 OBC의 넓이는?

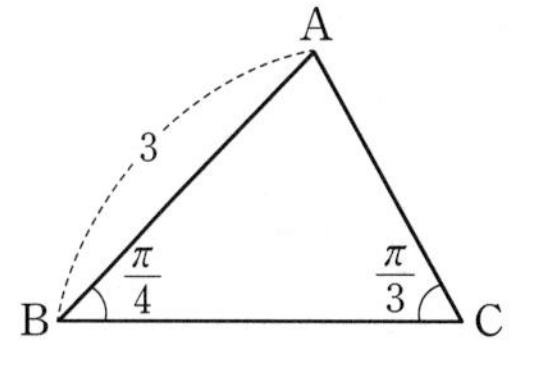

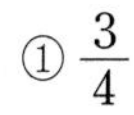
① $\frac{3}{4}$　② $\frac{7}{8}$　③ 1
④ $\frac{9}{8}$　⑤ $\frac{5}{4}$

Level 2 기본 연습

[24008-0113]

1 그림과 같이 중심이 O이고 반지름의 길이가 3인 원에 내접하는 예각삼각형 ABC에 대하여 점 O에서 세 선분 AB, BC, CA에 내린 수선의 발을 각각 D, E, F라 하자. $\overline{OD}:\overline{OE}:\overline{OF}=1:2:1$일 때, $\sin^2 A$의 값은?

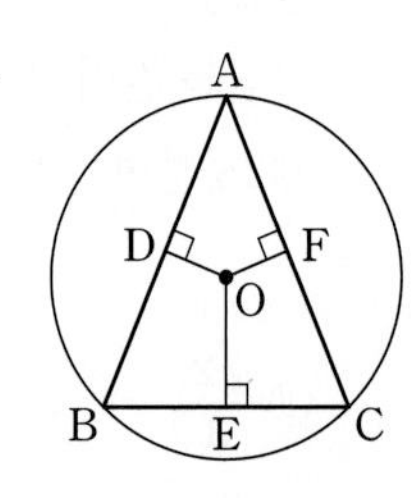

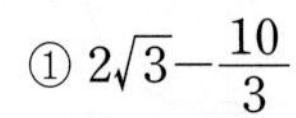

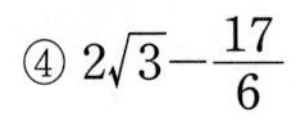

① $2\sqrt{3}-\frac{10}{3}$　② $2\sqrt{3}-\frac{19}{6}$　③ $2\sqrt{3}-3$　④ $2\sqrt{3}-\frac{17}{6}$　⑤ $2\sqrt{3}-\frac{8}{3}$

[24008-0114]

2 삼각형 ABC가 다음 조건을 만족시킨다.

(가) $\sin A=\cos B$　　(나) $\sin A+\sin B=\frac{2\sqrt{10}}{5}$

삼각형 ABC의 외접원의 반지름의 길이를 R이라 할 때, $\frac{\overline{BC}\times\overline{CA}}{R^2}$의 값은?

① 1　② $\frac{6}{5}$　③ $\frac{7}{5}$　④ $\frac{8}{5}$　⑤ $\frac{9}{5}$

[24008-0115]

3 그림과 같이 $\overline{AB}=3$, $\overline{BC}=4$, $\overline{CA}=5$인 삼각형 ABC의 내접원이 두 선분 AB, BC와 만나는 점을 각각 P, Q라 하자. $\sin(\angle CPQ)\times\sin(\angle QCP)$의 값은?

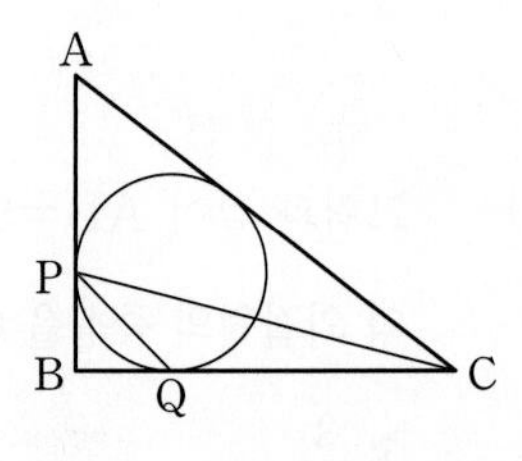

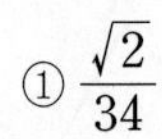

① $\frac{\sqrt{2}}{34}$　② $\frac{\sqrt{2}}{17}$　③ $\frac{3\sqrt{2}}{34}$　④ $\frac{2\sqrt{2}}{17}$　⑤ $\frac{5\sqrt{2}}{34}$

[24008-0116]

4 삼각형 ABC가 다음 조건을 만족시킨다.

(가) $\sin A=\sin C$ (나) $\cos A+2\cos B=3\cos C$

삼각형 ABC의 넓이가 12일 때, 삼각형 ABC의 외접원의 넓이는?

① $4\sqrt{3}\pi$ ② $\frac{13\sqrt{3}}{3}\pi$ ③ $\frac{14\sqrt{3}}{3}\pi$ ④ $5\sqrt{3}\pi$ ⑤ $\frac{16\sqrt{3}}{3}\pi$

[24008-0117]

5 그림과 같이 반지름의 길이가 2이고 중심이 O인 원 위에 $\overline{AB}<4$인 서로 다른 두 점 A, B가 있다. 점 O를 지나고 직선 AB와 평행한 직선이 이 원과 만나는 점 중 점 B에 가까운 점을 C라 하자. 점 C를 포함하지 않는 호 AB의 길이가 4일 때, $\frac{\overline{AB}^2}{\overline{AC}^2\times\overline{BC}^2}$의 값은?

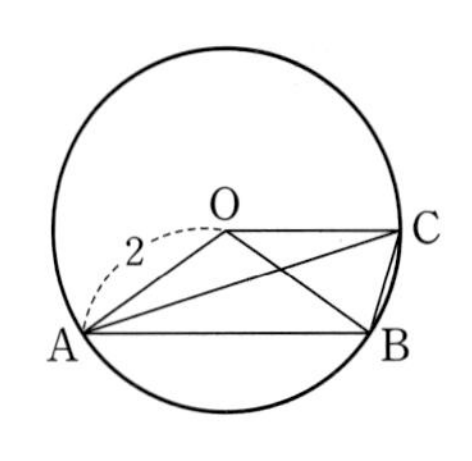

① $\frac{1}{5}\tan^2 1$ ② $\frac{1}{4}\tan^2 1$ ③ $\frac{1}{3}\tan^2 1$ ④ $\frac{1}{2}\tan^2 1$ ⑤ $\tan^2 1$

[24008-0118]

6 그림과 같이 $\overline{PQ}=2\overline{QR}$, $\angle Q=\frac{\pi}{2}$인 직각삼각형 PQR이 있다. 선분 PQ의 중점 M에서 선분 PR에 내린 수선의 발을 H라 하자. 삼각형 PMR의 외접원의 넓이가 50π일 때, 선분 MH의 길이는?

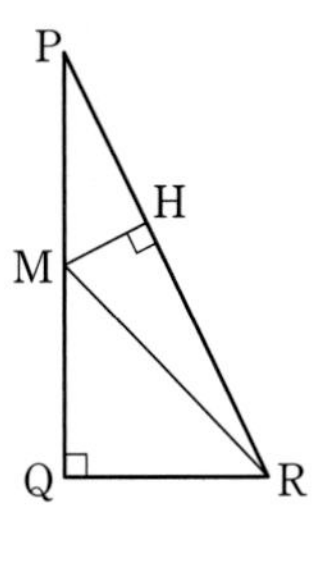

① 1 ② $\frac{3}{2}$ ③ 2
④ $\frac{5}{2}$ ⑤ 3

[24008-0119]

7 그림과 같이 원 O에 내접하고 $\overline{AB}=2$, $\angle ACD=\frac{\pi}{3}$, $\angle CAB=\frac{\pi}{6}$인 사각형 ABCD가 있다. 사각형 ABCD의 넓이가 $\frac{21\sqrt{3}}{2}$일 때, 원 O의 넓이는?

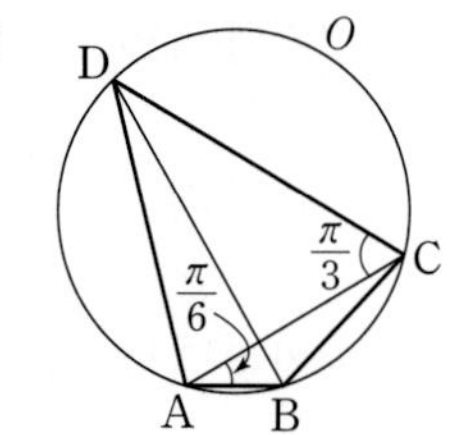

① 10π　② 11π　③ 12π　④ 13π　⑤ 14π

[24008-0120]

8 그림과 같이 $\overline{AB}=3$, $\overline{BC}=4$, $\angle B=\frac{\pi}{2}$인 직각삼각형 ABC에서 선분 AB를 $1:m$으로 내분하는 점을 P, 선분 CA를 $1:m$으로 내분하는 점을 Q라 하자. $\overline{PQ}=\frac{3\sqrt{5}}{2}$일 때, 삼각형 APQ의 넓이는? (단, m은 $m>0$인 상수이다.)

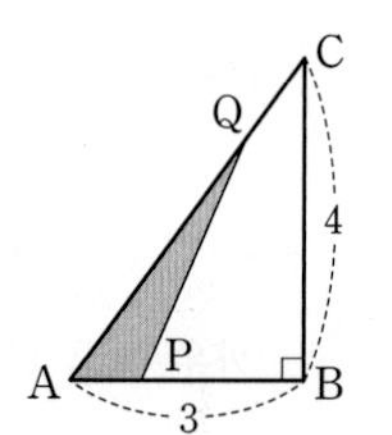

① 1　② $\frac{17}{16}$　③ $\frac{9}{8}$　④ $\frac{19}{16}$　⑤ $\frac{5}{4}$

[24008-0121]

9 그림과 같이 $\overline{AB}=2$, $\overline{BC}=4$, $\overline{CA}=3$인 삼각형 ABC에서 $\angle BAC$의 이등분선이 삼각형 ABC의 외접원과 만나는 점 중 A가 아닌 점을 D라 하자. 삼각형 BDC의 넓이는?

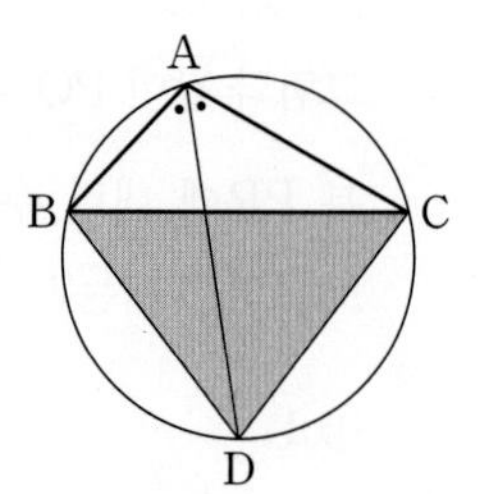

① $\sqrt{15}$　② $\frac{7\sqrt{15}}{6}$　③ $\frac{4\sqrt{15}}{3}$　④ $\frac{3\sqrt{15}}{2}$　⑤ $\frac{5\sqrt{15}}{3}$

정답과 풀이 37쪽

[24008-0122]

1 그림과 같이 $\overline{BC}=3\sqrt{2}$, $\overline{CA}=\sqrt{10}$, $\cos C=\frac{2\sqrt{5}}{5}$인 삼각형 ABC에 대하여 **보기**에서 옳은 것만을 있는 대로 고른 것은?

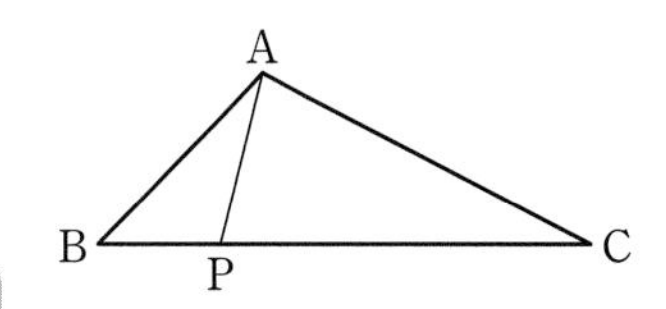

보기

ㄱ. $\overline{AB}=2$

ㄴ. 삼각형 ABC의 외접원의 넓이는 5π이다.

ㄷ. 선분 BC 위를 움직이는 점 P에 대하여 $\frac{\overline{BP}\times\overline{CP}}{\sin(\angle PAB)\times\sin(\angle CAP)}$의 최솟값은 $2\sqrt{10}$이다. (단, 점 P는 두 점 B, C와 일치하지 않는다.)

① ㄱ ② ㄷ ③ ㄱ, ㄴ ④ ㄴ, ㄷ ⑤ ㄱ, ㄴ, ㄷ

[24008-0123]

2 그림과 같이 $\overline{AB}=2$, $\overline{AC}=2\sqrt{2}$이고, $\angle CAB>\frac{\pi}{2}$인 삼각형 ABC에 대하여 점 C에서 직선 AB에 내린 수선의 발을 D, 점 B에서 직선 AC에 내린 수선의 발을 E라 하고, 두 직선 BE, CD가 만나는 점을 F라 하자. 삼각형 ACD의 외접원과 삼각형 AEB의 외접원이 만나는 서로 다른 두 점 사이의 거리가 $\frac{2\sqrt{5}}{5}$일 때, 삼각형 DFE의 외접원의 넓이는?

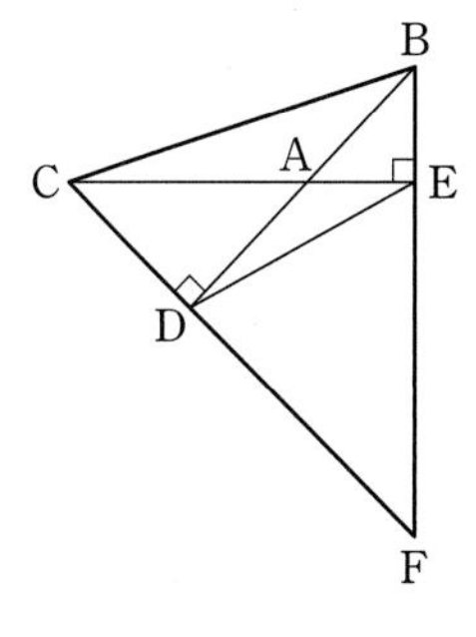

① 3π ② 4π ③ 5π
④ 6π ⑤ 7π

[24008-0124]

3 그림과 같이 반지름의 길이가 3인 원 C 위에 $\overline{AB}=2$인 두 점 A, B가 있다. 삼각형 PAB의 넓이가 자연수가 되도록 하는 원 C 위의 서로 다른 점 P의 개수는 n이고, 이러한 n개의 점 P 중에서 점 A에 가장 가까운 점을 P_1이라 하고, 나머지 $(n-1)$개의 점들을 점 P_1부터 시계방향으로 P_2, P_3, P_4, $\cdots$, P_n이라 하자. $(\overline{AP_5}+\overline{AP_6})^2$의 값은?

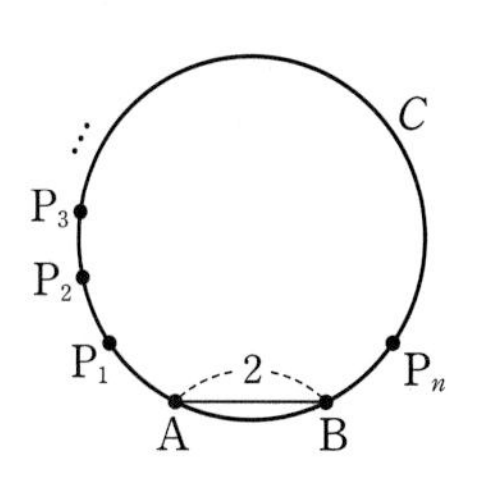

① $61+40\sqrt{2}$ ② $62+40\sqrt{2}$ ③ $63+40\sqrt{2}$
④ $64+40\sqrt{2}$ ⑤ $65+40\sqrt{2}$

대표 기출 문제

출제경향 삼각형에서 사인법칙, 코사인법칙을 이용하여 선분의 길이, 각의 크기, 외접원의 반지름의 길이 또는 삼각함수의 값을 구하는 문제가 출제된다.

2023학년도 수능

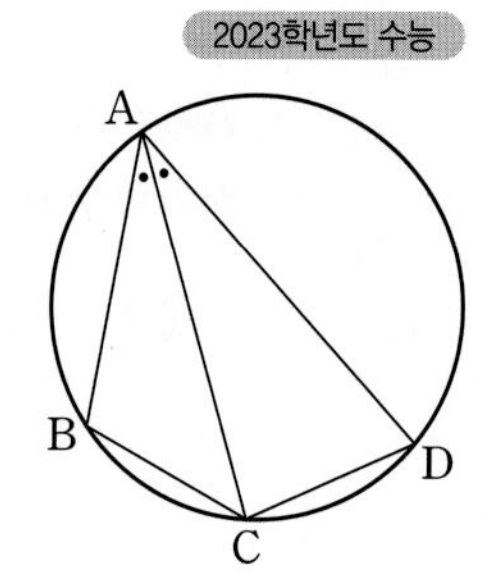

그림과 같이 사각형 ABCD가 한 원에 내접하고

$\overline{AB}=5,\ \overline{AC}=3\sqrt{5},\ \overline{AD}=7,\ \angle BAC=\angle CAD$

일 때, 이 원의 반지름의 길이는? [4점]

① 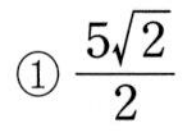 $\frac{5\sqrt{2}}{2}$　② $\frac{8\sqrt{5}}{5}$　③ $\frac{5\sqrt{5}}{3}$

④ 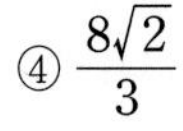 $\frac{8\sqrt{2}}{3}$　⑤ $\frac{9\sqrt{3}}{4}$

출제 의도 사인법칙과 코사인법칙을 이용하여 원의 반지름의 길이를 구할 수 있는지를 묻는 문제이다.

풀이 $\angle BAC=\angle CAD=\theta$라 하자.

삼각형 ABC에서 코사인법칙에 의하여

$$\begin{aligned}\overline{BC}^2&=\overline{AB}^2+\overline{AC}^2-2\times\overline{AB}\times\overline{AC}\times\cos\theta\\&=25+45-2\times5\times3\sqrt{5}\times\cos\theta\\&=70-30\sqrt{5}\cos\theta\quad\cdots\cdots\ ㉠\end{aligned}$$

삼각형 ACD에서 코사인법칙에 의하여

$$\begin{aligned}\overline{CD}^2&=\overline{AC}^2+\overline{AD}^2-2\times\overline{AC}\times\overline{AD}\times\cos\theta\\&=45+49-2\times3\sqrt{5}\times7\times\cos\theta\\&=94-42\sqrt{5}\cos\theta\end{aligned}$$

이때 $\angle BAC=\angle CAD$이므로 $\overline{BC}^2=\overline{CD}^2$

즉, $70-30\sqrt{5}\cos\theta=94-42\sqrt{5}\cos\theta$에서 $12\sqrt{5}\cos\theta=24$, $\cos\theta=\frac{2\sqrt{5}}{5}$

㉠에서 $\overline{BC}^2=70-30\sqrt{5}\times\frac{2\sqrt{5}}{5}=10$이므로 $\overline{BC}=\sqrt{10}$

한편, $\sin^2\theta=1-\cos^2\theta=1-\left(\frac{2\sqrt{5}}{5}\right)^2=\frac{1}{5}$이므로 $\sin\theta=\frac{\sqrt{5}}{5}$

따라서 구하는 원의 반지름의 길이를 R이라 하면 삼각형 ABC에서 사인법칙에 의하여 $\frac{\overline{BC}}{\sin\theta}=2R$이므로

$$R=\frac{1}{2}\times\frac{\overline{BC}}{\sin\theta}=\frac{1}{2}\times\frac{\sqrt{10}}{\frac{\sqrt{5}}{5}}=\frac{5\sqrt{2}}{2}$$

답 ①

대표 기출 문제

출제경향 삼각형에서 코사인법칙을 이용하여 선분의 길이, 각의 크기 또는 삼각함수의 값을 구하는 문제가 출제된다.

2023학년도 수능 6월 모의평가

그림과 같이 $\overline{AB}=3$, $\overline{BC}=2$, $\overline{AC}>3$이고 $\cos(\angle BAC)=\frac{7}{8}$인 삼각형 ABC가 있다. 선분 AC의 중점을 M, 삼각형 ABC의 외접원이 직선 BM과 만나는 점 중 B가 아닌 점을 D라 할 때, 선분 MD의 길이는? **[4점]**

① $\frac{3\sqrt{10}}{5}$ ② $\frac{7\sqrt{10}}{10}$ ③ $\frac{4\sqrt{10}}{5}$

④ $\frac{9\sqrt{10}}{10}$ ⑤ $\sqrt{10}$

출제 의도 코사인법칙과 닮은 도형의 성질을 이용하여 선분의 길이를 구할 수 있는지를 묻는 문제이다.

풀이 $\angle BAC=\theta$, $\overline{AC}=a\ (a>3)$이라 하면 삼각형 ABC에서 코사인법칙에 의하여

$$\overline{BC}^2=\overline{AB}^2+\overline{AC}^2-2\times\overline{AB}\times\overline{AC}\times\cos\theta$$

$$2^2=3^2+a^2-2\times3\times a\times\frac{7}{8}$$

$$a^2-\frac{21}{4}a+5=0$$

$$4a^2-21a+20=0$$

$$(4a-5)(a-4)=0$$

이때 $a>3$이므로 $a=4$, 즉 $\overline{AC}=4$

점 M은 선분 AC의 중점이므로

$$\overline{MA}=\overline{MC}=\frac{1}{2}\overline{AC}=\frac{1}{2}\times4=2$$

또한 삼각형 ABM에서 코사인법칙에 의하여

$$\overline{MB}^2=\overline{AB}^2+\overline{AM}^2-2\times\overline{AB}\times\overline{AM}\times\cos\theta$$

$$=3^2+2^2-2\times3\times2\times\frac{7}{8}=\frac{5}{2}$$

$$\overline{MB}=\sqrt{\frac{5}{2}}=\frac{\sqrt{10}}{2}$$

한편, $\angle AMB=\angle DMC$이고, 원주각의 성질에 의하여 $\angle ABD=\angle ACD$, 즉 $\angle ABM=\angle DCM$이므로 두 삼각형 ABM, DCM은 서로 닮음이다.

따라서 $\overline{MA}:\overline{MB}=\overline{MD}:\overline{MC}$이므로

$$\overline{MD}=\frac{\overline{MA}\times\overline{MC}}{\overline{MB}}=\frac{2\times2}{\frac{\sqrt{10}}{2}}=\frac{4\sqrt{10}}{5}$$

답 ③

05 등차수열과 등비수열

1. 수열의 뜻과 일반항

(1) 자연수 중에서 3의 배수를 작은 수부터 차례로 나열하면

$3,\ 6,\ 9,\ 12,\ \cdots$

이다. 이와 같이 차례로 나열한 수의 열을 수열이라 하고, 수열을 이루는 각각의 수를 그 수열의 항이라고 한다.

(2) 수열을 나타낼 때는 각 항에 번호를 붙여

$a_1,\ a_2,\ a_3,\ \cdots,\ a_n,\ \cdots$

과 같이 나타내며, 앞에서부터 차례로 첫째항, 둘째항, 셋째항, $\cdots$, n째항, $\cdots$ 또는 제1항, 제2항, 제3항, $\cdots$, 제n항, $\cdots$이라고 한다. 이때 n의 식으로 나타낸 제n항 a_n을 수열의 일반항이라고 하며, 일반항이 a_n인 수열을 간단히 $\{a_n\}$으로 나타낸다.

2. 등차수열의 뜻과 일반항

(1) 등차수열의 뜻

첫째항부터 차례로 일정한 수를 더하여 만들어지는 수열을 등차수열이라 하고, 더하는 일정한 수를 공차라고 한다.

(2) 등차수열의 일반항

첫째항이 a, 공차가 d인 등차수열 $\{a_n\}$의 일반항 a_n은

$a_n=a+(n-1)d\ (n=1,\ 2,\ 3,\ \cdots)$

설명 첫째항이 a, 공차가 d인 등차수열 $\{a_n\}$에서

$a_1=a$

$a_2=a_1+d=a+d$

$a_3=a_2+d=(a+d)+d=a+2d$

$a_4=a_3+d=(a+2d)+d=a+3d$

$\vdots$

이므로 일반항 a_n은

$a_n=a+(n-1)d\ (n=1,\ 2,\ 3,\ \cdots)$

예 첫째항이 2, 공차가 3인 등차수열 $\{a_n\}$의 일반항 a_n은 $a_n=2+(n-1)\times3=3n-1\ (n=1,\ 2,\ 3,\ \cdots)$

3. 등차중항

세 수 a, b, c가 이 순서대로 등차수열을 이룰 때, b를 a와 c의 등차중항이라고 한다.

이때 b가 a와 c의 등차중항이면 $b-a=c-b$이므로

$2b=a+c$, 즉 $b=\dfrac{a+c}{2}$

가 성립한다. 역으로 $b=\dfrac{a+c}{2}$이면 $b-a=c-b$이므로 세 수 a, b, c는 이 순서대로 등차수열을 이루고 b는 a와 c의 등차중항이다.

예 세 수 3, x, 11이 이 순서대로 등차수열을 이루면 x는 3과 11의 등차중항이므로 $x=\dfrac{3+11}{2}=7$

예제 1 등차수열의 일반항

www.ebsi.co.kr

공차가 양수인 등차수열 $\{a_n\}$에 대하여

$a_3+a_5=0$, $|a_2|+|a_6|=12$

일 때, a_{10}의 값은?

① 12 ② 14 ③ 16 ④ 18 ⑤ 20

길잡이 (1) 첫째항이 a, 공차가 d인 등차수열 $\{a_n\}$의 일반항 a_n은 $a_n=a+(n-1)d$ $(n=1, 2, 3, \cdots)$

(2) b가 a와 c의 등차중항이면 $b=\frac{a+c}{2}$

풀이 등차수열 $\{a_n\}$에서 a_4는 a_3과 a_5의 등차중항이므로

$$a_4=\frac{a_3+a_5}{2}=\frac{0}{2}=0$$

등차수열 $\{a_n\}$의 공차가 양수이므로

$$a_2<0,\ a_6>0$$

즉, $|a_2|+|a_6|=-a_2+a_6=12$

등차수열 $\{a_n\}$의 공차를 d라 하면

$$a_6-a_2=4d=12$$

이므로

$$d=3$$

따라서

$$a_{10}=a_4+6d=0+6\times3=18$$

답 ④

유제

정답과 풀이 40쪽

1 [24008-0125]

등차수열 $\{a_n\}$이

$a_3+a_6=3$, $a_6+a_9=17$

을 만족시킬 때, $a_n>100$을 만족시키는 자연수 n의 최솟값은?

① 41 ② 43 ③ 45 ④ 47 ⑤ 49

2 [24008-0126]

다음 조건을 만족시키는 모든 등차수열 $\{a_n\}$에 대하여 a_{10}의 값의 합을 구하시오.

(가) 모든 항이 정수이고 공차가 -3이다.

(나) $a_n<0$을 만족시키는 자연수 n의 최솟값은 20이다.

4. 등차수열의 합

(1) 첫째항이 a, 제n항이 l인 등차수열 $\{a_n\}$의 첫째항부터 제n항까지의 합 S_n은

$$S_n=\frac{n(a+l)}{2}$$

(2) 첫째항이 a, 공차가 d인 등차수열 $\{a_n\}$의 첫째항부터 제n항까지의 합 S_n은

$$S_n=\frac{n\{2a+(n-1)d\}}{2}$$

설명 (1) 첫째항이 a, 공차가 d, 제n항이 l인 등차수열 $\{a_n\}$의 첫째항부터 제n항까지의 합을 S_n이라 하면

$$S_n=a+(a+d)+(a+2d)+\cdots+(l-2d)+(l-d)+l \quad \cdots\cdots ㉠$$

㉠의 우변의 합의 순서를 거꾸로 나타내면

$$S_n=l+(l-d)+(l-2d)+\cdots+(a+2d)+(a+d)+a \quad \cdots\cdots ㉡$$

㉠, ㉡을 변끼리 더하면

$$2S_n=\underbrace{(a+l)+(a+l)+(a+l)+\cdots+(a+l)+(a+l)+(a+l)}_{n\text{개}}$$

$$=n(a+l)$$

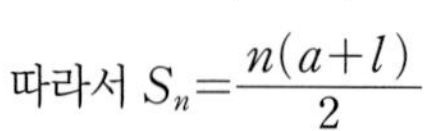

따라서 $S_n=\frac{n(a+l)}{2}$

(2) (1)에서 $l=a+(n-1)d$이므로

$$S_n=\frac{n(a+l)}{2}=\frac{n\{a+a+(n-1)d\}}{2}=\frac{n\{2a+(n-1)d\}}{2}$$

예 (1) 첫째항이 -1이고 제10항이 15인 등차수열의 첫째항부터 제10항까지의 합 S_{10}은

$$S_{10}=\frac{10(-1+15)}{2}=70$$

(2) 첫째항이 50이고 공차가 -4인 등차수열의 첫째항부터 제20항까지의 합 S_{20}은

$$S_{20}=\frac{20\{2\times50+19\times(-4)\}}{2}=240$$

참고 첫째항이 a, 공차가 d인 등차수열 $\{a_n\}$의 첫째항부터 제n항까지의 합 S_n은

$$S_n=\frac{n\{2a+(n-1)d\}}{2}=\frac{d}{2}n^2+\frac{2a-d}{2}n$$

이므로 공차가 0이 아닌 등차수열 $\{a_n\}$의 첫째항부터 제n항까지의 합 S_n은 상수항이 0인 n에 대한 이차식이다.

5. 수열의 합과 일반항 사이의 관계

수열 $\{a_n\}$의 첫째항부터 제n항까지의 합을 S_n이라 하면 $S_1=a_1$이고, 2 이상의 자연수 n에 대하여

$$S_n=a_1+a_2+\cdots+a_{n-1}+a_n=S_{n-1}+a_n$$

이므로 $a_1=S_1$, $a_n=S_n-S_{n-1}\ (n\geq2)$이다.

예제 2 등차수열의 합

www.ebsi.co.kr

등차수열 $\{a_n\}$의 첫째항부터 제n항까지의 합을 S_n이라 하자.

$a_3=9,\ a_6+S_9=174$

일 때, a_{10}의 값은?

① 31　② 33　③ 35　④ 37　⑤ 39

길잡이 첫째항이 a, 공차가 d인 등차수열 $\{a_n\}$의 첫째항부터 제n항까지의 합 S_n은

$$S_n=\frac{n\{2a+(n-1)d\}}{2}$$

풀이 등차수열 $\{a_n\}$의 공차를 d라 하자.

$a_3=9$에서

$$a_1+2d=9 \quad \cdots\cdots ㉠$$

$a_6+S_9=174$에서

$$a_1+5d+\frac{9(2a_1+8d)}{2}=174$$

즉, $10a_1+41d=174 \quad \cdots\cdots ㉡$

㉠, ㉡에서

$$a_1=1,\ d=4$$

따라서 $a_n=1+(n-1)\times4=4n-3$이므로

$$a_{10}=4\times10-3=37$$

답 ④

유제

정답과 풀이 41쪽

3 [24008-0127]

등차수열 $\{a_n\}$의 첫째항부터 제n항까지의 합을 S_n이라 하자. $a_{10}=8$일 때, S_{19}의 값을 구하시오.

4 [24008-0128]

등차수열 $\{a_n\}$에 대하여

$a_1=-2,\ a_5+a_6+a_7+a_8+a_9+a_{10}=105$

일 때, $a_{10}-a_5$의 값은?

① 10　② $\frac{25}{2}$　③ 15　④ $\frac{35}{2}$　⑤ 20

6. 등비수열의 뜻과 일반항

(1) 등비수열의 뜻

첫째항부터 차례로 일정한 수를 곱하여 만들어지는 수열을 등비수열이라 하고, 곱하는 일정한 수를 공비라고 한다.

(2) 등비수열의 일반항

첫째항이 a, 공비가 r $(r\neq0)$인 등비수열 $\{a_n\}$의 일반항 a_n은

$$a_n=ar^{n-1}\ (n=1,\ 2,\ 3,\ \cdots)$$

설명 첫째항이 a, 공비가 r $(r\neq0)$인 등비수열 $\{a_n\}$에서

$a_1=a$

$a_2=a_1r=ar$

$a_3=a_2r=(ar)r=ar^2$

$a_4=a_3r=(ar^2)r=ar^3$

⋮

이므로 일반항 a_n은

$$a_n=ar^{n-1}\ (n=1,\ 2,\ 3,\ \cdots)$$

예 ① 첫째항이 2이고 공비가 3인 등비수열 $\{a_n\}$의 일반항 a_n은

$$a_n=2\times3^{n-1}\ (n=1,\ 2,\ 3,\ \cdots)$$

② 등비수열 $\{a_n\}$이

$3,\ -6,\ 12,\ -24,\ \cdots$

일 때, 첫째항이 3이고 공비가 -2이므로 등비수열 $\{a_n\}$의 일반항 a_n은

$$a_n=3\times(-2)^{n-1}\ (n=1,\ 2,\ 3,\ \cdots)$$

7. 등비중항

0이 아닌 세 수 $a,\ b,\ c$가 이 순서대로 등비수열을 이룰 때, b를 a와 c의 등비중항이라고 한다.

이때 b가 a와 c의 등비중항이면 $\frac{b}{a}=\frac{c}{b}$이므로

$$b^2=ac$$

가 성립한다.

역으로 0이 아닌 세 수 $a,\ b,\ c$에 대하여 $b^2=ac$이면 $\frac{b}{a}=\frac{c}{b}$이므로 세 수 $a,\ b,\ c$는 이 순서대로 등비수열을 이루고 b는 a와 c의 등비중항이다.

예 세 수 $2,\ x,\ 8$이 이 순서대로 등비수열을 이루면 x는 2와 8의 등비중항이므로

$$x^2=2\times8=16$$

즉, $x=-4$ 또는 $x=4$

예제 3 등비수열의 일반항

www.ebsi.co.kr

모든 항이 실수인 등비수열 $\{a_n\}$에 대하여

$a_1a_3=12$, $a_5=18$

일 때, a_9의 값은?

① 162 ② 165 ③ 168 ④ 171 ⑤ 174

길잡이 첫째항이 a, 공비가 r $(r\neq0)$인 등비수열 $\{a_n\}$의 일반항 a_n은

$a_n=ar^{n-1}$ $(n=1, 2, 3, \cdots)$

풀이 등비수열 $\{a_n\}$의 공비를 r이라 하면

$a_1a_3=a_1\times a_1r^2=a_1^2r^2=12$ ⋯⋯ ㉠

$a_5=a_1r^4=18$ ⋯⋯ ㉡

㉠에서 $r^2=\dfrac{12}{a_1^2}$ ⋯⋯ ㉢

이것을 ㉡에 대입하면

$a_1\times\dfrac{12^2}{a_1^4}=18$

$a_1^3=\dfrac{12^2}{18}=8$

a_1은 실수이므로 $a_1=2$

㉢에서 $r^2=\dfrac{12}{2^2}=3$

따라서 $a_9=a_1r^8=a_1\times(r^2)^4=2\times3^4=162$

답 ①

유제

정답과 풀이 41쪽

5 [24008-0129]

모든 항이 양수인 등비수열 $\{a_n\}$에 대하여 $\dfrac{5a_2}{a_3+a_4}=16$일 때, $\dfrac{a_3}{a_5}$의 값은?

① 4 ② 9 ③ 16 ④ 25 ⑤ 36

6 [24008-0130]

첫째항이 3이고 공비가 $\sqrt{3}$인 등비수열 $\{a_n\}$에 대하여

$\log_3(a_1\times a_2\times a_3\times\cdots\times a_{10})$

의 값은?

① $\dfrac{61}{2}$ ② 31 ③ $\dfrac{63}{2}$ ④ 32 ⑤ $\dfrac{65}{2}$

8. 등비수열의 합

첫째항이 a, 공비가 r인 등비수열 $\{a_n\}$의 첫째항부터 제n항까지의 합 S_n은

(1) $r \neq 1$일 때, $S_n = \dfrac{a(1-r^n)}{1-r} = \dfrac{a(r^n-1)}{r-1}$

(2) $r=1$일 때, $S_n = na$

설명 첫째항이 a, 공비가 r인 등비수열 $\{a_n\}$의 첫째항부터 제n항까지의 합을 S_n이라 하면

$$S_n = a + ar + ar^2 + \cdots + ar^{n-1} \quad \cdots\cdots ㉠$$

㉠의 양변에 공비 r을 곱하면

$$rS_n = ar + ar^2 + ar^3 + \cdots + ar^n \quad \cdots\cdots ㉡$$

㉠에서 ㉡을 변끼리 빼면

$$\begin{array}{rrl} & S_n = & a + ar + ar^2 + \cdots + ar^{n-1} \\ -) & rS_n = & \quad\ ar + ar^2 + \cdots + ar^{n-1} + ar^n \\ \hline & S_n - rS_n = & a \qquad\qquad\qquad\qquad\qquad -ar^n \end{array}$$

$$(1-r)S_n = a(1-r^n)$$

따라서

$r \neq 1$일 때, $S_n = \dfrac{a(1-r^n)}{1-r} = \dfrac{a(r^n-1)}{r-1}$

$r=1$일 때, ㉠에서 $S_n = \underbrace{a+a+a+\cdots+a}_{n\text{개}} = na$

예 첫째항이 3이고 공비가 2인 등비수열의 첫째항부터 제10항까지의 합 S_{10}은

$$S_{10} = \frac{3(2^{10}-1)}{2-1} = 3 \times 1023 = 3069$$

참고 첫째항이 a, 공비가 r $(r \neq 1)$인 등비수열 $\{a_n\}$의 첫째항부터 제n항까지의 합 S_n은

$$S_n = \frac{a(r^n-1)}{r-1} = \frac{a}{r-1}r^n - \frac{a}{r-1}$$

이때 $\dfrac{a}{r-1} = A$라 하면 S_n은

$$S_n = Ar^n - A$$

의 꼴임을 알 수 있다.

예를 들어 첫째항이 2, 공비가 5인 등비수열 $\{a_n\}$의 첫째항부터 제n항까지의 합 S_n은

$$S_n = \frac{2(5^n-1)}{5-1} = \frac{1}{2} \times 5^n - \frac{1}{2}$$

예제 4 등비수열의 합

www.ebsi.co.kr

공비가 음수인 등비수열 $\{a_n\}$의 첫째항부터 제n항까지의 합을 S_n이라 하자.

$7S_3=S_9$, $S_6=6$

일 때, S_{12}의 값은?

① 52 ② 54 ③ 56 ④ 58 ⑤ 60

길잡이 첫째항이 a, 공비가 r $(r\neq1)$인 등비수열 $\{a_n\}$의 첫째항부터 제n항까지의 합 S_n은

$$S_n=\frac{a(1-r^n)}{1-r}=\frac{a(r^n-1)}{r-1}$$

풀이 등비수열 $\{a_n\}$의 공비를 r이라 하면

$7S_3=S_9$에서

$$\frac{7a_1(r^3-1)}{r-1}=\frac{a_1(r^9-1)}{r-1}$$

$$\frac{7a_1(r^3-1)}{r-1}=\frac{a_1(r^3-1)(r^6+r^3+1)}{r-1}$$

$a_1\neq0$, $r\neq1$이므로

$r^6+r^3+1=7$

$(r^3+3)(r^3-2)=0$

$r<0$이므로 $r^3=-3$

이때 $S_6=\frac{a_1(r^6-1)}{r-1}=\frac{a_1\{(r^3)^2-1\}}{r-1}=\frac{8a_1}{r-1}=6$이므로 $\frac{a_1}{r-1}=\frac{3}{4}$

따라서 $S_{12}=\frac{a_1(r^{12}-1)}{r-1}=\frac{a_1}{r-1}\times\{(r^3)^4-1\}=\frac{3}{4}\times\{(-3)^4-1\}=\frac{3}{4}\times80=60$

답 ⑤

유제

정답과 풀이 41쪽

7 [24008-0131]

공비가 실수인 등비수열 $\{a_n\}$의 첫째항부터 제n항까지의 합을 S_n이라 하자.

$S_5-S_4=12$, $S_8-S_4=180$

일 때, a_{10}의 값을 구하시오.

8 [24008-0132]

첫째항이 1이고 공비가 음수인 등비수열 $\{a_n\}$의 첫째항부터 제n항까지의 합을 S_n이라 하고, 수열 $\{|a_n|\}$의 첫째항부터 제n항까지의 합을 T_n이라 하자.

$S_8+T_8=80$

일 때, $S_{10}=p+q\sqrt{3}$이다. $p-q$의 값을 구하시오. (단, p, q는 유리수이다.)

Level 1 기초 연습

[24008-0133]

1 등차수열 $\{a_n\}$에 대하여 $a_3=-2$, $a_6=7$일 때, a_{10}의 값은?

① 16 ② 17 ③ 18 ④ 19 ⑤ 20

[24008-0134]

2 등차수열 $\{a_n\}$에 대하여

$a_1+a_3=2$, $a_5+a_7=34$

일 때, a_{10}의 값은?

① 31 ② 33 ③ 35 ④ 37 ⑤ 39

[24008-0135]

3 세 수 a, $2a-1$, a^2-6이 이 순서대로 등차수열을 이루도록 하는 양수 a의 값은?

① 1 ② 2 ③ 3 ④ 4 ⑤ 5

[24008-0136]

4 등차수열 $\{a_n\}$에 대하여

$a_3=7$, $a_7-a_5=4$

일 때, 수열 $\{a_n\}$의 첫째항부터 제10항까지의 합은?

① 100 ② 105 ③ 110 ④ 115 ⑤ 120

[24008-0137]

5 등차수열 $\{a_n\}$의 첫째항부터 제n항까지의 합을 S_n이라 하자.

$a_1=58$, $S_{10}=S_{20}$

일 때, a_{10}의 값은?

① 22 ② 24 ③ 26 ④ 28 ⑤ 30

[24008-0138]

6 수열 $\{a_n\}$의 첫째항부터 제n항까지의 합을 S_n이라 하자. 모든 자연수 n에 대하여

$S_n=3n^2-2n+1$

일 때, a_1+a_{10}의 값은?

① 51 ② 53 ③ 55 ④ 57 ⑤ 59

[24008-0139]

7 공비가 실수인 등비수열 $\{a_n\}$이

$a_1=2$, $3a_1-a_2+3a_3=a_4$

를 만족시킬 때, a_2+a_3의 값은?

① 22 ② 24 ③ 26 ④ 28 ⑤ 30

[24008-0140]

8 등비수열 $\{a_n\}$이 모든 자연수 n에 대하여

$a_n+a_{n+1}=2\times3^{n-1}$

을 만족시킨다. $a_5=\frac{q}{p}$일 때, $p+q$의 값을 구하시오. (단, p와 q는 서로소인 자연수이다.)

[24008-0141]

9 양수 a에 대하여 세 수 $a-1$, $a+3$, $4a+6$이 이 순서대로 등비수열을 이룰 때, a의 값은?

① 1 ② 2 ③ 3 ④ 4 ⑤ 5

[24008-0142]

10 등비수열 $\{a_n\}$의 첫째항부터 제n항까지의 합을 S_n이라 하자. $\frac{S_{10}}{S_5}=10$일 때, $\frac{a_{10}}{a_5}$의 값은?

① 6 ② 7 ③ 8 ④ 9 ⑤ 10

[24008-0143]

11 등비수열 $\{a_n\}$의 첫째항부터 제n항까지의 합을 S_n이라 하자.

$$S_6=4,\ S_{12}=32$$

일 때, S_{18}의 값은?

① 228 ② 232 ③ 236 ④ 240 ⑤ 244

[24008-0144]

12 $a_4=6$, $a_{10}=\frac{2}{3}$이고 공비가 양수인 등비수열 $\{a_n\}$에 대하여

$$b_n=a_{3n-2}\ (n=1,\ 2,\ 3,\ \cdots)$$

이라 하자. 수열 $\{b_n\}$의 첫째항부터 제5항까지의 합은?

① $\frac{241}{9}$ ② $\frac{242}{9}$ ③ 27 ④ $\frac{244}{9}$ ⑤ $\frac{245}{9}$

정답과 풀이 44쪽

[24008-0145]

1 공차가 0이 아닌 등차수열 $\{a_n\}$에 대하여

$$a_1=20,\ |a_{11}|=|a_{21}|$$

일 때, $a_m=-16$을 만족시키는 자연수 m의 값은?

① 26 ② 27 ③ 28 ④ 29 ⑤ 30

[24008-0146]

2 서로 다른 세 실근을 갖는 x에 대한 삼차방정식

$$x^3-(a+1)x^2+(a-2)x+2a=0$$

이 있다. 이 방정식의 세 실근이 크기 순서대로 등차수열을 이루도록 하는 모든 실수 a의 값의 합은?

① $\frac{1}{2}$ ② 1 ③ $\frac{3}{2}$ ④ 2 ⑤ $\frac{5}{2}$

[24008-0147]

3 등차수열 $\{a_n\}$에 대하여 **보기**에서 옳은 것만을 있는 대로 고른 것은?

보기

ㄱ. $a_1+a_2>a_3$이면 $a_4+a_5>a_6$이다.

ㄴ. $a_1\neq a_2$이면 $a_3a_5+a_4a_6\neq a_3a_6+a_4a_5$이다.

ㄷ. $a_2>a_1$이면 $a_5{}^2>a_1a_9$이다.

① ㄱ ② ㄴ ③ ㄷ ④ ㄱ, ㄴ ⑤ ㄴ, ㄷ

[24008-0148]

4 수열 $\{a_n\}$의 일반항이

$$a_n=(-1)^n(3n-1)$$

일 때, 수열 $\{a_n\}$의 첫째항부터 제20항까지의 합을 구하시오.

[24008-0149]

5 등차수열 $\{a_n\}$의 첫째항부터 제n항까지의 합을 S_n이라 하자.

$S_9<0$, $a_2+a_{10}>0$

일 때, $a_n>0$을 만족시키는 자연수 n의 최솟값은?

① 4 ② 5 ③ 6 ④ 7 ⑤ 8

[24008-0150]

6 $a_1=-1$이고 공차가 d $(d>0)$인 등차수열 $\{a_n\}$에 대하여

$b_n=(a_{n+2})^2-(a_n)^2$ $(n=1, 2, 3, \cdots)$

이라 하고, 수열 $\{b_n\}$의 첫째항부터 제n항까지의 합을 S_n이라 하자. $S_{10}=1860$일 때, d의 값은?

① 1 ② 2 ③ 3 ④ 4 ⑤ 5

[24008-0151]

7 등차수열 $\{a_n\}$의 첫째항부터 제n항까지의 합을 S_n이라 하자. 모든 자연수 n에 대하여

$S_{n+2}-S_n=112-16n$

이 성립할 때, $S_p=S_q$를 만족시키는 서로 다른 두 자연수 p, q의 모든 순서쌍 (p, q)의 개수는? (단, $p<q$)

① 6 ② 7 ③ 8 ④ 9 ⑤ 10

[24008-0152]

8 $a_1=a_2$인 수열 $\{a_n\}$의 첫째항부터 제n항까지의 합을 S_n이라 하자. 모든 자연수 n에 대하여

$S_{2n+1}-S_{2n}=5n-1$, $S_{2n}-S_{2n-1}=-4n+3$

이 성립할 때, $S_k<0$을 만족시키는 모든 자연수 k의 값의 합은?

① 21 ② 22 ③ 23 ④ 24 ⑤ 25

[24008-0153]

9 두 양수 a, b에 대하여 세 수 2, a, b는 이 순서대로 등비수열을 이루고, 세 수 a, b, 12는 이 순서대로 등차수열을 이룰 때, $a+b$의 값을 구하시오.

[24008-0154]

10 등차수열 $\{a_n\}$에 대하여

$$a_3+a_4=0,\ a_4+a_5=8$$

이다. 세 수 a_p, a_{p+2}, a_{p+q}가 이 순서대로 등비수열을 이루도록 하는 두 자연수 p, q에 대하여 $p+q$의 값은? (단, $q>2$)

① 12　② 14　③ 16　④ 18　⑤ 20

[24008-0155]

11 $a_1>0$이고 공비가 실수 r인 등비수열 $\{a_n\}$이 다음 조건을 만족시킨다.

(가) $a_3a_6>0$　　(나) $a_2-a_3+a_4-a_5>0$

보기에서 옳은 것만을 있는 대로 고른 것은?

보기

ㄱ. $r>0$

ㄴ. $a_2a_6>a_3a_4$

ㄷ. 모든 자연수 n에 대하여 $a_{n+1}<a_n$이다.

① ㄱ　② ㄴ　③ ㄱ, ㄷ　④ ㄴ, ㄷ　⑤ ㄱ, ㄴ, ㄷ

[24008-0156]

12 공비가 1보다 큰 등비수열 $\{a_n\}$의 첫째항부터 제n항까지의 합을 S_n이라 하자.

$$\frac{a_1}{a_2}+\frac{a_3}{a_2}+\frac{a_3}{a_4}+\frac{a_5}{a_4}+\frac{a_5}{a_6}+\frac{a_7}{a_6}=10$$

이고 $a_4=2$일 때, $S_n>3^{10}$을 만족시키는 자연수 n의 최솟값은?

① 11　② 12　③ 13　④ 14　⑤ 15

[24008-0157]

1 모든 항이 0이 아니고 공차가 음수인 등차수열 $\{a_n\}$의 첫째항부터 제n항까지의 합을 S_n이라 하고, 수열 $\{S_n\}$의 각 항을 큰 수부터 다시 차례로 나열한 수열을 $\{M_n\}$이라 하자.

$M_1-M_2=2,\ M_2-M_3=1$

이고, $S_n<0$을 만족시키는 자연수 n의 최솟값이 21일 때, a_1의 값을 구하시오.

[24008-0158]

2 중심이 각각 점 O_1, 점 O_2, 점 O_3이고 반지름의 길이가 각각 r_1, r_2, r_3인 세 원 C_1, C_2, C_3이 다음 조건을 만족시킨다.

(가) $\overline{O_1O_2}=r_1+r_2$, $\overline{O_2O_3}=r_2+r_3$, $\overline{O_1O_3}=r_1+2r_2+r_3$
(나) 세 수 r_1, r_2, r_3은 이 순서대로 등비수열을 이룬다.
(다) 세 원 C_1, C_2, C_3에 모두 접하는 직선 l이 존재한다.

두 원 C_1, C_3이 직선 l과 접하는 점을 각각 G, H라 하자. $r_1=1$, $\overline{GH}=20$일 때, 세 원 C_1, C_2, C_3의 넓이의 합은?

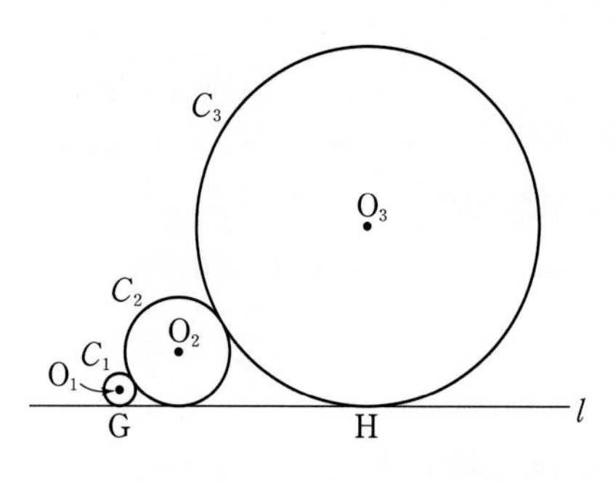

① 271π ② 273π ③ 275π ④ 277π ⑤ 279π

[24008-0159]

3 그림과 같이 한 변의 길이가 5인 정사각형 $A_1B_1CD_1$에 대하여 선분 A_1D_1을 2 : 1로 내분하는 점을 P_1이라 하고, 선분 P_1B_1 위의 점 A_2, 선분 B_1C 위의 점 B_2, 선분 CD_1 위의 점 D_2를 사각형 $A_2B_2CD_2$가 정사각형이 되도록 잡는다.
또 선분 A_2D_2를 2 : 1로 내분하는 점을 P_2라 하고, 선분 P_2B_2 위의 점 A_3, 선분 B_2C 위의 점 B_3, 선분 CD_2 위의 점 D_3을 사각형 $A_3B_3CD_3$이 정사각형이 되도록 잡는다. 이와 같은 과정을 계속할 때, 사각형 $A_nB_nCD_n$의 둘레의 길이를 a_n이라 하자. $a_5=\frac{q}{p}$일 때, $p+q$의 값을 구하시오. (단, p와 q는 서로소인 자연수이다.)

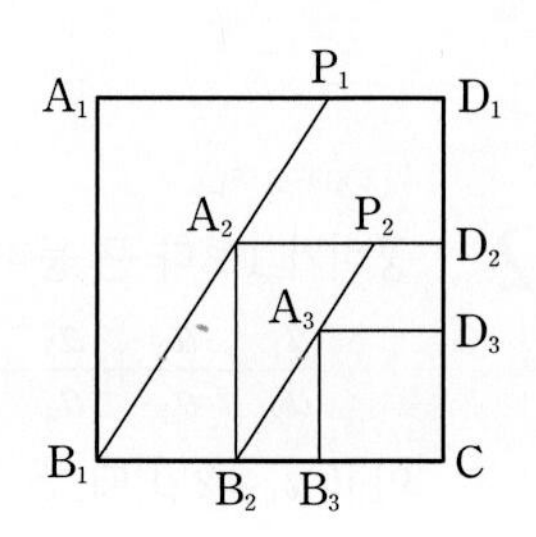

대표 기출 문제

출제경향 등차수열과 등비수열의 두 항 사이의 관계를 이용하여 특정한 항의 값을 구하는 문제, 등차수열과 등비수열의 합을 이용하여 해결하는 문제가 출제된다.

2023학년도 수능

공비가 양수인 등비수열 $\{a_n\}$이

$$a_2+a_4=30,\ a_4+a_6=\frac{15}{2}$$

를 만족시킬 때, a_1의 값은? **[3점]**

① 48　② 56　③ 64　④ 72　⑤ 80

출제 의도 등비수열의 일반항을 이용하여 첫째항을 구할 수 있는지를 묻는 문제이다.

풀이 등비수열 $\{a_n\}$의 공비를 r $(r>0)$이라 하면

$$a_4=a_2\times r^2,\ a_6=a_4\times r^2$$

이므로

$$a_4+a_6=r^2(a_2+a_4)$$

이때 $a_2+a_4=30,\ a_4+a_6=\frac{15}{2}$이므로

$$\frac{15}{2}=30r^2$$

$$r^2=\frac{1}{4}$$

$r>0$이므로 $r=\frac{1}{2}$

한편, $a_2+a_4=a_1r+a_1r^3$이므로

$$a_2+a_4=\frac{1}{2}a_1+\frac{1}{8}a_1=\frac{5}{8}a_1=30$$

따라서 $a_1=30\times\frac{8}{5}=48$

답 ①

06 수열의 합과 수학적 귀납법

1. 합의 기호 $\sum$

(1) 수열 $\{a_n\}$의 첫째항부터 제n항까지의 합을 합의 기호 $\sum$를 사용하여

$$a_1+a_2+a_3+\cdots+a_n=\sum_{k=1}^{n}a_k$$

와 같이 나타낸다.

(2) 수열 $\{a_n\}$의 제m항부터 제n항까지의 합을 합의 기호 $\sum$를 사용하여

$$a_m+a_{m+1}+a_{m+2}+\cdots+a_n=\sum_{k=m}^{n}a_k\ (m\le n)$$

과 같이 나타낸다.

이것은 첫째항부터 제n항까지의 합에서 첫째항부터 제$(m-1)$항까지의 합을 뺀 것과 같으므로

$$\sum_{k=m}^{n}a_k=\sum_{k=1}^{n}a_k-\sum_{k=1}^{m-1}a_k\ (2\le m\le n)$$

이 성립한다.

예 ① $\sum_{k=1}^{10}(3k+1)=4+7+10+\cdots+31$

② $25+30+35+\cdots+100=\sum_{k=5}^{20}5k=\sum_{k=1}^{20}5k-\sum_{k=1}^{4}5k$

참고 $\sum_{k=1}^{n}a_k$에서 k 대신 다른 문자를 사용해도 그 합은 같다. 즉,

$$\sum_{k=1}^{n}a_k=\sum_{i=1}^{n}a_i=\sum_{j=1}^{n}a_j$$

2. 합의 기호 $\sum$의 성질

(1) $\sum_{k=1}^{n}(a_k+b_k)=\sum_{k=1}^{n}a_k+\sum_{k=1}^{n}b_k$

(2) $\sum_{k=1}^{n}(a_k-b_k)=\sum_{k=1}^{n}a_k-\sum_{k=1}^{n}b_k$

(3) $\sum_{k=1}^{n}ca_k=c\sum_{k=1}^{n}a_k$ (단, c는 상수)

(4) $\sum_{k=1}^{n}c=\underbrace{c+c+c+\cdots+c}_{n\text{개}}=cn$ (단, c는 상수)

설명 (1) $\sum_{k=1}^{n}(a_k+b_k)=(a_1+b_1)+(a_2+b_2)+(a_3+b_3)+\cdots+(a_n+b_n)$

$=(a_1+a_2+a_3+\cdots+a_n)+(b_1+b_2+b_3+\cdots+b_n)=\sum_{k=1}^{n}a_k+\sum_{k=1}^{n}b_k$

(3) $\sum_{k=1}^{n}ca_k=ca_1+ca_2+ca_3+\cdots+ca_n=c(a_1+a_2+a_3+\cdots+a_n)=c\sum_{k=1}^{n}a_k$

예제 1 합의 기호 $\sum$

$a_1=3$인 수열 $\{a_n\}$에 대하여

$$\sum_{n=1}^{10}(a_n-1)=5,\ \sum_{n=1}^{9}(a_{n+1}-2a_n)=10$$

일 때, a_{10}의 값은?

① 11 ② 12 ③ 13 ④ 14 ⑤ 15

길잡이 (1) $\sum_{k=1}^{n}(a_k+b_k)=\sum_{k=1}^{n}a_k+\sum_{k=1}^{n}b_k$

(2) $\sum_{k=1}^{n}ca_k=c\sum_{k=1}^{n}a_k$ (단, c는 상수)

풀이 $\sum_{n=1}^{10}(a_n-1)=\sum_{n=1}^{10}a_n-\sum_{n=1}^{10}1=\sum_{n=1}^{10}a_n-1\times10=\sum_{n=1}^{10}a_n-10=5$

에서 $\sum_{n=1}^{10}a_n=15$이므로

$$\begin{aligned}\sum_{n=1}^{9}(a_{n+1}-2a_n)&=\sum_{n=1}^{9}a_{n+1}-2\sum_{n=1}^{9}a_n=\sum_{n=2}^{10}a_n-2\sum_{n=1}^{9}a_n\\&=\left(\sum_{n=1}^{10}a_n-a_1\right)-2\left(\sum_{n=1}^{10}a_n-a_{10}\right)\\&=(15-3)-2(15-a_{10})\\&=2a_{10}-18=10\end{aligned}$$

따라서 $a_{10}=14$

답 ④

유제

정답과 풀이 49쪽

1 [24008-0160]

두 수열 $\{a_n\}$, $\{b_n\}$에 대하여 $\sum_{n=1}^{10}(a_n+b_n)=7$, $\sum_{n=1}^{10}(b_n+1)=4$일 때, $\sum_{n=1}^{10}a_n$의 값은?

① 11 ② 13 ③ 15 ④ 17 ⑤ 19

2 [24008-0161]

수열 $\{a_n\}$에 대하여 $\sum_{n=1}^{10}a_n=8$, $\sum_{n=1}^{8}(a_n+a_{n+2})=10$일 때, $\sum_{n=2}^{7}a_{n+1}$의 값은?

① 1 ② 2 ③ 3 ④ 4 ⑤ 5

3. 자연수의 거듭제곱의 합

(1) $\sum_{k=1}^{n} k=1+2+3+\cdots+n=\frac{n(n+1)}{2}$

(2) $\sum_{k=1}^{n} k^2=1^2+2^2+3^2+\cdots+n^2=\frac{n(n+1)(2n+1)}{6}$

(3) $\sum_{k=1}^{n} k^3=1^3+2^3+3^3+\cdots+n^3=\left\{\frac{n(n+1)}{2}\right\}^2$

설명 (1) $\sum_{k=1}^{n} k$는 첫째항이 1이고 공차가 1인 등차수열의 첫째항부터 제n항까지의 합이므로

$$\sum_{k=1}^{n} k=\frac{n\{2\times1+(n-1)\times1\}}{2}=\frac{n(n+1)}{2}$$

(2) k에 대한 항등식 $(k+1)^3-k^3=3k^2+3k+1$의 k에 1, 2, 3, $\cdots$, n을 차례로 대입하면

$k=1$일 때, $2^3-1^3=3\times1^2+3\times1+1$

$k=2$일 때, $3^3-2^3=3\times2^2+3\times2+1$

$k=3$일 때, $4^3-3^3=3\times3^2+3\times3+1$

$\vdots$

$k=n$일 때, $(n+1)^3-n^3=3\times n^2+3\times n+1$

이 n개의 등식을 변끼리 더하면

$$\begin{aligned}(n+1)^3-1^3&=3(1^2+2^2+3^2+\cdots+n^2)+3(1+2+3+\cdots+n)+1\times n\\&=3\sum_{k=1}^{n} k^2+3\times\frac{n(n+1)}{2}+n\end{aligned}$$

이므로

$$\begin{aligned}3\sum_{k=1}^{n} k^2&=(n+1)^3-3\times\frac{n(n+1)}{2}-(n+1)\\&=\frac{n+1}{2}\{2(n+1)^2-3n-2\}\\&=\frac{(n+1)(2n^2+n)}{2}\\&=\frac{n(n+1)(2n+1)}{2}\end{aligned}$$

따라서 $\sum_{k=1}^{n} k^2=\frac{n(n+1)(2n+1)}{6}$

(3) (2)와 같은 방법으로 k에 대한 항등식 $(k+1)^4-k^4=4k^3+6k^2+4k+1$을 이용하여 보일 수 있다.

예 ① $1+3+5+\cdots+(2n-1)=\sum_{k=1}^{n}(2k-1)=2\sum_{k=1}^{n} k-\sum_{k=1}^{n} 1$

$$=2\times\frac{n(n+1)}{2}-1\times n=n^2$$

② $2^2+4^2+6^2+8^2+10^2=\sum_{k=1}^{5}(2k)^2=4\sum_{k=1}^{5} k^2=4\times\frac{5\times6\times11}{6}=220$

③ $\sum_{k=1}^{10} k(k^2+1)=\sum_{k=1}^{10}(k^3+k)=\sum_{k=1}^{10} k^3+\sum_{k=1}^{10} k=\left(\frac{10\times11}{2}\right)^2+\frac{10\times11}{2}=3080$

예제 2 자연수의 거듭제곱의 합

www.ebsi.co.kr

$\sum_{k=1}^{8}\frac{k^3+2k}{k+1}-\sum_{k=2}^{8}\frac{2k-3}{k}=\frac{q}{p}$일 때, $p+q$의 값을 구하시오. (단, p와 q는 서로소인 자연수이다.)

길잡이 (1) $\sum_{k=1}^{n}k=1+2+3+\cdots+n=\frac{n(n+1)}{2}$

(2) $\sum_{k=1}^{n}k^2=1^2+2^2+3^2+\cdots+n^2=\frac{n(n+1)(2n+1)}{6}$

풀이

$$\begin{aligned}\sum_{k=1}^{8}\frac{k^3+2k}{k+1}-\sum_{k=2}^{8}\frac{2k-3}{k}&=\sum_{k=1}^{8}\frac{k^3+2k}{k+1}-\sum_{k=1}^{7}\frac{2k-1}{k+1}\\&=\sum_{k=1}^{8}\frac{k^3+2k}{k+1}-\sum_{k=1}^{8}\frac{2k-1}{k+1}+\frac{5}{3}\\&=\sum_{k=1}^{8}\left(\frac{k^3+2k}{k+1}-\frac{2k-1}{k+1}\right)+\frac{5}{3}\\&=\sum_{k=1}^{8}\frac{k^3+1}{k+1}+\frac{5}{3}\\&=\sum_{k=1}^{8}\frac{(k+1)(k^2-k+1)}{k+1}+\frac{5}{3}\\&=\sum_{k=1}^{8}(k^2-k+1)+\frac{5}{3}\\&=\sum_{k=1}^{8}k^2-\sum_{k=1}^{8}k+\sum_{k=1}^{8}1+\frac{5}{3}\\&=\frac{8\times9\times17}{6}-\frac{8\times9}{2}+1\times8+\frac{5}{3}=\frac{533}{3}\end{aligned}$$

따라서 $p+q=3+533=536$

답 536

유제

정답과 풀이 50쪽

3 [24008-0162]

$\sum_{k=1}^{10}(k+2)^2-\sum_{k=1}^{10}k^2$의 값은?

① 260 ② 270 ③ 280 ④ 290 ⑤ 300

4 [24008-0163]

첫째항이 1이고 공차가 3인 등차수열 $\{a_n\}$에 대하여 $\sum_{n=1}^{7}(a_n)^2$의 값을 구하시오.

4. 일반항이 분수 꼴인 수열의 합

(1) $\sum_{k=1}^{n}\frac{1}{k(k+1)}=\sum_{k=1}^{n}\left(\frac{1}{k}-\frac{1}{k+1}\right)$

(2) $\sum_{k=1}^{n}\frac{1}{(2k-1)(2k+1)}=\sum_{k=1}^{n}\frac{1}{2}\left(\frac{1}{2k-1}-\frac{1}{2k+1}\right)$

(3) $\sum_{k=1}^{n}\frac{1}{\sqrt{k+1}+\sqrt{k}}=\sum_{k=1}^{n}(\sqrt{k+1}-\sqrt{k})$

설명 분모가 서로 다른 두 일차식의 곱으로 나타내어진 유리식을 일반항으로 갖는 수열의 합은

$$\frac{1}{AB}=\frac{1}{B-A}\left(\frac{1}{A}-\frac{1}{B}\right)\ (A\neq B)$$

임을 이용하여 각 항을 두 개의 항으로 분리하여 구한다.

(1) $\frac{1}{k(k+1)}=\frac{1}{(k+1)-k}\left(\frac{1}{k}-\frac{1}{k+1}\right)=\frac{1}{k}-\frac{1}{k+1}$

이므로

$$\sum_{k=1}^{n}\frac{1}{k(k+1)}=\sum_{k=1}^{n}\left(\frac{1}{k}-\frac{1}{k+1}\right)$$

(2) $\frac{1}{(2k-1)(2k+1)}=\frac{1}{(2k+1)-(2k-1)}\left(\frac{1}{2k-1}-\frac{1}{2k+1}\right)=\frac{1}{2}\left(\frac{1}{2k-1}-\frac{1}{2k+1}\right)$

이므로

$$\sum_{k=1}^{n}\frac{1}{(2k-1)(2k+1)}=\sum_{k=1}^{n}\frac{1}{2}\left(\frac{1}{2k-1}-\frac{1}{2k+1}\right)$$

한편, 분모가 서로 다른 두 무리식의 합으로 나타내어진 식을 일반항으로 갖는 수열의 합은 분모를 유리화하여 구한다.

(3) $\frac{1}{\sqrt{k+1}+\sqrt{k}}=\frac{\sqrt{k+1}-\sqrt{k}}{(\sqrt{k+1}+\sqrt{k})(\sqrt{k+1}-\sqrt{k})}=\frac{\sqrt{k+1}-\sqrt{k}}{(\sqrt{k+1})^2-(\sqrt{k})^2}=\sqrt{k+1}-\sqrt{k}$

이므로

$$\sum_{k=1}^{n}\frac{1}{\sqrt{k+1}+\sqrt{k}}=\sum_{k=1}^{n}(\sqrt{k+1}-\sqrt{k})$$

예 ① $\sum_{k=1}^{100}\frac{1}{k(k+1)}=\sum_{k=1}^{100}\left(\frac{1}{k}-\frac{1}{k+1}\right)$

$=\left(1-\frac{1}{2}\right)+\left(\frac{1}{2}-\frac{1}{3}\right)+\left(\frac{1}{3}-\frac{1}{4}\right)+\cdots+\left(\frac{1}{100}-\frac{1}{101}\right)$

$=1-\frac{1}{101}=\frac{100}{101}$

② $\sum_{k=1}^{10}\frac{1}{(2k-1)(2k+1)}=\sum_{k=1}^{10}\frac{1}{2}\left(\frac{1}{2k-1}-\frac{1}{2k+1}\right)$

$=\frac{1}{2}\left(1-\frac{1}{3}\right)+\frac{1}{2}\left(\frac{1}{3}-\frac{1}{5}\right)+\frac{1}{2}\left(\frac{1}{5}-\frac{1}{7}\right)+\cdots+\frac{1}{2}\left(\frac{1}{19}-\frac{1}{21}\right)$

$=\frac{1}{2}\left(1-\frac{1}{21}\right)=\frac{1}{2}\times\frac{20}{21}=\frac{10}{21}$

③ $\sum_{k=1}^{24}\frac{1}{\sqrt{k+1}+\sqrt{k}}=\sum_{k=1}^{24}(\sqrt{k+1}-\sqrt{k})$

$=(\sqrt{2}-\sqrt{1})+(\sqrt{3}-\sqrt{2})+(\sqrt{4}-\sqrt{3})+\cdots+(\sqrt{25}-\sqrt{24})$

$=-1+5=4$

예제 3 일반항이 분수 꼴인 수열의 합

www.ebsi.co.kr

첫째항이 3인 수열 $\{a_n\}$이 모든 자연수 n에 대하여

$$\sum_{k=1}^{n}\left(\frac{a_k}{k}-\frac{a_{k+1}}{k+1}\right)=-n$$

을 만족시킬 때, $\sum_{n=1}^{8}\frac{180}{a_n}$의 값은?

① 112 ② 114 ③ 116 ④ 118 ⑤ 120

길잡이 $\frac{1}{AB}=\frac{1}{B-A}\left(\frac{1}{A}-\frac{1}{B}\right)$ $(A\neq B)$임을 이용한다.

풀이 $\sum_{k=1}^{n}\left(\frac{a_k}{k}-\frac{a_{k+1}}{k+1}\right)=\left(\frac{a_1}{1}-\frac{a_2}{2}\right)+\left(\frac{a_2}{2}-\frac{a_3}{3}\right)+\left(\frac{a_3}{3}-\frac{a_4}{4}\right)+\cdots+\left(\frac{a_n}{n}-\frac{a_{n+1}}{n+1}\right)$

$$=a_1-\frac{a_{n+1}}{n+1}=3-\frac{a_{n+1}}{n+1}=-n$$

이므로

$$a_{n+1}=(n+1)(n+3)$$

즉, $n\geq2$일 때 $a_n=n(n+2)$이고 $a_1=3$이므로

$$a_n=n(n+2)\ (n=1,\ 2,\ 3,\ \cdots)$$

따라서

$$\sum_{n=1}^{8}\frac{180}{a_n}=\sum_{n=1}^{8}\frac{180}{n(n+2)}=\sum_{n=1}^{8}90\left(\frac{1}{n}-\frac{1}{n+2}\right)$$

$$=90\left\{\left(\frac{1}{1}-\frac{1}{3}\right)+\left(\frac{1}{2}-\frac{1}{4}\right)+\left(\frac{1}{3}-\frac{1}{5}\right)+\cdots+\left(\frac{1}{7}-\frac{1}{9}\right)+\left(\frac{1}{8}-\frac{1}{10}\right)\right\}$$

$$=90\left(1+\frac{1}{2}-\frac{1}{9}-\frac{1}{10}\right)=116$$

답 ③

유제

정답과 풀이 50쪽

5 [24008-0164]

$\sum_{n=1}^{9}\frac{4n^2+8n+10}{4n^2+8n+3}$의 값은?

① 10 ② 11 ③ 12 ④ 13 ⑤ 14

6 [24008-0165]

$\sum_{n=1}^{20}\frac{1}{\sqrt{4n+1}+\sqrt{4n-3}}$의 값은?

① 1 ② 2 ③ 3 ④ 4 ⑤ 5

5. 수열의 귀납적 정의

수열 $\{a_n\}$을
(i) 처음 몇 개의 항의 값
(ii) 이웃하는 여러 항 사이의 관계식
으로 정의하는 것을 수열의 귀납적 정의라고 한다.

6. 등차수열의 귀납적 정의

(1) 모든 자연수 n에 대하여

$$a_1=a,\ a_{n+1}=a_n+d\ (a,\ d\text{는 상수})$$

를 만족시키는 수열 $\{a_n\}$은 첫째항이 a, 공차가 d인 등차수열이다.

(2) 모든 자연수 n에 대하여 $2a_{n+1}=a_n+a_{n+2}$를 만족시키는 수열 $\{a_n\}$은 등차수열이다.

예 ① $a_1=1,\ a_{n+1}=a_n+3\ (n=1,\ 2,\ 3,\ \cdots)$으로 정의된 수열 $\{a_n\}$은 모든 자연수 n에 대하여

$$a_{n+1}-a_n=3$$

을 만족시키므로 첫째항이 1이고 공차가 3인 등차수열이다.

즉, $a_n=1+(n-1)\times3=3n-2$

② $a_1=5,\ a_2=3,\ 2a_{n+1}=a_n+a_{n+2}\ (n=1,\ 2,\ 3,\ \cdots)$으로 정의된 수열 $\{a_n\}$은 모든 자연수 n에 대하여

$$a_{n+1}-a_n=a_{n+2}-a_{n+1}$$

을 만족시키므로 첫째항이 5이고 공차가 $a_2-a_1=3-5=-2$인 등차수열이다.

즉, $a_n=5+(n-1)\times(-2)=-2n+7$

7. 등비수열의 귀납적 정의

(1) 모든 자연수 n에 대하여

$$a_1=a,\ a_{n+1}=ra_n\ (a,\ r\text{은 상수})$$

를 만족시키는 수열 $\{a_n\}$은 첫째항이 a, 공비가 r인 등비수열이다.

(2) 모든 자연수 n에 대하여 $(a_{n+1})^2=a_na_{n+2}$를 만족시키는 수열 $\{a_n\}$은 등비수열이다.

예 ① $a_1=2,\ a_{n+1}=3a_n\ (n=1,\ 2,\ 3,\ \cdots)$으로 정의된 수열 $\{a_n\}$은 모든 자연수 n에 대하여

$$\frac{a_{n+1}}{a_n}=3$$

을 만족시키므로 첫째항이 2이고 공비가 3인 등비수열이다.

즉, $a_n=2\times3^{n-1}$

② $a_1=6,\ a_2=4,\ (a_{n+1})^2=a_na_{n+2}\ (n=1,\ 2,\ 3,\ \cdots)$으로 정의된 수열 $\{a_n\}$은 모든 자연수 n에 대하여

$$\frac{a_{n+1}}{a_n}=\frac{a_{n+2}}{a_{n+1}}$$

를 만족시키므로 첫째항이 6이고 공비가 $\frac{a_2}{a_1}=\frac{4}{6}=\frac{2}{3}$인 등비수열이다.

즉, $a_n=6\times\left(\frac{2}{3}\right)^{n-1}$

예제 4 등차수열과 등비수열의 귀납적 정의

www.ebsi.co.kr

수열 $\{a_n\}$이 모든 자연수 n에 대하여

$2a_{n+1}=a_n+a_{n+2}$

를 만족시킨다.

$a_2+a_4=100$, $a_2-a_4=4$

일 때, $a_n<0$을 만족시키는 자연수 n의 최솟값은?

① 26 ② 27 ③ 28 ④ 29 ⑤ 30

모든 자연수 n에 대하여 $2a_{n+1}=a_n+a_{n+2}$를 만족시키는 수열 $\{a_n\}$은 등차수열이다.

풀이 수열 $\{a_n\}$이 모든 자연수 n에 대하여

$2a_{n+1}=a_n+a_{n+2}$, 즉 $a_{n+1}-a_n=a_{n+2}-a_{n+1}$

을 만족시키므로 수열 $\{a_n\}$은 등차수열이다.

수열 $\{a_n\}$의 공차를 d라 하면

$a_2-a_4=-2d=4$

이므로 $d=-2$

$a_2+a_4=100$에서

$(a_1+d)+(a_1+3d)=2a_1+4d=2a_1-8=100$

이므로 $a_1=54$

즉, $a_n=54+(n-1)\times(-2)=-2n+56$이므로

$-2n+56<0$에서 $n>28$

따라서 조건을 만족시키는 자연수 n의 최솟값은 29이다.

답 ④

유제

정답과 풀이 50쪽

7 [24008-0166]

수열 $\{a_n\}$이 모든 자연수 n에 대하여

$a_{n+1}=a_n+4$

를 만족시킨다. $\sum_{n=1}^{11} a_n=110$일 때, a_{20}의 값은?

① 62 ② 64 ③ 66 ④ 68 ⑤ 70

8 [24008-0167]

모든 항이 양수인 수열 $\{a_n\}$이 모든 자연수 n에 대하여

$(a_{n+1})^2=a_na_{n+2}$

를 만족시키고, $a_3=1$, $a_5+a_7=20$이다. $\sum_{n=1}^{9} a_n=\frac{q}{p}$일 때, $p+q$의 값을 구하시오.

(단, p와 q는 서로소인 자연수이다.)

8. 귀납적으로 정의된 여러 가지 수열

귀납적으로 정의된 수열 $\{a_n\}$에서 특정한 항의 값을 구할 때에는 n에 1, 2, 3, $\cdots$을 차례로 대입하여 항의 값을 구한다.

예 수열 $\{a_n\}$이 $a_1=3$이고, 모든 자연수 n에 대하여 $a_{n+1}=\frac{2a_n}{n+1}$을 만족시킬 때, a_5의 값을 구해 보자.

$a_1=3$이므로 $a_2=\frac{2a_1}{2}=\frac{2\times3}{2}=3$

$a_2=3$이므로 $a_3=\frac{2a_2}{3}=\frac{2\times3}{3}=2$

$a_3=2$이므로 $a_4=\frac{2a_3}{4}=\frac{2\times2}{4}=1$

$a_4=1$이므로 $a_5=\frac{2a_4}{5}=\frac{2\times1}{5}=\frac{2}{5}$

9. 수학적 귀납법

자연수 n에 대한 명제 $p(n)$이 모든 자연수 n에 대하여 성립함을 증명하려면 다음 두 가지가 성립함을 보이면 된다.

(i) $n=1$일 때, 명제 $p(n)$이 성립한다.

(ii) $n=k$일 때 명제 $p(n)$이 성립한다고 가정하면 $n=k+1$일 때도 명제 $p(n)$이 성립한다.

이와 같이 자연수 n에 대한 어떤 명제 $p(n)$이 참임을 증명하는 방법을 수학적 귀납법이라고 한다.

예 모든 자연수 n에 대하여

$$1+3+5+\cdots+(2n-1)=n^2 \quad \cdots\cdots (*)$$

이 성립함을 수학적 귀납법으로 증명하면 다음과 같다.

(i) $n=1$일 때, (좌변)$=1$, (우변)$=1^2=1$이므로 $(*)$이 성립한다.

(ii) $n=k$일 때 $(*)$이 성립한다고 가정하면

$$1+3+5+\cdots+(2k-1)=k^2 \quad \cdots\cdots ㉠$$

㉠의 양변에 $(2k+1)$을 더하면

$$1+3+5+\cdots+(2k-1)+(2k+1)=k^2+(2k+1)=(k+1)^2$$

이므로 $n=k+1$일 때도 $(*)$이 성립한다.

(i), (ii)에 의하여 모든 자연수 n에 대하여 $(*)$이 성립한다.

참고 자연수 n에 대한 명제 $p(n)$이 $n\geq m$ (m은 자연수)인 모든 자연수 n에 대하여 성립함을 증명하려면 다음 두 가지가 성립함을 보이면 된다.

(i) $n=m$일 때, 명제 $p(n)$이 성립한다.

(ii) $n=k$ $(k\geq m)$일 때 명제 $p(n)$이 성립한다고 가정하면 $n=k+1$일 때도 명제 $p(n)$이 성립한다.

예제 5 귀납적으로 정의된 수열

www.ebsi.co.kr

$a_1=1$인 수열 $\{a_n\}$이 모든 자연수 n에 대하여

$$a_{n+1}=\begin{cases} a_n-2 & (a_n \ge 1) \\ -a_n+3 & (a_n<1) \end{cases}$$

을 만족시킬 때, $\sum_{n=1}^{40} a_n$의 값은?

① 52 ② 54 ③ 56 ④ 58 ⑤ 60

길잡이 귀납적으로 정의된 수열 $\{a_n\}$에서 특정한 항의 값을 구할 때에는 n에 1, 2, 3, …을 차례로 대입하여 항의 값을 구한다.

풀이 $a_1=1\ge 1$이므로

$a_2=a_1-2=1-2=-1$

$a_2<1$이므로

$a_3=-a_2+3=1+3=4$

$a_3\ge 1$이므로

$a_4=a_3-2=4-2=2$

$a_4\ge 1$이므로

$a_5=a_4-2=2-2=0$

$a_5<1$이므로

$a_6=-a_5+3=0+3=3$

$a_6\ge 1$이므로

$a_7=a_6-2=3-2=1$

$a_7=a_1$이므로 모든 자연수 n에 대하여

$a_{n+6}=a_n$

따라서 $\sum_{n=1}^{40} a_n=6\sum_{n=1}^{6} a_n+(a_1+a_2+a_3+a_4)=6(1-1+4+2+0+3)+(1-1+4+2)=60$

답 ⑤

유제

정답과 풀이 51쪽

[24008-0168]

수열 $\{a_n\}$이 모든 자연수 n에 대하여

$(a_{n+1})^2+a_{n+1}=(a_n)^2+a_n$, $a_n\ne a_{n+1}$

을 만족시킨다. $a_1=-5$일 때, $\sum_{n=1}^{10} a_{2n}$의 값은?

① 32 ② 34 ③ 36 ④ 38 ⑤ 40

예제 6 수학적 귀납법

www.ebsi.co.kr

다음은 모든 자연수 n에 대하여

$$\sum_{k=1}^{n}\frac{3^{k-1}(4k-4)}{4k^2-1}=\frac{3^n}{2n+1}-1 \qquad \cdots\cdots (*)$$

이 성립함을 수학적 귀납법으로 증명한 것이다.

(i) $n=1$일 때, (좌변)$=\frac{1\times0}{3}=0$, (우변)$=\frac{3}{3}-1=0$이므로 $(*)$이 성립한다.

(ii) $n=m$일 때 $(*)$이 성립한다고 가정하면

$$\sum_{k=1}^{m}\frac{3^{k-1}(4k-4)}{4k^2-1}=\frac{3^m}{2m+1}-1$$

이므로

$$\sum_{k=1}^{m+1}\frac{3^{k-1}(4k-4)}{4k^2-1}=\frac{3^m}{2m+1}-1+\boxed{\text{(가)}}$$
$$=\frac{3^m\times(\boxed{\text{(나)}})}{4m^2+8m+3}-1$$
$$=\frac{3^{m+1}}{2m+3}-1$$

즉, $n=m+1$일 때도 $(*)$이 성립한다.

(i), (ii)에 의하여 모든 자연수 n에 대하여 $(*)$이 성립한다.

위의 (가), (나)에 알맞은 식을 각각 $f(m)$, $g(m)$이라 할 때, $f(3)\times g(10)$의 값은?

① 321 ② 324 ③ 327 ④ 330 ⑤ 333

길잡이 자연수 n에 대한 명제 $p(n)$이 모든 자연수 n에 대하여 성립함을 증명하려면 다음 두 가지가 성립함을 보이면 된다.

(i) $n=1$일 때, 명제 $p(n)$이 성립한다.

(ii) $n=k$일 때 명제 $p(n)$이 성립한다고 가정하면 $n=k+1$일 때도 명제 $p(n)$이 성립한다.

풀이 (i) $n=1$일 때, (좌변)$=\frac{1\times0}{3}=0$, (우변)$=\frac{3}{3}-1=0$이므로 $(*)$이 성립한다.

(ii) $n=m$일 때 $(*)$이 성립한다고 가정하면

$$\sum_{k=1}^{m}\frac{3^{k-1}(4k-4)}{4k^2-1}=\frac{3^m}{2m+1}-1$$

이므로

$$\sum_{k=1}^{m+1}\frac{3^{k-1}(4k-4)}{4k^2-1}=\sum_{k=1}^{m}\frac{3^{k-1}(4k-4)}{4k^2-1}+\frac{3^m\times4m}{4(m+1)^2-1}$$
$$=\frac{3^m}{2m+1}-1+\boxed{\frac{3^m\times4m}{4m^2+8m+3}}$$
$$=\frac{3^m(2m+3)+3^m\times4m}{4m^2+8m+3}-1$$

$$=\frac{3^m\times(\boxed{6m+3})}{4m^2+8m+3}-1$$

$$=\frac{3^{m+1}(2m+1)}{(2m+1)(2m+3)}-1$$

$$=\frac{3^{m+1}}{2m+3}-1$$

즉, $n=m+1$일 때도 $(*)$이 성립한다.

(i), (ii)에 의하여 모든 자연수 n에 대하여 $(*)$이 성립한다.

따라서 $f(m)=\frac{3^m\times 4m}{4m^2+8m+3}=\frac{3^m\times 4m}{(2m+1)(2m+3)}$, $g(m)=6m+3=3(2m+1)$이므로

$$f(3)\times g(10)=\frac{27\times 12}{7\times 9}\times 3\times 21=324$$

답 ②

정답과 풀이 51쪽

10

[24008-0169]

첫째항이 2인 수열 $\{a_n\}$이 모든 자연수 n에 대하여

$$na_{n+1}=(n+2)a_n$$

을 만족시킨다. 다음은 모든 자연수 n에 대하여

$$a_n=n(n+1) \quad \cdots\cdots (*)$$

이 성립함을 수학적 귀납법으로 증명한 것이다.

> (i) $n=1$일 때, (좌변)$=a_1=2$, (우변)$=1\times 2=2$이므로 $(*)$이 성립한다.
>
> (ii) $n=k$일 때 $(*)$이 성립한다고 가정하면
>
> $$a_k=k(k+1)$$
>
> 이고, $a_{k+1}=\boxed{\text{(가)}}\times a_k$이므로
>
> $$a_{k+1}=\boxed{\text{(나)}}$$
>
> 즉, $n=k+1$일 때도 $(*)$이 성립한다.
>
> (i), (ii)에 의하여 모든 자연수 n에 대하여 $(*)$이 성립한다.

위의 (가), (나)에 알맞은 식을 각각 $f(k)$, $g(k)$라 할 때, $f(6)\times g(10)$의 값은?

① 172　　② 176　　③ 180　　④ 184　　⑤ 188

Level

1 기초 연습

[24008-0170]

1 수열 $\{a_n\}$에 대하여

$$\sum_{n=1}^{10}(a_n+3)-\sum_{n=1}^{9}(a_{n+1}-2)=50$$

일 때, a_1의 값은?

① 1 ② 2 ③ 3 ④ 4 ⑤ 5

[24008-0171]

2 첫째항이 5인 등차수열 $\{a_n\}$에 대하여

$$\sum_{n=1}^{10}(a_{n+2}-a_n)=30$$

일 때, $\sum_{n=1}^{5}a_{2n-1}$의 값은?

① 51 ② 53 ③ 55 ④ 57 ⑤ 59

[24008-0172]

3 자연수 n에 대하여 집합

$$A_n=\{x\,|\,n^2+1<x\le 2n^2+3n-3,\ x\text{는 자연수}\}$$

의 원소의 개수를 a_n이라 하자. $\sum_{n=1}^{10}\frac{a_{2n}}{n+2}$의 값은?

① 200 ② 210 ③ 220 ④ 230 ⑤ 240

[24008-0173]

4 자연수 n에 대하여 x에 대한 이차방정식 $2x^2-8x+n=0$의 서로 다른 실근의 개수를 a_n이라 하자. $\sum_{n=1}^{100}a_n$의 값은?

① 11 ② 13 ③ 15 ④ 17 ⑤ 19

[24008-0174]

5 $\sum_{n=1}^{6}(2n^2-an)=168$일 때, 상수 a의 값은?

① $\frac{1}{3}$ ② $\frac{2}{3}$ ③ 1 ④ $\frac{4}{3}$ ⑤ $\frac{5}{3}$

[24008-0175]

6 첫째항이 1이고 공차가 3인 등차수열 $\{a_n\}$에 대하여 $\sum_{n=1}^{16}\frac{1}{\sqrt{a_{n+1}}+\sqrt{a_n}}$의 값은?

① 1 ② $\frac{4}{3}$ ③ $\frac{5}{3}$ ④ 2 ⑤ $\frac{7}{3}$

[24008-0176]

7 모든 항이 0이 아닌 수열 $\{a_n\}$이 모든 자연수 n에 대하여

$$(a_{n+1})^2=a_na_{n+2}$$

를 만족시킨다. $a_7=3(a_4)^2$일 때, a_1의 값은?

① $\frac{1}{9}$ ② $\frac{1}{3}$ ③ 1 ④ 3 ⑤ 9

[24008-0177]

8 수열 $\{a_n\}$이 모든 자연수 n에 대하여

$$a_{n+1}=\begin{cases} a_n-10 & (a_n\geq 0) \\ -a_n+5 & (a_n<0) \end{cases}$$

을 만족시킨다. $a_1=4$일 때, $a_{10}+a_{20}$의 값은?

① -5 ② -3 ③ -1 ④ 1 ⑤ 3

Level

2 기본 연습

[24008-0178]

1 자연수 m에 대하여 $a_m=\sum_{k=1}^{m}k$일 때, $\sum_{m=1}^{n}\frac{a_m}{m+1}\ge 100$을 만족시키는 자연수 n의 최솟값은?

① 16 ② 17 ③ 18 ④ 19 ⑤ 20

[24008-0179]

2 $a_1>0$이고 공차가 2인 등차수열 $\{a_n\}$에 대하여

$$\sum_{n=1}^{10}\frac{1}{a_na_{n+1}}=\frac{5}{48}$$

일 때, a_1의 값은?

① 1 ② 2 ③ 3 ④ 4 ⑤ 5

[24008-0180]

3 자연수 n에 대하여 직선 $y=x+n$이 함수 $y=\frac{1}{x-1}+2$의 그래프와 만나는 서로 다른 두 점의 x좌표를 각각 α_n, β_n이라 하자. $\sum_{n=4}^{11}\frac{1}{\alpha_n{}^2\beta_n+\alpha_n\beta_n{}^2}=\frac{q}{p}$일 때, $p+q$의 값을 구하시오. (단, p와 q는 서로소인 자연수이다.)

[24008-0181]

4 $a_1=3$인 수열 $\{a_n\}$이 모든 자연수 n에 대하여

$$a_{2n+1}-a_{2n-1}=6,\ a_{2n-1}+a_{2n}=5$$

를 만족시킬 때, $a_{15}+\sum_{n=1}^{15}a_n$의 값은?

① 105 ② 110 ③ 115 ④ 120 ⑤ 125

[24008-0182]

5 첫째항이 1인 수열 $\{a_n\}$이 모든 자연수 n에 대하여

$$a_{n+1}=\begin{cases}2a_n & (n\text{이 홀수인 경우})\\ 3a_{n-1} & (n\text{이 짝수인 경우})\end{cases}$$

를 만족시킨다. $\sum_{n=1}^{10} a_n$의 값을 구하시오.

[24008-0183]

6 수열 $\{a_n\}$이 모든 자연수 n에 대하여

$$a_n+a_{n+3}=10$$

을 만족시킨다. $\sum_{n=1}^{3} a_n=5$일 때, $\sum_{n=1}^{9} a_n$의 값을 구하시오.

[24008-0184]

7 다음 조건을 만족시키는 모든 수열 $\{a_n\}$에 대하여 a_5의 최댓값을 M, 최솟값을 m이라 할 때, $M-m$의 값은?

(가) $a_1=4$
(나) 모든 자연수 n에 대하여 $|a_{n+1}-a_n|=3n-2$이다.

① 42 ② 44 ③ 46 ④ 48 ⑤ 50

[24008-0185]

8 모든 항이 양수이고 다음 조건을 만족시키는 모든 수열 $\{a_n\}$에 대하여 $a_2\times a_3\times a_4$의 최댓값은?

(가) 모든 자연수 n에 대하여 $a_n\times a_{n+1}\times a_{n+2}=a_2\times a_3\times a_4$이다.
(나) $a_1=2$, $\sum_{n=1}^{100} a_n=233$

① 11 ② $\frac{23}{2}$ ③ 12 ④ $\frac{25}{2}$ ⑤ 13

[24008-0186]

1 다음 조건을 만족시키는 모든 수열 $\{a_n\}$에 대하여 a_1의 값의 합은?

(가) $a_8=2$이고, 모든 항이 30 이하의 자연수이다.

(나) 모든 자연수 n에 대하여 $a_{n+1}=\begin{cases} a_n+4 & (a_n\text{이 3의 배수가 아닌 경우}) \\ \frac{1}{3}a_n & (a_n\text{이 3의 배수인 경우}) \end{cases}$이다.

① 68 ② 70 ③ 72 ④ 74 ⑤ 76

[24008-0187]

2 모든 항이 양수인 수열 $\{a_n\}$이 모든 자연수 n에 대하여

$$a_na_{n+1}=\sum_{k=1}^{n}a_k$$

를 만족시킬 때, **보기**에서 옳은 것만을 있는 대로 고른 것은?

보기

ㄱ. $a_2=1$

ㄴ. 모든 자연수 n에 대하여 $a_{n+2}=a_n+2$이다.

ㄷ. $a_1=3$이면 $\sum_{n=1}^{10}a_n=40$이다.

① ㄱ ② ㄷ ③ ㄱ, ㄴ ④ ㄱ, ㄷ ⑤ ㄱ, ㄴ, ㄷ

[24008-0188]

3 수열 $\{a_n\}$의 첫째항부터 제n항까지의 합을 S_n이라 할 때, 모든 자연수 n에 대하여

$$(2n-1)a_n+2S_n=2$$

가 성립한다. $\frac{a_1a_5}{a_{10}}=\frac{q}{p}$일 때, $p+q$의 값을 구하시오. (단, p와 q는 서로소인 자연수이다.)

대표 기출 문제

출제경향 합의 기호 $\sum$의 성질이나 자연수의 거듭제곱의 합을 이용하여 수열의 합을 구하는 문제, 수열의 귀납적 정의를 이용하여 특정한 항의 값을 구하는 문제가 출제된다.

2023학년도 수능

모든 항이 자연수이고 다음 조건을 만족시키는 모든 수열 $\{a_n\}$에 대하여 a_9의 최댓값과 최솟값을 각각 M, m이라 할 때, $M+m$의 값은? **[4점]**

(가) $a_7=40$

(나) 모든 자연수 n에 대하여 $a_{n+2}=\begin{cases} a_{n+1}+a_n & (a_{n+1}\text{이 3의 배수가 아닌 경우}) \\ \frac{1}{3}a_{n+1} & (a_{n+1}\text{이 3의 배수인 경우}) \end{cases}$ 이다.

① 216 ② 218 ③ 220 ④ 222 ⑤ 224

출제 의도 귀납적으로 정의된 수열의 특정한 항의 값을 구할 수 있는지를 묻는 문제이다.

풀이 (i) a_6이 3의 배수인 경우

$a_7=\frac{1}{3}a_6$이므로 $a_6=3a_7=3\times40=120$

a_7이 3의 배수가 아니므로 $a_8=a_7+a_6=40+120=160$

a_8이 3의 배수가 아니므로 $a_9=a_8+a_7=160+40=200$

(ii) $a_6=3k-2$ (k는 자연수)인 경우

$a_7=a_6+a_5$이므로 $a_5=a_7-a_6=40-(3k-2)=3(14-k)$

즉, a_5가 3의 배수이므로 $a_6=\frac{1}{3}a_5=14-k$

이때 $3k-2=14-k$이므로 $k=4$이고, $a_6=10$

a_7이 3의 배수가 아니므로 $a_8=a_7+a_6=40+10=50$

a_8이 3의 배수가 아니므로 $a_9=a_8+a_7=50+40=90$

(iii) $a_6=3k-1$ (k는 자연수)인 경우

$a_7=a_6+a_5$이므로 $a_5=a_7-a_6=40-(3k-1)=41-3k$

즉, a_5가 3의 배수가 아니므로 $a_6=a_5+a_4$에서 $a_4=a_6-a_5=(3k-1)-(41-3k)=6k-42=6(k-7)$

즉, a_4가 3의 배수이므로 $a_5=\frac{1}{3}a_4=2(k-7)$

이때 $41-3k=2(k-7)$이므로 $k=11$이고, $a_6=32$

a_7이 3의 배수가 아니므로 $a_8=a_7+a_6=40+32=72$

a_8이 3의 배수이므로 $a_9=\frac{1}{3}a_8=\frac{1}{3}\times72=24$

(i), (ii), (iii)에서 a_9의 최댓값은 200, 최솟값은 24이므로 $M+m=200+24=224$

답 ⑤

한눈에 보는 정답

01 지수와 로그

유제 본문 5~13쪽

1 ③ 2 ③ 3 ② 4 ⑤ 5 ④
6 ⑤ 7 ⑤ 8 ③ 9 ⑤ 10 148

기초 연습 본문 14~15쪽

1 ④ 2 ④ 3 ① 4 ④ 5 ②
6 ② 7 ③ 8 ② 9 ③ 10 ④

기본 연습 본문 16~17쪽

1 ④ 2 ⑤ 3 ③ 4 ④ 5 ④
6 ② 7 ③ 8 ③

실력 완성 본문 18쪽

1 ① 2 ② 3 ③

02 지수함수와 로그함수

유제 본문 21~29쪽

1 ① 2 ② 3 ③ 4 17 5 ③
6 205 7 ③ 8 ③ 9 52 10 ④

기초 연습 본문 30~31쪽

1 ③ 2 ② 3 ④ 4 ② 5 ④
6 ② 7 ④ 8 ① 9 ③ 10 ②

기본 연습 본문 32~33쪽

1 ⑤ 2 ⑤ 3 ② 4 29 5 ①
6 ④ 7 ④ 8 ③

실력 완성 본문 34쪽

1 ④ 2 ③ 3 8

03 삼각함수

유제 본문 37~45쪽

1 6 2 ④ 3 ② 4 4 5 3
6 12 7 ⑤ 8 ② 9 2 10 ①

기초 연습 본문 46~47쪽

1 4 2 ③ 3 ① 4 ③ 5 ③
6 ③ 7 ④ 8 ⑤ 9 ②

기본 연습 본문 48~50쪽

1 ② 2 ③ 3 ⑤ 4 ④ 5 ①
6 ④ 7 ② 8 ② 9 ② 10 30
11 8 12 ②

실력 완성 본문 51쪽

1 ⑤ 2 ③ 3 7 4 ⑤

04 사인법칙과 코사인법칙

유제 본문 55~61쪽

1 6 2 5 3 19 4 2 5 11
6 ⑤ 7 ②

기초 연습 본문 62~63쪽

1 ③ 2 ② 3 ② 4 ④ 5 ④
6 ③ 7 ③ 8 ①

기본 연습 본문 64~66쪽

1 ③ 2 ② 3 ③ 4 ⑤ 5 ②
6 ③ 7 ④ 8 ③ 9 ③

실력 완성 본문 67쪽

1 ⑤ 2 ③ 3 ④

05 등차수열과 등비수열

유제 본문 71~77쪽

1 ④ 2 84 3 152 4 ③ 5 ③
6 ⑤ 7 384 8 242

기초 연습 본문 78~80쪽

1 ④ 2 ② 3 ④ 4 ⑤ 5 ①
6 ④ 7 ② 8 83 9 ③ 10 ④
11 ① 12 ②

기본 연습 본문 81~83쪽

1 ③ 2 ③ 3 ⑤ 4 30 5 ③
6 ③ 7 ② 8 ① 9 12 10 ③
11 ③ 12 ④

실력 완성 본문 84쪽

1 48 2 ② 3 449

06 수열의 합과 수학적 귀납법

유제 본문 87~97쪽

1 ② 2 ② 3 ① 4 952 5 ①
6 ② 7 ③ 8 515 9 ⑤ 10 ②

기초 연습 본문 98~99쪽

1 ② 2 ③ 3 ① 4 ③ 5 ②
6 ④ 7 ② 8 ①

기본 연습 본문 100~101쪽

1 ⑤ 2 ④ 3 74 4 ⑤ 5 363
6 35 7 ② 8 ④

실력 완성 본문 102쪽

1 ③ 2 ④ 3 365

문제를 사진 찍고
해설 강의 보기
Google Play | App Store

EBSi 사이트
무료 강의 제공

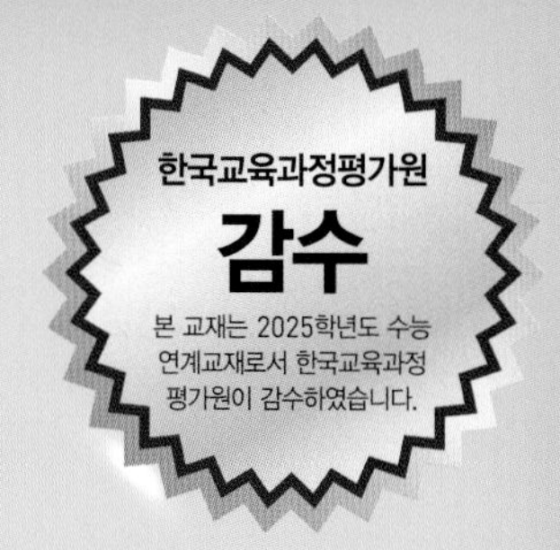

정답과 풀이

수능특강

수학영역
수학 I

2025학년도 수능 연계교재

본 교재는 대학수학능력시험을 준비하는 데 도움을 드리고자 수학과 교육과정을 토대로 제작된 교재입니다.
학교에서 선생님과 함께 교과서의 기본 개념을 충분히 익힌 후 활용하시면 더 큰 학습 효과를 얻을 수 있습니다.

수능특강

수학영역 수학 I

정답과 풀이

01 지수와 로그

유제 본문 5~13쪽

1 ③	2 ③	3 ②	4 ⑤	5 ④
6 ⑤	7 ⑤	8 ③	9 ⑤	10 148

1 $n=2$일 때, $3-2=1$이므로 1의 제곱근 중 실수인 것의 개수는 방정식

$x^2=1$

의 서로 다른 실근의 개수이다.

즉, $f(2)=2$

$n=3$일 때, $3-3=0$이므로 0의 세제곱근 중 실수인 것의 개수는 방정식

$x^3=0$

의 서로 다른 실근의 개수이다.

즉, $f(3)=1$

$n=4$일 때, $3-4=-1$이므로 -1의 네제곱근 중 실수인 것의 개수는 방정식

$x^4=-1$

의 실근의 개수이다.

즉, $f(4)=0$

따라서

$f(2)+f(3)+f(4)=2+1+0=3$

답 ③

2 $\frac{9}{2}$의 세제곱근 중 실수인 것이 a이므로

$a=\sqrt[3]{\frac{9}{2}}$

또 36의 여섯제곱근 중 양수인 것이 b이므로

$b=\sqrt[6]{36}=\sqrt[6]{6^2}=\sqrt[3]{6}$

따라서

$$\begin{aligned} a\times b &= \sqrt[3]{\frac{9}{2}}\times\sqrt[3]{6} \\ &= \sqrt[3]{\frac{9}{2}\times 6} \\ &= \sqrt[3]{27} \\ &= \sqrt[3]{3^3} \\ &= 3 \end{aligned}$$

답 ③

3 $$\begin{aligned} \sqrt[3]{2}\times 16^{-\frac{1}{3}} &= 2^{\frac{1}{3}}\times(2^4)^{-\frac{1}{3}} \\ &= 2^{\frac{1}{3}}\times 2^{-\frac{4}{3}} \\ &= 2^{\frac{1}{3}+\left(-\frac{4}{3}\right)} \\ &= 2^{-1} \\ &= \frac{1}{2} \end{aligned}$$

답 ②

4 $$\begin{aligned} &(3^{\sqrt{3}+1})^{\sqrt{3}}\times(3^{\sqrt{3}+1})^{-1} \\ &= (3^{\sqrt{3}+1})^{\sqrt{3}-1} \\ &= 3^{(\sqrt{3}+1)(\sqrt{3}-1)} \\ &= 3^2=9 \end{aligned}$$

답 ⑤

다른 풀이

$$\begin{aligned} &(3^{\sqrt{3}+1})^{\sqrt{3}}\times(3^{\sqrt{3}+1})^{-1} \\ &= 3^{3+\sqrt{3}}\times 3^{-\sqrt{3}-1} \\ &= 3^{(3+\sqrt{3})+(-\sqrt{3}-1)} \\ &= 3^2=9 \end{aligned}$$

5 $$\begin{aligned} &\log_3 4+\log_4 16+\log_3\frac{1}{12} \\ &= \log_3 4+\log_3\frac{1}{12}+\log_4 4^2 \\ &= \log_3\left(4\times\frac{1}{12}\right)+2 \\ &= \log_3 3^{-1}+2 \\ &= (-1)+2 \\ &= 1 \end{aligned}$$

답 ④

6 $\log_2\sqrt[3]{4^n}=\log_2\sqrt[3]{2^{2n}}=\log_2 2^{\frac{2n}{3}}=\frac{2n}{3}$

$\frac{2n}{3}$이 10 이하의 자연수가 되도록 하는 자연수 n의 값은 3, 6, 9, 12, 15이고 그 개수는 5이다.

답 ⑤

7 $$\begin{aligned} &3\log_2\sqrt{6}+\log_{\frac{1}{4}}27 \\ &= 3\log_2 6^{\frac{1}{2}}+\log_{2^{-2}}3^3 \\ &= 3\times\frac{1}{2}\times\log_2 6+\frac{3}{-2}\log_2 3 \end{aligned}$$

$=\frac{3}{2}\log_2 6-\frac{3}{2}\log_2 3$

$=\frac{3}{2}(\log_2 6-\log_2 3)$

$=\frac{3}{2}\log_2 \frac{6}{3}$

$=\frac{3}{2}\log_2 2$

$=\frac{3}{2}$

답 ⑤

8 $\sqrt{3}\times 2^{\log_4 3}$

$=3^{\frac{1}{2}}\times 3^{\log_4 2}$

$=3^{\frac{1}{2}}\times 3^{\frac{1}{2}\log_2 2}$

$=3^{\frac{1}{2}+\frac{1}{2}}$

$=3$

답 ③

9 $\log \sqrt[3]{300}$

$=\log 300^{\frac{1}{3}}$

$=\frac{1}{3}\log(3\times 10^2)$

$=\frac{1}{3}\times(\log 3+\log 10^2)$

$=\frac{1}{3}\times(\log 3+2)$

$=\frac{1}{3}\times(0.4771+2)$

$=\frac{1}{3}\times 2.4771$

$=0.8257$

답 ⑤

10 $\log A=2.3010$

$=2+0.3010$

$=\log 10^2+\log 2$

$=\log(10^2\times 2)$

그러므로 $A=10^2\times 2=200$

또

$\log B=1.7093$

$=1+0.7093$

$=\log 10+\log 5.12$

$=\log(10\times 5.12)$

그러므로 $B=10\times 5.12=51.2$

한편, $(x-A)(x-B)<0$의 해는 $51.2<x<200$

따라서 자연수 x의 값은 52, 53, 54, …, 199이고 그 개수는

$199-52+1=148$

답 148

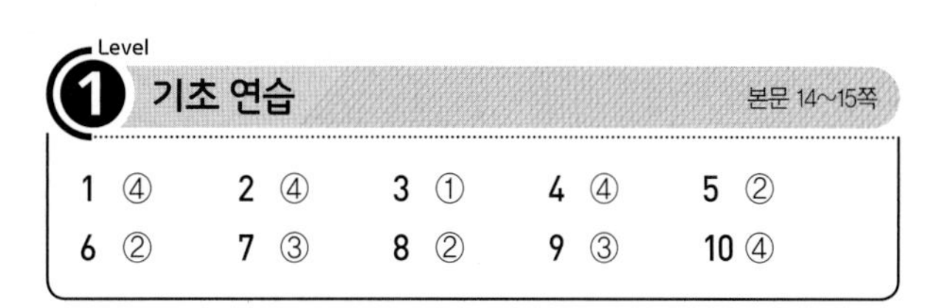

Level 1 기초 연습

본문 14~15쪽

1 ④	2 ④	3 ①	4 ④	5 ②
6 ②	7 ③	8 ②	9 ③	10 ④

1 $\sqrt[3]{\sqrt{12}+2}\times\sqrt[3]{\sqrt{12}-2}$

$=\sqrt[3]{(\sqrt{12}+2)(\sqrt{12}-2)}$

$=\sqrt[3]{12-4}$

$=\sqrt[3]{8}$

$=\sqrt[3]{2^3}$

$=2$

답 ④

2 $9^{\frac{1}{6}}\times\sqrt[3]{\frac{1}{8}+1}$

$=(3^2)^{\frac{1}{6}}\times\left(\frac{9}{8}\right)^{\frac{1}{3}}$

$=3^{\frac{1}{3}}\times\frac{(3^2)^{\frac{1}{3}}}{(2^3)^{\frac{1}{3}}}$

$=3^{\frac{1}{3}+\frac{2}{3}}\times\frac{1}{2}$

$=\frac{3}{2}$

답 ④

3 $\sqrt[3]{-24}\times 81^{\frac{1}{6}}$

$=-\sqrt[3]{24}\times(3^4)^{\frac{1}{6}}$

$=-(2^3\times 3)^{\frac{1}{3}}\times 3^{\frac{2}{3}}$

$=-\left(2\times 3^{\frac{1}{3}}\right)\times 3^{\frac{2}{3}}$

$=-2\times 3^{\frac{1}{3}+\frac{2}{3}}$

$=-6$

답 ①

4 $(\sqrt[6]{27}+1)(9^{\frac{1}{4}}-1)$

$=\left(27^{\frac{1}{6}}+1\right)\left(9^{\frac{1}{4}}-1\right)$

$=\left\{(3^3)^{\frac{1}{6}}+1\right\}\left\{(3^2)^{\frac{1}{4}}-1\right\}$

$=\left(3^{\frac{1}{2}}+1\right)\left(3^{\frac{1}{2}}-1\right)$

$=\left(3^{\frac{1}{2}}\right)^2-1^2$

$=3-1$

$=2$

답 ④

5 $\left(\sqrt{2^{\sqrt{3}}}\right)^{\frac{1}{\sqrt{12}}}\times 2^{-\frac{5}{4}}$

$=\left(2^{\frac{\sqrt{3}}{2}}\right)^{\frac{1}{\sqrt{12}}}\times 2^{-\frac{5}{4}}$

$=\left(2^{\frac{\sqrt{3}}{2}}\right)^{\frac{1}{2\sqrt{3}}}\times 2^{-\frac{5}{4}}$

$=2^{\frac{1}{4}}\times 2^{-\frac{5}{4}}$

$=2^{\frac{1}{4}+\left(-\frac{5}{4}\right)}$

$=2^{-1}$

$=\frac{1}{2}$

답 ②

6 $\log_3 \sqrt[3]{\frac{9}{8}}+\log_3 2$

$=\log_3 (3^2\times 2^{-3})^{\frac{1}{3}}+\log_3 2$

$=\log_3 \left(3^{\frac{2}{3}}\times 2^{-1}\right)+\log_3 2$

$=\log_3 3^{\frac{2}{3}}+\log_3 2^{-1}+\log_3 2$

$=\frac{2}{3}+(-\log_3 2)+\log_3 2$

$=\frac{2}{3}$

답 ②

다른 풀이

$\log_3 \sqrt[3]{\frac{9}{8}}+\log_3 2$

$=\log_3 \{(3^2\times 2^{-3})^{\frac{1}{3}}\times 2\}$

$=\log_3 \left\{\left(3^{\frac{2}{3}}\times 2^{-1}\right)\times 2\right\}$

$=\log_3 3^{\frac{2}{3}}=\frac{2}{3}$

7 $(\log_3 6)^2-(\log_3 2)^2$

$=(\log_3 6+\log_3 2)(\log_3 6-\log_3 2)$

$=\log_3 (6\times 2)\times \log_3 \frac{6}{2}$

$=\log_3 12\times \log_3 3$

$=\log_3 12$

답 ③

8 $\log_3 2+\log_3 9\times \log_3 \frac{1}{\sqrt{6}}$

$=\log_3 2+\log_3 3^2\times \log_3 6^{-\frac{1}{2}}$

$=\log_3 2+2\times\left(-\frac{1}{2}\log_3 6\right)$

$=\log_3 2-\log_3 6$

$=\log_3 \frac{2}{6}$

$=\log_3 \frac{1}{3}$

$=\log_3 3^{-1}$

$=-1$

답 ②

9 $\left(\log_4 3+\frac{1}{2}\right)\times \log_6 8$

$=\left(\log_4 3+\frac{1}{2}\log_4 4\right)\times \log_6 8$

$=\left(\log_4 3+\log_4 4^{\frac{1}{2}}\right)\times \log_6 8$

$=(\log_4 3+\log_4 2)\times \log_6 8$

$=\log_4 (3\times 2)\times \log_6 8$

$=\log_4 6\times \frac{\log_4 8}{\log_4 6}$

$=\log_4 8$

$=\log_{2^2} 2^3$

$=\frac{3}{2}\log_2 2$

$=\frac{3}{2}$

답 ③

10 $6^{\log_3 2}\times\left(\frac{1}{2}\right)^{\log_3 2}=2^{\log_3 6}\times (2^{-1})^{\log_3 2}$

$=2^{\log_3 6}\times 2^{-\log_3 2}$

$=2^{\log_3 6-\log_3 2}$

$=2^{\log_3 \frac{6}{2}}=2^{\log_3 3}$

$=2^1=2$

답 ④

다른 풀이

$6^{\log_3 2}\times\left(\frac{1}{2}\right)^{\log_3 2}=\left(6\times\frac{1}{2}\right)^{\log_3 2}=3^{\log_3 2}$

$=2^{\log_3 3}=2$

Level 2 기본 연습

본문 16~17쪽

1 ④	2 ⑤	3 ③	4 ④	5 ④
6 ②	7 ③	8 ③		

1 어떤 실수를 k라 하면 두 실수 2, a ($a\neq 2$)는 방정식

$x^n=k$

의 근이다.

이때 서로 다른 두 실근이 존재하기 위해서는 n은 짝수이어야 하므로 n의 값은

2, 4, 6, $\cdots$, 100

그러므로 $p=50$

이때 a의 값은 -2이다.

따라서

$p+a=50+(-2)=48$

답 ④

2 a의 n제곱근은 다음 방정식의 근이다.

$x^n=a$

이 방정식의 한 근이 $\sqrt[6]{2}\times\sqrt[3]{4}$이므로

$(\sqrt[6]{2}\times\sqrt[3]{4})^n=a$

$\left(2^{\frac{1}{6}}\times 2^{\frac{2}{3}}\right)^n=a$

$\left(2^{\frac{5}{6}}\right)^n=a$

a가 자연수이므로 n의 최솟값은 6이고, 이때의 a의 값은 2^5

따라서 $\alpha=6$, $\beta=2^5$이므로

$\alpha+\beta=6+2^5=6+32=38$

답 ⑤

3 이차방정식 $x^2-\sqrt[6]{3}x-\frac{2\sqrt[3]{3}}{3}=0$의 두 근이 α, β이므로

이차방정식의 근과 계수의 관계에 의하여

$\alpha+\beta=\sqrt[6]{3}$, $\alpha\beta=-\frac{2\sqrt[3]{3}}{3}$

따라서

$$\begin{aligned}\alpha^3+\beta^3&=(\alpha+\beta)^3-3\alpha\beta(\alpha+\beta)\\&=(\sqrt[6]{3})^3-3\times\left(-\frac{2\sqrt[3]{3}}{3}\right)\times\sqrt[6]{3}\\&=\left(3^{\frac{1}{6}}\right)^3+2\times 3^{\frac{1}{3}}\times 3^{\frac{1}{6}}\\&=3^{\frac{1}{6}\times 3}+2\times 3^{\frac{1}{3}+\frac{1}{6}}\\&=3^{\frac{1}{2}}+2\times 3^{\frac{1}{2}}\\&=3\times 3^{\frac{1}{2}}\\&=3\sqrt{3}\end{aligned}$$

답 ③

4 선분 AB가 원의 지름이므로

$\angle\mathrm{ACB}=90^\circ$

직각삼각형 ABC에서

$$\begin{aligned}\overline{\mathrm{AB}}&=\sqrt{\overline{\mathrm{CA}}^2+\overline{\mathrm{CB}}^2}\\&=\sqrt{(\sqrt[4]{3})^2+(\sqrt[4]{12})^2}\\&=\sqrt{\left(3^{\frac{1}{4}}\right)^2+\left\{(2^2\times 3)^{\frac{1}{4}}\right\}^2}\\&=\sqrt{3^{\frac{1}{2}}+2\times 3^{\frac{1}{2}}}\\&=\sqrt{3\times 3^{\frac{1}{2}}}\\&=\sqrt{3^{1+\frac{1}{2}}}\\&=\left(3^{\frac{3}{2}}\right)^{\frac{1}{2}}\\&=3^{\frac{3}{4}}\end{aligned}$$

이때 $\angle\mathrm{CAB}=\theta$라 하면 직각삼각형 ABC에서

$$\begin{aligned}\cos\theta&=\frac{\overline{\mathrm{CA}}}{\overline{\mathrm{AB}}}\\&=\frac{3^{\frac{1}{4}}}{3^{\frac{3}{4}}}\\&=3^{\frac{1}{4}-\frac{3}{4}}\\&=3^{-\frac{1}{2}}\qquad\cdots\cdots ㉠\end{aligned}$$

또 직각삼각형 AHC에서

$$\begin{aligned}\cos\theta&=\frac{\overline{\mathrm{AH}}}{\overline{\mathrm{CA}}}\\&=\frac{\overline{\mathrm{AH}}}{3^{\frac{1}{4}}}\qquad\cdots\cdots ㉡\end{aligned}$$

㉠, ㉡에서

$3^{-\frac{1}{2}}=\frac{\overline{\mathrm{AH}}}{3^{\frac{1}{4}}}$

따라서

$$\begin{aligned}\overline{\mathrm{AH}}&=3^{-\frac{1}{2}}\times 3^{\frac{1}{4}}\\&=3^{-\frac{1}{2}+\frac{1}{4}}\\&=3^{-\frac{1}{4}}\\&=\frac{1}{\sqrt[4]{3}}\end{aligned}$$

답 ④

5 점 $A(0, \log_2 ab)$가 직선 $y=2x+3$ 위에 있으므로

$\log_2 ab=2\times0+3$

$\log_2 a+\log_2 b=3$ ...... ㉠

또 점 $B\left(1, \log_2 \frac{b}{a}\right)$가 직선 $y=2x+3$ 위에 있으므로

$\log_2 \frac{b}{a}=2\times1+3$

$\log_2 b-\log_2 a=5$ ...... ㉡

㉠과 ㉡을 변끼리 더하면

$2\log_2 b=8$

$\log_2 b=4$

$b=2^4=16$

또 $\log_2 b=4$를 ㉠에 대입하면

$\log_2 a=-1$

$a=2^{-1}=\frac{1}{2}$

따라서

$a+b=\frac{1}{2}+16=\frac{33}{2}$

답 ④

6 $\log_4 a+\log_4 b=\frac{5}{2}$에서

$\log_4 ab=\frac{5}{2}$

$ab=4^{\frac{5}{2}}=(2^2)^{\frac{5}{2}}=2^5$

따라서 조건을 만족시키는 순서쌍 (a, b)는

$(1, 2^5)$, $(2^1, 2^4)$, $(2^2, 2^3)$, $(2^3, 2^2)$, $(2^4, 2^1)$, $(2^5, 1)$

이고 그 개수는 6이다.

답 ②

7 두 직선 $y=(\log_2 3)x$, $y=(\log_9 a)x$가 서로 수직이므로

$\log_2 3\times\log_9 a=-1$

$\log_2 3\times\log_{3^2} a=-1$

$\log_2 3\times\left(\frac{1}{2}\log_3 a\right)=-1$

$\log_2 3\times\log_3 a=-2$

$\log_2 a=-2$

따라서 $a=2^{-2}=\frac{1}{4}$

답 ③

8 $\log_a b : \log_b a=\log_a ab : 2$에서

$\log_a b : \frac{1}{\log_a b}=(1+\log_a b) : 2$

$2\log_a b=\frac{1}{\log_a b}(\log_a b+1)$

$2(\log_a b)^2=\log_a b+1$

$2(\log_a b)^2-\log_a b-1=0$

$(2\log_a b+1)(\log_a b-1)=0$

$\log_a b=-\frac{1}{2}$ 또는 $\log_a b=1$

이때 $a\neq b$이므로

$\log_a b=-\frac{1}{2}$

따라서

$\log_a b+\log_b \frac{1}{a}$

$=\log_a b-\log_b a$

$=\log_a b-\frac{1}{\log_a b}$

$=\left(-\frac{1}{2}\right)-(-2)$

$=\frac{3}{2}$

답 ③

Level 3 실력 완성

본문 18쪽

1 ① 2 ② 3 ③

1 $A_1=\{64\}$이므로 집합 A_2는 64의 제곱근 중 실수인 것들의 집합이다.

이때 방정식 $x^2=64$의 근 중 실수인 것은

$8, -8$

이므로

$A_2=\{-8, 8\}$

또 집합 A_3은 집합 A_2에 속하는 각 원소의 세제곱근 중 실수인 것들의 집합이다.

즉, 두 방정식 $x^3=-8$, $x^3=8$의 근 중 실수인 것은

$-2, 2$

이므로

$A_3=\{-2, 2\}$

또 집합 A_4는 집합 A_3에 속하는 각 원소의 네제곱근 중 실수인 것들의 집합이다.

즉, 두 방정식 $x^4=-2$, $x^4=2$의 근 중 실수인 것은 방정식 $x^4=2$에만 존재하고 그 값은

$\sqrt[4]{2}, -\sqrt[4]{2}$

이므로

$A_4=\{-\sqrt[4]{2}, \sqrt[4]{2}\}$

또 집합 A_5는 집합 A_4에 속하는 각 원소의 다섯제곱근 중 실수인 것들의 집합이다.

즉, 두 방정식 $x^5=-\sqrt[4]{2}$, $x^5=\sqrt[4]{2}$의 근 중 실수인 것이다.

이때 방정식 $x^5=-\sqrt[4]{2}$는 음의 실근 1개, 방정식 $x^5=\sqrt[4]{2}$는 양의 실근 1개를 가지므로 집합 A_5의 원소의 개수는 2이다.

따라서 집합 A_3의 모든 원소의 곱은 -4이고 집합 A_5의 원소의 개수는 2이므로

$p+q=(-4)+2=-2$

답 ①

2 $\sqrt[n]{p}\times\sqrt[n]{q}=-\sqrt[3]{2}$에서 $\sqrt[n]{p}\times\sqrt[n]{q}$의 값이 음수이므로 $\sqrt[n]{p}$, $\sqrt[n]{q}$ 중 하나는 양수, 하나는 음수이다.

이때 $p<q$이므로

$\sqrt[n]{p}<0$, $\sqrt[n]{q}>0$

위에서 $\sqrt[n]{p}$는 p의 n제곱근 중 실수이고 이 값이 음수이므로 n은 홀수이어야 한다.

한편, $\sqrt[n]{p}\times\sqrt[n]{q}=-\sqrt[3]{2}$의 양변을 n제곱하면

$p\times q=(-1)^n\times(\sqrt[3]{2})^n=(-1)^n\times 2^{\frac{n}{3}}=-2^{\frac{n}{3}}$

이때 n $(2\le n\le 20)$은 홀수이고 $-2^{\frac{n}{3}}$의 값이 정수이어야 하므로

$n=3, 9, 15$

(i) $n=3$일 때

$p\times q=-2$

이때 순서쌍 (p, q)는

$(-1, 2)$, $(-2, 1)$

이고 그 개수는 2이다.

(ii) $n=9$일 때

$p\times q=-2^3$

이때 순서쌍 (p, q)는

$(-1, 2^3)$, $(-2, 2^2)$, $(-2^2, 2)$, $(-2^3, 1)$

이고 그 개수는 4이다.

(iii) $n=15$일 때

$p\times q=-2^5$

이때 순서쌍 (p, q)는

$(-1, 2^5)$, $(-2, 2^4)$, $(-2^2, 2^3)$, $(-2^3, 2^2)$,
$(-2^4, 2)$, $(-2^5, 1)$

이고 그 개수는 6이다.

(i), (ii), (iii)에서 구하는 모든 순서쌍 (p, q)의 개수는

$2+4+6=12$

답 ②

3 $\log_{2n}\sqrt{m}+\log_{2n}\sqrt{m+1}\times\log_{m+1}m=\frac{3}{2}$에서

$\frac{1}{2}\log_{2n}m+\frac{1}{2}\log_{2n}(m+1)\times\log_{m+1}m=\frac{3}{2}$

$\frac{1}{2}\log_{2n}m+\frac{1}{2}\log_{2n}m=\frac{3}{2}$

$\log_{2n}m=\frac{3}{2}$

로그의 정의를 이용하면

$(2n)^{\frac{3}{2}}=m$

$(2n)^3=m^2$

$2^3\times n^3=m^2$ $\cdots\cdots$ ㉠

이때 좌변이 어떤 자연수의 제곱이어야 하므로

$n=2\times p^2$ (p는 자연수)

이 식을 ㉠에 대입하면

$2^6\times p^6=m^2$

$m=2^3\times p^3$

그러므로 p의 값에 따라 n, m의 값을 구하면 다음과 같다.

$p=1$일 때, $n=2\times 1^2$, $m=2^3\times 1^3$

$p=2$일 때, $n=2\times 2^2$, $m=2^3\times 2^3$

$p=3$일 때, $n=2\times 3^2$, $m=2^3\times 3^3$

$p=4$일 때, $n=2\times 4^2$, $m=2^3\times 4^3$

$\vdots$

이때 m, n이 500 이하의 자연수이므로 p의 값은 3 이하의 자연수이어야 한다.

따라서 모든 순서쌍 (m, n)의 개수는 3이다.

답 ③

02 지수함수와 로그함수

유제

본문 21~29쪽

1 ①	2 ②	3 ③	4 17	5 ③
6 205	7 ③	8 ③	9 52	10 ④

1 함수 $y=a^x$의 그래프가 직선 $y=-x+2$와 서로 다른 두 점에서 만나야 하므로

$0<a<1$ …… ㉠

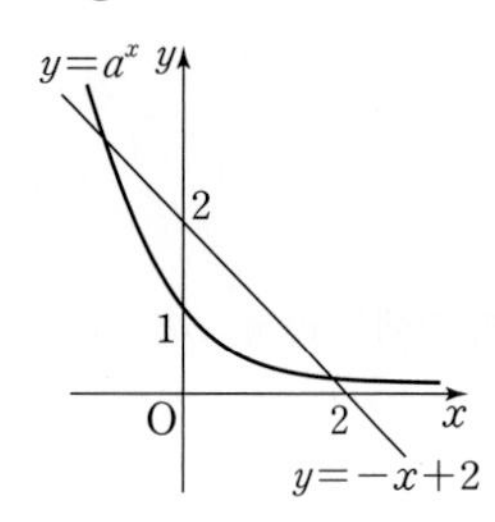

또 $f(1)+f(-1)=\frac{5}{2}$에서

$a+\frac{1}{a}=\frac{5}{2}$

$2a^2-5a+2=0$

$(2a-1)(a-2)=0$

$a=\frac{1}{2}$ 또는 $a=2$

이때 ㉠을 만족시켜야 하므로

$a=\frac{1}{2}$

따라서 $f(x)=\left(\frac{1}{2}\right)^x$이므로

$f(2)=\frac{1}{4}$

답 ①

2 직선 $y=mx+k$ $(k>1)$이 두 함수 $y=2^x$, $y=3^x$의 그래프와 제1사분면에서 만나는 점을 각각 A, B라 하자.

(i) $m>0$일 때

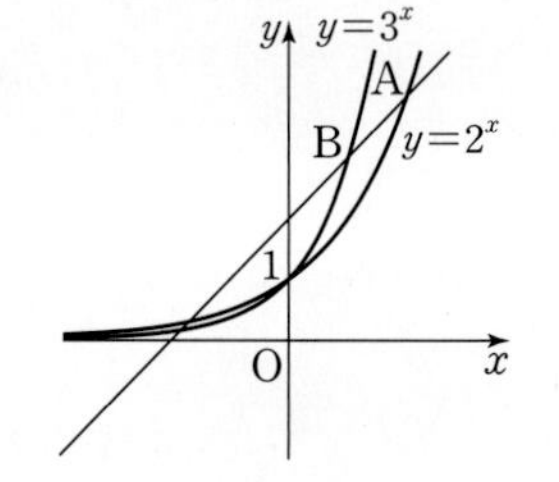

(ii) $m<0$일 때

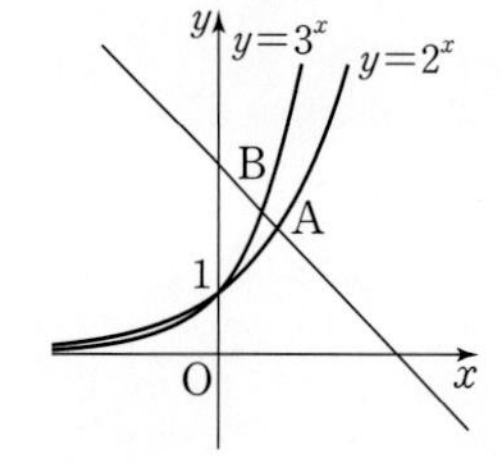

이때 점 A의 x좌표는 2, 점 B의 x좌표는 1이므로

$A(2,\ 2^2)$, $B(1,\ 3^1)$

그러므로 직선 AB의 방정식은

$y=\frac{3-4}{1-2}(x-1)+3$

$y=x+2$

따라서 $m=1$, $k=2$이므로

$mk=1\times2=2$

답 ②

3 함수 $y=2^{x+2}+3$의 그래프는 함수 $y=2^x$의 그래프를 x축의 방향으로 -2만큼, y축의 방향으로 3만큼 평행이동한 것이고 점 $A(0,\ 7)$을 지난다.

또 $y=\left(\frac{1}{3}\right)^{x-1}+k=3^{-(x-1)}+k$이므로 이 함수의 그래프는 함수 $y=3^x$의 그래프를 y축에 대하여 대칭이동한 후 x축의 방향으로 1만큼, y축의 방향으로 k만큼 평행이동한 것이고 점 $B(0,\ 3+k)$를 지난다.

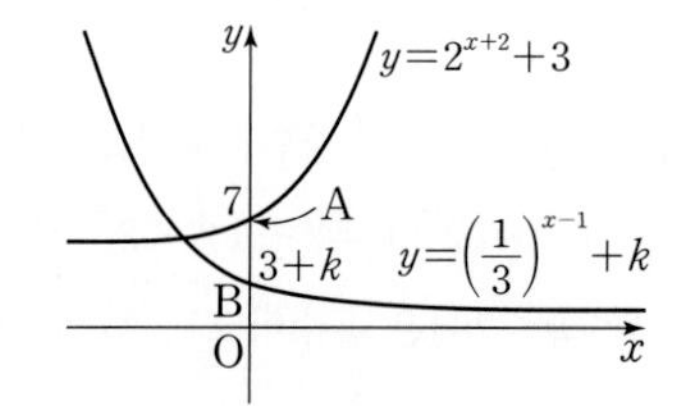

두 함수 $y=2^{x+2}+3$, $y=\left(\frac{1}{3}\right)^{x-1}+k$의 그래프가 제2사분면에서 만나기 위해서는 점 A의 y좌표가 점 B의 y좌표보다 커야 하므로

$7>3+k$

$k<4$

따라서 조건을 만족시키는 자연수 k의 값은 1, 2, 3이고 그 개수는 3이다.

답 ③

4 함수 $y=-3^x+a$의 그래프는 함수 $y=3^x$의 그래프를 x축에 대하여 대칭이동한 후 y축의 방향으로 a만큼 평행이동한 것이다.

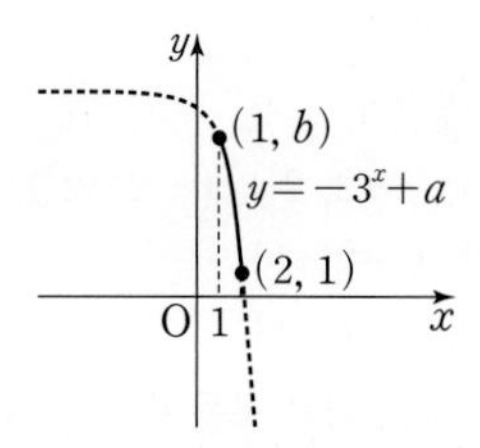

정의역이 $\{x\,|\,1\le x\le2\}$인 함수 $y=-3^x+a$는 $x=1$에서 최댓값을 갖고 $x=2$에서 최솟값을 갖는다.

최솟값이 1이므로 $-3^2+a=1$에서

$a=10$

또 최댓값이 b이므로

$b=-3^1+10=7$

따라서

$a+b=10+7=17$

답 17

5 a의 값의 범위에 따라 함수 $y=\log_a x$의 그래프와 직선 $y=-x+2$가 만나는 점의 개수를 조사하면 다음과 같다.

(i) $a>1$일 때

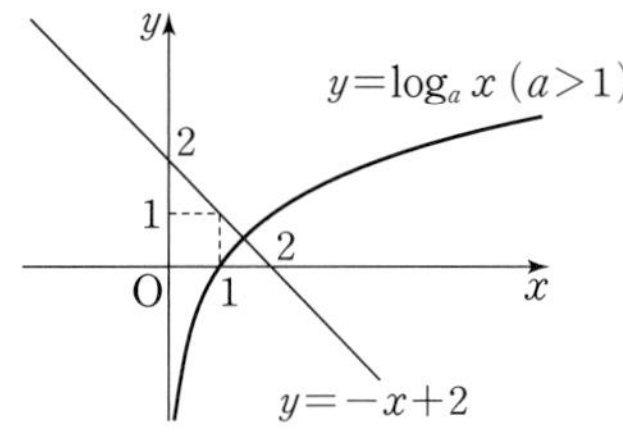

함수 $y=\log_a x$의 그래프와 직선 $y=-x+2$가 만나는 점의 개수는 1이다.

(ii) $0<a<1$일 때

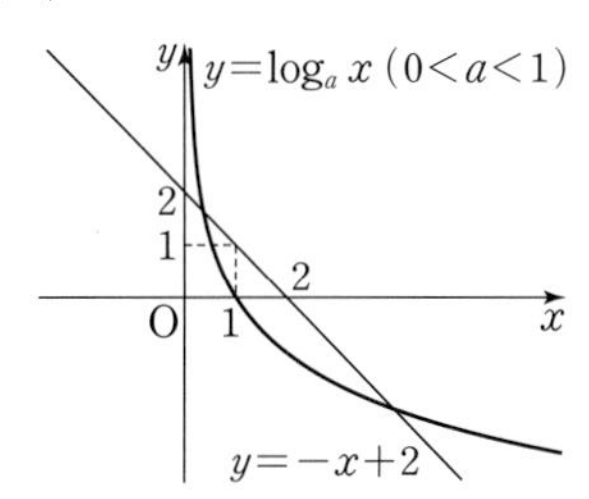

함수 $y=\log_a x$의 그래프와 직선 $y=-x+2$가 만나는 점의 개수는 2이다.

(i), (ii)에서 $0<a<1$

한편, $|f(2)|=2$에서

$|\log_a 2|=2$

$\log_a 2=2$ 또는 $\log_a 2=-2$

$a^2=2$ 또는 $a^{-2}=2$

$a>0$이므로

$a=\sqrt{2}$ 또는 $a=\frac{1}{\sqrt{2}}$

이때 $0<a<1$이므로

$a=\frac{1}{\sqrt{2}}=\frac{\sqrt{2}}{2}$

답 ③

6 두 함수 $y=\log_2 x$, $y=\log_4 x$의 그래프와 원 $(x-1)^2+y^2=r^2$은 그림과 같고 네 교점 중 x좌표가 가장 큰 점은 원 $(x-1)^2+y^2=r^2$과 함수 $y=\log_4 x$의 그래프가 제1사분면에서 만나는 점이다.

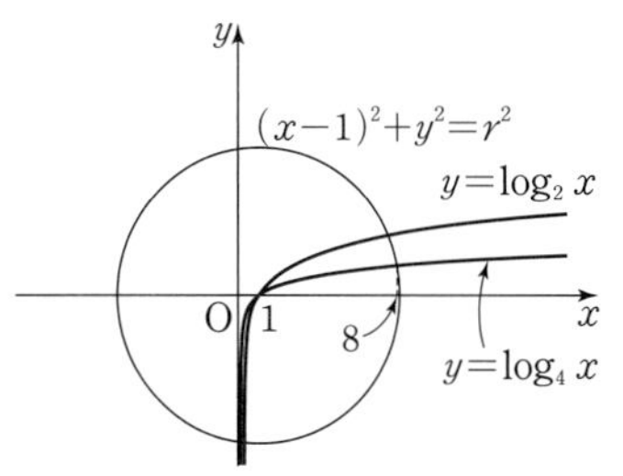

$\log_4 8=\log_{2^2} 2^3=\frac{3}{2}$이므로 원 $(x-1)^2+y^2=r^2$은

점 $\left(8, \frac{3}{2}\right)$을 지난다.

따라서 $(8-1)^2+\left(\frac{3}{2}\right)^2=r^2$이므로

$$4r^2=4\times\left\{(8-1)^2+\left(\frac{3}{2}\right)^2\right\}$$
$$=4\times\left(49+\frac{9}{4}\right)$$
$$=196+9$$
$$=205$$

답 205

7 $\log_3(-x+m)=\log_3\{-(x-m)\}$이므로

함수 $y=\log_3(-x+m)$의 그래프는 함수 $y=\log_3 x$의 그래프를 y축에 대하여 대칭이동한 후 x축의 방향으로 m만큼 평행이동한 것이다.

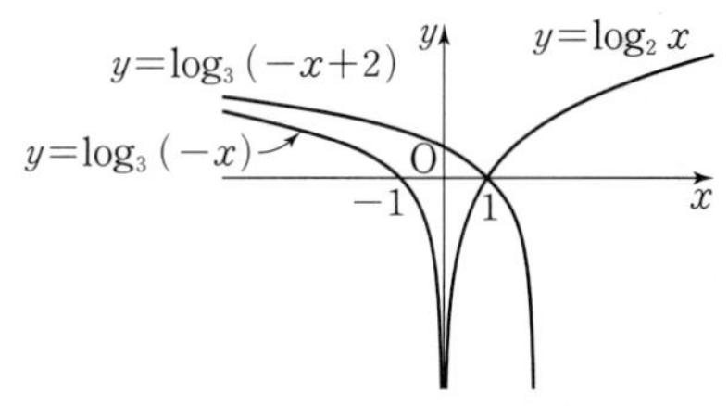

이때 함수 $y=\log_3(-x)$의 그래프는 점 $(-1, 0)$을 지나므로 이 그래프를 x축의 방향으로 2만큼 평행이동하면 점 $(1, 0)$을 지난다.

따라서 함수 $y=\log_2 x$의 그래프와 함수 $y=\log_3(-x+m)$의 그래프가 제1사분면에서 만나려면 $m>2$이어야 하므로 자연수 m의 최솟값은 3이다.

답 ③

8 함수 $y=-\log_2(-x)+a$의 그래프는 함수 $y=\log_2 x$의 그래프를 원점에 대하여 대칭이동한 후 y축의 방향으로 a만큼 평행이동한 것이다.

이때 함수 $y=-\log_2(-x)+a$의 그래프는 x의 값이 증가

하면 y의 값도 증가한다.

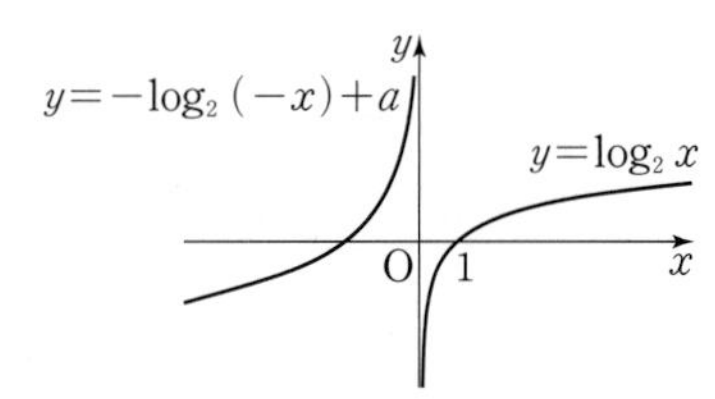

그러므로 정의역이 $\left\{x \middle| -4 \le x \le -\frac{1}{8}\right\}$인

함수 $y=-\log_2(-x)+a$는 $x=-\frac{1}{8}$에서 최댓값을 갖고

최댓값이 4이므로

$4=-\log_2\frac{1}{8}+a$

$\quad=-\log_2 2^{-3}+a$

$\quad=3+a$

$a=1$

또 함수 $y=-\log_2(-x)+1$은 $x=-4$에서 최솟값을 갖고 최솟값이 b이므로

$b=-\log_2 4+1$

$\quad=-\log_2 2^2+1$

$\quad=-2+1$

$\quad=-1$

따라서 $a+b=1+(-1)=0$

답 ③

9 함수 $y=\log_a x$의 그래프가 원 $x^2+(y-1)^2=1$과 만나려면 $0<a<1$이어야 하므로

$\log_a(3x+1) \le \log_a(x+6)$에서

$3x+1 \ge x+6$

$2x \ge 5$

$x \ge \frac{5}{2}$ …… ㉠

한편, 진수의 조건으로부터

$3x+1>0$이고 $x+6>0$

즉, $x>-\frac{1}{3}$ …… ㉡

㉠과 ㉡에서 $x \ge \frac{5}{2}$

x가 10 이하의 자연수이므로 x의 값은 3, 4, 5, 6, 7, 8, 9, 10이고 그 합은 52이다.

답 52

10 $4^{|x-1|}=2\sqrt{2}$에서

$(2^2)^{|x-1|}=2^1\times 2^{\frac{1}{2}}$

$2^{2|x-1|}=2^{\frac{3}{2}}$

$2|x-1|=\frac{3}{2}$

$|x-1|=\frac{3}{4}$

$x-1=\frac{3}{4}$ 또는 $x-1=-\frac{3}{4}$

$x=\frac{7}{4}$ 또는 $x=\frac{1}{4}$

따라서 모든 x의 값의 곱은

$\frac{7}{4}\times\frac{1}{4}=\frac{7}{16}$

답 ④

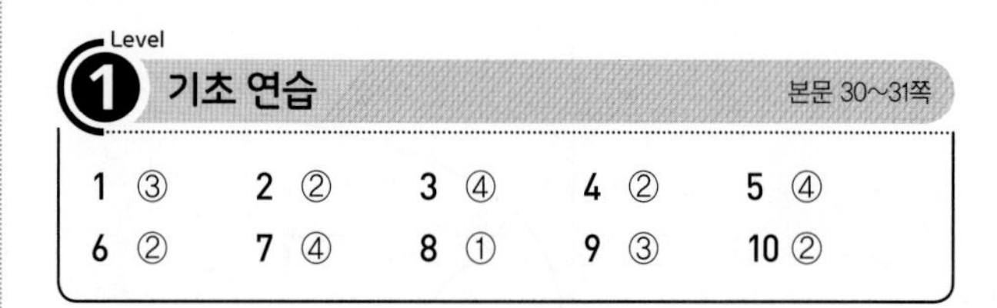
Level 1 기초 연습 본문 30~31쪽

1 ③	2 ②	3 ④	4 ②	5 ④
6 ②	7 ④	8 ①	9 ③	10 ②

1 $f(x)=a^x$이므로

$(f\circ f)(0)=f(f(0))=f(a^0)=f(1)=a=\sqrt{2}$

따라서 $f(x)=(\sqrt{2})^x$이므로

$f(3)=(\sqrt{2})^3=2\sqrt{2}$

답 ③

2 함수 $y=a^x$의 정의역이 $\{x|0\le x\le 1\}$이므로 다음 각 경우로 나눌 수 있다. 이때 $f(x)=a^x$이라 하자.

(i) $a>1$일 때

함수 $y=f(x)$는 x의 값이 증가하면 y의 값도 증가하므로 치역은

$\{y|f(0)\le y\le f(1)\}=\{y|1\le y\le a\}$

이것은 치역이 $\left\{y \middle| \frac{1}{3}\le y\le b\right\}$라는 조건을 만족시키지 못한다.

(ii) $0<a<1$일 때

함수 $y=f(x)$는 x의 값이 증가하면 y의 값은 감소하므로 치역은

$\{y|f(1)\le y\le f(0)\}=\{y|a\le y\le 1\}$

이때 치역이 $\left\{y \middle| \frac{1}{3}\le y\le b\right\}$이므로

$a=\frac{1}{3}$, $b=1$

(i), (ii)에서 $a=\frac{1}{3}$, $b=1$이므로

$a+b=\frac{1}{3}+1=\frac{4}{3}$

답 ②

3 $4\times2^{x-1}+3=2^2\times2^{x-1}+3=2^{x+1}+3$

이므로 함수 $y=4\times2^{x-1}+3$의 그래프는 함수 $y=2^x$의 그래프를 x축의 방향으로 -1만큼, y축의 방향으로 3만큼 평행이동한 것이다.

따라서 $a=2$, $m=-1$, $n=3$이므로

$a+m+n=2+(-1)+3=4$

답 ④

4 함수 $y=-\left(\frac{2}{3}\right)^{x-2}+1$의 그래프는 함수 $y=\left(\frac{2}{3}\right)^x$의 그래프를 x축에 대하여 대칭이동한 후 x축의 방향으로 2만큼, y축의 방향으로 1만큼 평행이동한 것이다.

따라서 함수 $y=-\left(\frac{2}{3}\right)^{x-2}+1$은 x의 값이 증가하면 y의 값도 증가하므로 정의역이 $\{x|-1\le x\le3\}$인 함수

$y=-\left(\frac{2}{3}\right)^{x-2}+1$은 $x=3$에서 최댓값을 갖고 그 값은

$-\left(\frac{2}{3}\right)^1+1=\frac{1}{3}$

답 ②

5 함수 $y=2^{x-1}+2$의 그래프는 함수 $y=2^x$의 그래프를 x축의 방향으로 1만큼, y축의 방향으로 2만큼 평행이동한 것이다. 그러므로 점근선의 방정식은 $y=2$

점 (a, b)와 직선 $y=2$ 사이의 거리가 1이고 $b>2$이므로

$b-2=1$

$b=3$

이때 점 $(a, 3)$이 함수 $y=2^{x-1}+2$의 그래프 위에 있으므로

$2^{a-1}+2=3$

$2^{a-1}=1$

$a=1$

따라서

$a+b=1+3=4$

답 ④

6 $y=\frac{2}{3}\log_4\frac{1}{x}$

$=\frac{2}{3}\log_{2^2}x^{-1}$

$=\frac{2}{3}\times\left(-\frac{1}{2}\right)\log_2 x$

$=-\frac{1}{3}\log_2 x$

$=\log_{2^{-3}}x$

$=\log_{\frac{1}{8}}x$

이므로

$a=\frac{1}{8}$

답 ②

7 함수 $y=\log_3 x$의 그래프를 x축에 대하여 대칭이동한 그래프를 나타내는 함수는

$y=-\log_3 x$

함수 $y=-\log_3 x$의 그래프를 x축의 방향으로 1만큼, y축의 방향으로 2만큼 평행이동한 그래프를 나타내는 함수는

$y=-\log_3(x-1)+2$

함수 $y=-\log_3(x-1)+2$의 그래프가 점 $(4, a)$를 지나므로

$a=-\log_3(4-1)+2$

$=-\log_3 3+2$

$=-1+2$

$=1$

답 ④

8 함수 $y=4^{x-1}+1$의 그래프를 x축의 방향으로 1만큼 평행이동한 그래프를 나타내는 함수는

$y=4^{(x-1)-1}+1$

즉, $y=4^{x-2}+1$

함수 $y=4^{x-2}+1$의 그래프를 직선 $y=x$에 대하여 대칭이동한 그래프를 나타내는 함수는

$x=4^{y-2}+1$

$4^{y-2}=x-1$

$y-2=\log_4(x-1)$

$y=\log_4(x-1)+2$

함수 $y=\log_4(x-1)+2$의 그래프가 x축과 만나는 점의 x좌표를 구하기 위해 $y=0$을 대입하면

$0=\log_4(x-1)+2$

$\log_4(x-1)=-2$

$x-1=4^{-2}$

따라서

$x=\frac{1}{16}+1=\frac{17}{16}$

답 ①

9 $y=\log_7(8x-1)$

$=\log_7\left\{8\left(x-\frac{1}{8}\right)\right\}$

$=\log_7\left(x-\frac{1}{8}\right)+\log_7 8$

함수 $y=\log_7\left(x-\frac{1}{8}\right)+\log_7 8$의 그래프는

함수 $y=\log_7 x$의 그래프를 x축의 방향으로 $\frac{1}{8}$만큼, y축의 방향으로 $\log_7 8$만큼 평행이동한 것이므로 점근선의 방정식은

$x=\frac{1}{8}$

직선 $x=\frac{1}{8}$이 함수 $y=\log_{\frac{1}{4}} x$의 그래프와 만나는 점의 y좌표는

$y=\log_{\frac{1}{4}}\frac{1}{8}$

$=\log_{2^{-2}} 2^{-3}$

$=\frac{3}{2}$

답 ③

10 $\log_2(x+7)<1-\log_{\frac{1}{2}}(x+1)$에서

$\log_2(x+7)<1-\log_{2^{-1}}(x+1)$

$\log_2(x+7)<1+\log_2(x+1)$

$\log_2(x+7)<\log_2 2+\log_2(x+1)$

$\log_2(x+7)<\log_2 2(x+1)$

밑 2가 1보다 크므로

$x+7<2x+2$

$x>5$ …… ㉠

또 진수의 조건으로부터

$x+7>0$이고 $x+1>0$

즉, $x>-1$ …… ㉡

㉠과 ㉡에서 $x>5$

따라서 자연수 x의 최솟값은 6이다.

답 ②

Level 2 기본 연습

본문 32~33쪽

1 ⑤	2 ⑤	3 ②	4 29	5 ①
6 ④	7 ④	8 ③		

1 x의 값의 범위에 따라 함수 $f(x)$를 구하면 다음과 같다.

(i) $x>0$일 때

함수 $y=4^x$의 그래프가 함수 $y=2^x$의 그래프보다 위쪽에 있으므로

$f(x)=4^x$

(ii) $x\le 0$일 때

함수 $y=2^x$의 그래프가 함수 $y=4^x$의 그래프보다 위쪽에 있거나 점 (0, 1)에서 만나므로

$f(x)=2^x$

(i), (ii)에서

$f(x)=\begin{cases}4^x & (x>0)\\ 2^x & (x\le 0)\end{cases}$

한편, 양수 a에 대하여

$f(a)\times f(-a)=f(0)+7$이므로

$4^a\times 2^{-a}=1+7$

$2^{2a}\times 2^{-a}=8$

$2^a=2^3$

따라서 $a=3$

답 ⑤

2 함수 $y=2^x+1$의 그래프는 함수 $y=2^x$의 그래프를 y축의 방향으로 1만큼 평행이동한 것이므로 점근선은 직선 $y=1$이다. 또 함수 $y=-\left(\frac{1}{3}\right)^x+a=-3^{-x}+a$의 그래프는 함수 $y=3^x$의 그래프를 원점에 대하여 대칭이동한 후 y축의 방향으로 a만큼 평행이동한 것이다. 그러므로 점근선은 직선 $y=a$이다.

두 점근선 $y=1$, $y=a$ 사이의 거리가 3이므로

$a=-2$ 또는 $a=4$

(i) $a=-2$일 때

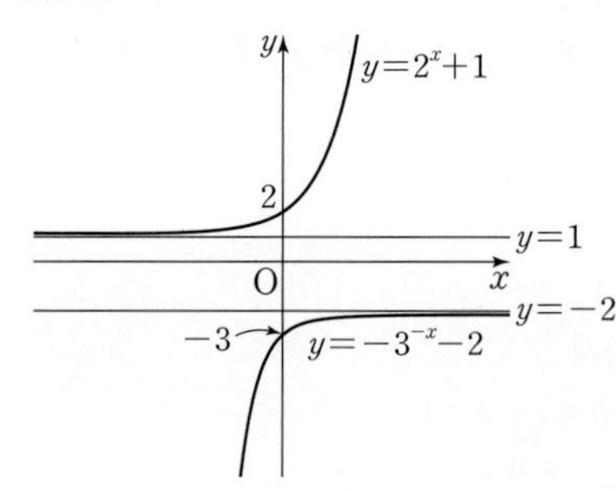

두 함수 $y=2^x+1$, $y=-\left(\frac{1}{3}\right)^x-2$의 그래프는 만나지 않는다.

(ii) $a=4$일 때

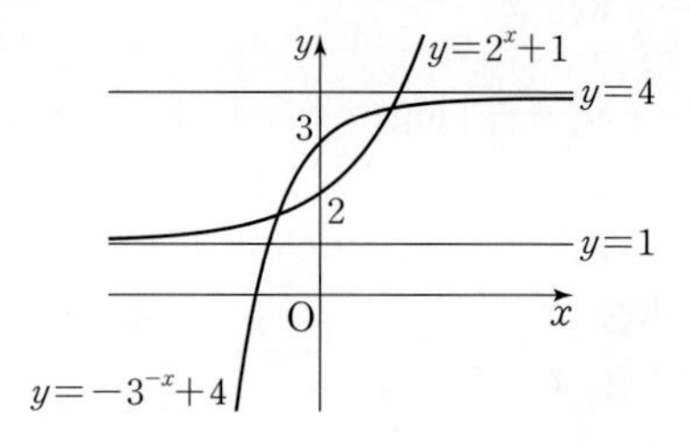

두 함수 $y=2^x+1$, $y=-\left(\frac{1}{3}\right)^x+4$의 그래프는 만난다.

(ⅰ), (ⅱ)에 의하여

$a=4$

답 ⑤

3 함수 $y=a^{x-1}+2$의 그래프는 함수 $y=a^x$의 그래프를 x축의 방향으로 1만큼, y축의 방향으로 2만큼 평행이동한 것이다.

(ⅰ) $a>1$일 때

함수 $y=a^x$은 x의 값이 증가하면 y의 값도 증가한다.

그러므로 정의역이 $\{x|2\le x\le 3\}$인 함수 $y=a^{x-1}+2$는 $x=2$에서 최솟값 $\frac{9}{4}$를 가져야 한다.

즉, $a+2=\frac{9}{4}$에서 $a=\frac{1}{4}$

이것은 $a>1$인 조건을 만족시키지 못한다.

(ⅱ) $0<a<1$일 때

함수 $y=a^x$은 x의 값이 증가하면 y의 값은 감소한다.

그러므로 정의역이 $\{x|2\le x\le 3\}$인 함수 $y=a^{x-1}+2$는 $x=3$에서 최솟값 $\frac{9}{4}$를 가져야 한다.

즉, $a^2+2=\frac{9}{4}$에서 $a^2=\frac{1}{4}$

이때 $a>0$이므로

$a=\frac{1}{2}$

이것은 $0<a<1$인 조건을 만족시킨다.

(ⅰ), (ⅱ)에서 $a=\frac{1}{2}$이므로

$y=\left(\frac{1}{2}\right)^{x-1}+2$

이 함수는 $x=2$에서 최댓값 b를 가지므로

$b=\left(\frac{1}{2}\right)^{2-1}+2=\frac{1}{2}+2=\frac{5}{2}$

따라서 $a+b=\frac{1}{2}+\frac{5}{2}=3$

답 ②

4 함수 $y=3^{x+2}+4$의 그래프는 함수 $y=3^x$의 그래프를 x축의 방향으로 -2만큼, y축의 방향으로 4만큼 평행이동한 것이다.

함수 $y=3^x$의 그래프 위의 점을 (p, q)라 하면 위의 평행이동에 의해 점 (p, q)는 점 $(p-2, q+4)$로 옮겨지고 이 점은 함수 $y=3^{x+2}+4$의 그래프 위의 점이다.

이때 두 점 (p, q), $(p-2, q+4)$를 지나는 직선의 기울기가 -2이므로

$\mathrm{A}(p, q)$, $\mathrm{B}(p-2, q+4)$

라 하면 선분 AB의 중점의 좌표는

$\left(\frac{p+(p-2)}{2}, \frac{q+(q+4)}{2}\right)$, 즉 $(p-1, q+2)$

이 중점의 좌표가 $(2, a)$이므로

$p-1=2$, $q+2=a$

$p=3$, $a=q+2$

또 점 $\mathrm{A}(3, q)$는 함수 $y=3^x$의 그래프 위의 점이므로

$q=3^3$

따라서 $a=3^3+2=29$

답 29

5 함수 $y=\log_b x$ $(b>0, b\ne 1)$의 역함수는

$y=b^x$

또 함수 $y=\frac{1}{2}x$의 역함수는 $y=2x$이다.

이때 조건 (나)에서 함수 $y=\log_b x$의 그래프가 직선 $y=\frac{1}{2}x$와 만나지 않으므로 함수 $y=b^x$의 그래프는 직선 $y=2x$와 만나지 않는다.

또 조건 (가)에서 함수 $y=a^x$ $(a>0, a\ne 1)$의 그래프와 직선 $y=2x$는 서로 다른 두 점에서 만나므로 다음과 같다.

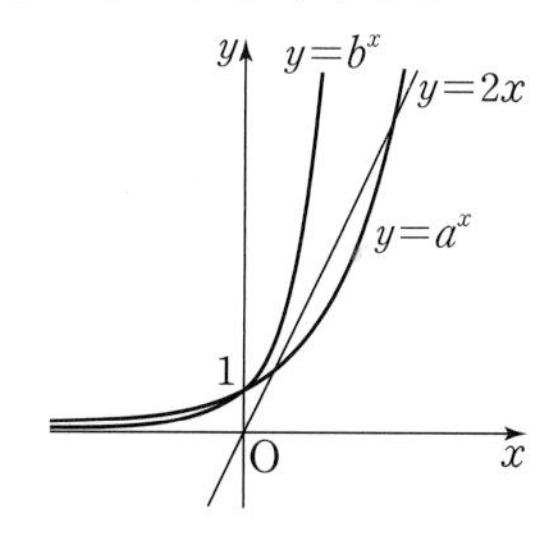

이때 $1<a<b$이므로

$0<\frac{a}{b}<1$

그러므로 함수 $y=\left(\frac{a}{b}\right)^x$은 x의 값이 증가하면 y의 값은 감소한다.

이때 정의역이 $\{x|-1\le x\le 2\}$인 함수 $y=\left(\frac{a}{b}\right)^x$은 $x=-1$에서 최댓값 2를 가지므로

$\left(\frac{a}{b}\right)^{-1}=2$

$\frac{a}{b}=\frac{1}{2}$

함수 $y=\left(\frac{a}{b}\right)^x$은 $x=2$에서 최솟값을 가지므로 구하는 최솟값은

$\left(\frac{a}{b}\right)^2=\left(\frac{1}{2}\right)^2=\frac{1}{4}$

답 ①

6 $y=-|x|+k$

$=\begin{cases}-x+k & (x\ge 0)\\ x+k & (x<0)\end{cases}$

한편, 두 함수 $y=2^x$, $y=\log_2 x$는 서로 역함수이므로 두 함수 $y=2^x$, $y=\log_2 x$의 그래프는 직선 $y=x$에 대하여 대칭이다.

그러므로 기울기가 -1인 직선 $y=-x+k$와 두 함수 $y=2^x$, $y=\log_2 x$의 그래프가 만나는 두 점 A, B는 직선 $y=x$에 대하여 대칭이다.

그러므로 $\mathrm{A}(p, q)$라 하면 $\mathrm{B}(q, p)$

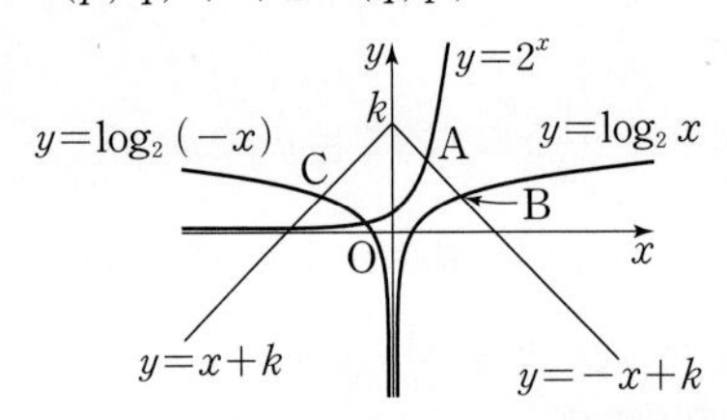

또 두 직선 $y=-x+k$, $y=x+k$는 y축에 대하여 대칭이고 두 함수 $y=\log_2 x$, $y=\log_2(-x)$의 그래프도 y축에 대하여 대칭이므로 두 점 B, C는 y축에 대하여 대칭이다.

그러므로 $\mathrm{C}(-q, p)$

이때 삼각형 ABC의 무게중심의 좌표가 $\left(\frac{2}{3}, a\right)$이므로

$\frac{p+q+(-q)}{3}=\frac{2}{3}$ …… ㉠

$\frac{q+p+p}{3}=a$ …… ㉡

㉠에서 $p=2$이고 $q=2^p=2^2=4$이므로 ㉡에서

$a=\frac{4+2+2}{3}=\frac{8}{3}$

또 점 $\mathrm{A}(2, 4)$가 직선 $y=-x+k$ 위에 있으므로

$4=-2+k$

$k=6$

따라서 $k+a=6+\frac{8}{3}=\frac{26}{3}$

답 ④

7 $\log_2 2x=\log_2 x+\log_2 2=\log_2 x+1$이므로 함수 $y=\log_2 2x$의 그래프는 함수 $y=\log_2 x$의 그래프를 y축의 방향으로 1만큼 평행이동한 것이다. 이때 점근선은 y축이다.

한편, $a<0$이고 $\overline{\mathrm{PR}}=\overline{\mathrm{QR}}$이므로 함수 $y=\log_2(ax+b)$의 그래프는 그림과 같이 점근선이 직선 $x=4$이어야 한다.

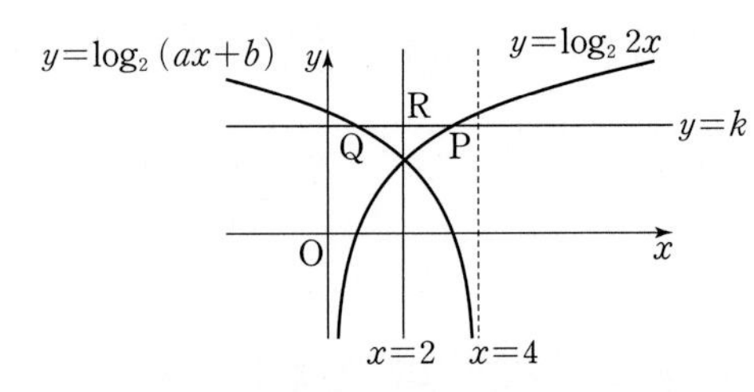

그러므로 함수 $y=\log_2(ax+b)$ $(a<0)$의 그래프는 함수 $y=\log_2 x+1$의 그래프를 y축에 대하여 대칭이동한 후 x축의 방향으로 4만큼 평행이동하면 된다.

이때 함수 $y=\log_2 x+1$의 그래프를 y축에 대하여 대칭이동한 그래프를 나타내는 함수는 $y=\log_2(-x)+1$이고 이 그래프를 x축의 방향으로 4만큼 평행이동한 그래프를 나타내는 함수는 $y=\log_2\{-(x-4)\}+1$이다. 즉,

$\log_2(ax+b)=\log_2\{-(x-4)\}+1$

$=\log_2(-x+4)+1$

$=\log_2\{2\times(-x+4)\}$

$=\log_2(-2x+8)$

따라서 $a=-2$, $b=8$이므로

$ab=(-2)\times 8=-16$

답 ④

8 점 C의 x좌표를 p라 하면

$\mathrm{C}(p, 4^{p+1})$

이때 세 점 A, B, C의 y좌표가 각각 $6\sqrt{2}$, 0, 4^{p+1}이고 $\overline{\mathrm{AC}}:\overline{\mathrm{CB}}=1:2$이므로

$\frac{1\times 0+2\times 6\sqrt{2}}{1+2}=4^{p+1}$

$4^{p+1}=4\sqrt{2}$

$(2^2)^{p+1}=2^{2+\frac{1}{2}}$

$2^{2p+2}=2^{\frac{5}{2}}$

$2p+2=\frac{5}{2}$

$2p=\frac{1}{2}$

따라서 $p=\frac{1}{4}$

답 ③

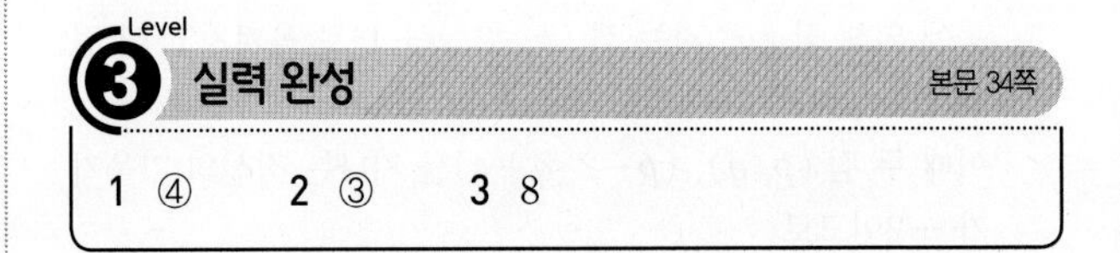

1 두 함수 $y=2^x$, $y=-2^{-x}$의 그래프는 원점에 대하여 대칭이므로 두 점 Q, R도 원점에 대하여 대칭이다.
또 $\overline{PQ}:\overline{QR}=3:2$이므로 점 Q의 x좌표를 a $(a>0)$으로 놓으면
Q$(a, 2^a)$, R$(-a, -2^a)$, P$(4a, 2^{4a})$

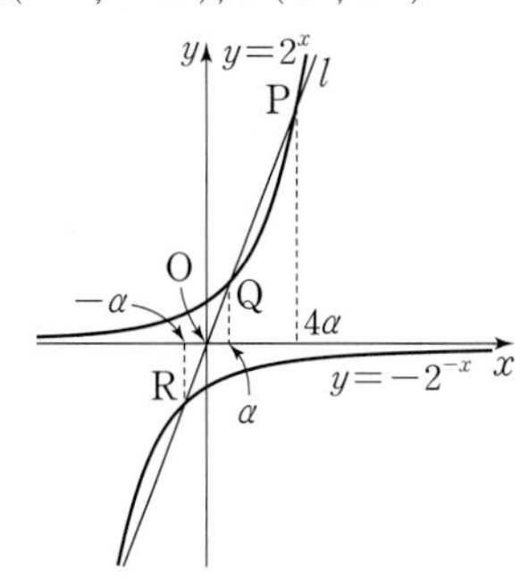

직선 OQ와 직선 OP의 기울기가 서로 같으므로

$\frac{2^a-0}{a-0}=\frac{2^{4a}-0}{4a-0}$

$a>0$이므로

$2^a\times4=2^{4a}$

$2^{a+2}=2^{4a}$

$4a=a+2$

따라서 $a=\frac{2}{3}$

답 ④

2 점 A의 좌표를 $(a, \log_2 a)$ $(a>1)$이라 하면 점 B의 y좌표는 $\log_2 a$이므로 점 B의 x좌표는

$\log_{\frac{1}{2}}(-x)=\log_2 a$에서

$-\log_2(-x)=\log_2 a$

$\log_2\left(-\frac{1}{x}\right)=\log_2 a$

$-\frac{1}{x}=a$

$x=-\frac{1}{a}$

그러므로 점 B의 좌표는

$\left(-\frac{1}{a}, \log_2 a\right)$

한편, 함수 $y=\log_{\frac{1}{2}}(-x)$는

$y=\log_{\frac{1}{2}}(-x)=-\log_2(-x)$이므로 함수

$y=\log_{\frac{1}{2}}(-x)$의 그래프는 함수 $y=\log_2 x$의 그래프를 원점에 대하여 대칭이동한 것이다.

그러므로 원점 O는 선분 BC의 중점이다.
이때 삼각형 ABC가 $\overline{AB}=\overline{AC}$인 이등변삼각형이므로

$\overline{OA}\perp\overline{OB}$

두 직선 OA, OB가 서로 수직이므로

$\frac{\log_2 a}{a}\times\frac{\log_2 a}{-\frac{1}{a}}=-1$

$(\log_2 a)^2=1$

$\log_2 a=1$ 또는 $\log_2 a=-1$

$a=2$ 또는 $a=\frac{1}{2}$

이때 $a>1$이므로

$a=2$

따라서 A$(2, 1)$, B$\left(-\frac{1}{2}, 1\right)$이므로 삼각형 ABC의 넓이는

$\frac{1}{2}\times\overline{BC}\times\overline{OA}$

$=\frac{1}{2}\times2\overline{OB}\times\overline{OA}$

$=\sqrt{\left(-\frac{1}{2}\right)^2+1^2}\times\sqrt{2^2+1^2}$

$=\frac{\sqrt{5}}{2}\times\sqrt{5}$

$=\frac{5}{2}$

답 ③

3 $x\le0$일 때, 함수 $y=|2^{x+3}-3|$의 그래프는 함수 $y=2^x$의 그래프를 x축의 방향으로 -3만큼, y축의 방향으로 -3만큼 평행이동한 후 x축의 아랫부분의 그래프를 x축에 대하여 대칭이동한 것이다. 이때 함수 $y=2^{x+3}-3$의 그래프의 점근선은 직선 $y=-3$이므로 함수 $y=|2^{x+3}-3|$의 그래프의 점근선은 직선

$y=3$ …… ㉠

또 $x=0$일 때, $y=|2^3-3|=5$이므로
함수 $y=|2^{x+3}-3|$ $(x\le0)$의 그래프는 다음 그림과 같다.

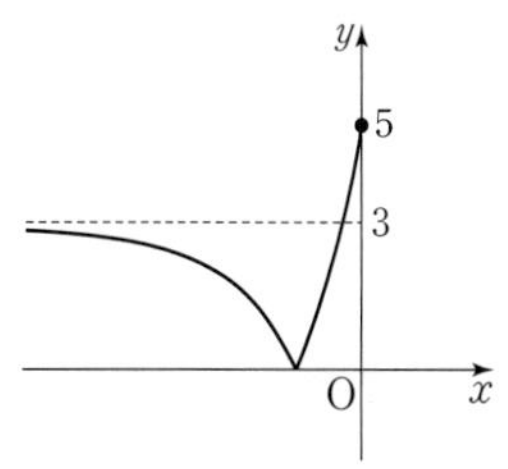

한편, $3^{-x+2}-n=3^{-(x-2)}-n$이므로 $x>0$일 때,
함수 $y=3^{-x+2}-n$의 그래프는 함수 $y=3^x$의 그래프를 y축에 대하여 대칭이동한 후 x축의 방향으로 2만큼, y축의 방향으로 $-n$만큼 평행이동한 것이다.

이때 함수 $y=3^{-(x-2)}-n$의 그래프의 점근선은 직선

$y=-n$ ...... ㉡

또 $x=0$일 때, $y=9-n$이므로 함수 $y=3^{-(x-2)}-n$의 그래프는 점 $(0, 9-n)$을 지난다.

한편, 방정식 $f(x)=t$의 실근은 함수 $y=f(x)$의 그래프와 직선 $y=t$의 교점의 x좌표이다.

이때 ㉠, ㉡과 함수 $y=|2^{x+3}-3|$의 그래프가 y축과 만나는 점 $(0, 5)$를 이용하여 함수 $y=f(x)$의 그래프를 그리면 다음과 같다.

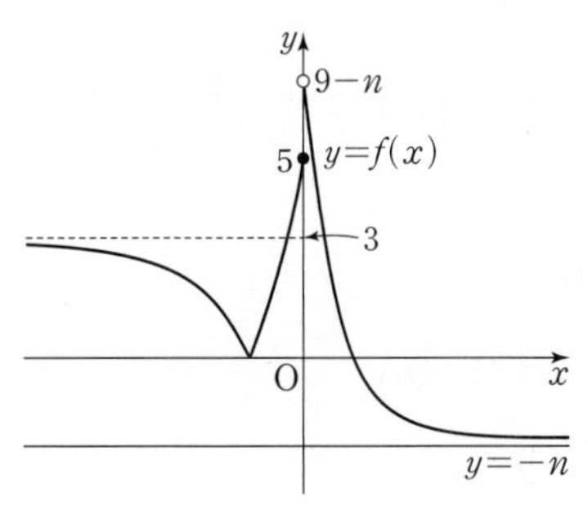

그러므로 조건을 만족시키기 위해서는 $9-n>0$이어야 한다.

즉, $n<9$

따라서 조건을 만족시키는 모든 자연수 n의 값은 1, 2, 3, …, 8이고 그 개수는 8이다.

답 8

03 삼각함수

유제

본문 37~45쪽

1 6	2 ④	3 ②	4 4	5 3
6 12	7 ⑤	8 ②	9 2	10 ①

1 주어진 조건을 만족시키는 부채꼴 OAB는 그림의 색칠한 부분과 같다.

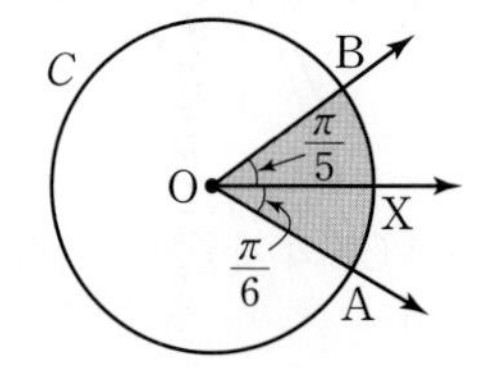

부채꼴 OAB의 중심각의 크기는

$\frac{\pi}{5}+\frac{\pi}{6}=\frac{11}{30}\pi$

반지름의 길이를 r $(r>0)$이라 하면 부채꼴 OAB의 넓이가 $\frac{33}{5}\pi$이므로

$\frac{1}{2}\times r^2\times\frac{11}{30}\pi=\frac{33}{5}\pi$

$r^2=36$

따라서 $r=6$

답 6

2 세 호 OA, OB, AB의 길이를 각각 l_1, l_2, l_3이라 하자.

부채꼴 OAB의 반지름의 길이가 3, 즉 $\overline{OA}=\overline{OB}=3$이므로

$l_1=l_2=\frac{3}{2}\times\pi=\frac{3}{2}\pi$

세 호 OA, OB, AB로 둘러싸인 도형의 둘레의 길이가 $\frac{14}{3}\pi$이므로

$l_1+l_2+l_3=\frac{3}{2}\pi+\frac{3}{2}\pi+l_3=\frac{14}{3}\pi$

$l_3=\frac{5}{3}\pi$

따라서 부채꼴 OAB의 넓이를 S라 하면

$S=\frac{1}{2}\times 3\times\frac{5}{3}\pi=\frac{5}{2}\pi$

답 ④

3 $\sin\theta=\frac{3}{5}>0$이므로 각 θ는 제1사분면 또는 제2사분면의 각이다.

각 θ가 제1사분면의 각이면

$\cos\theta>0$, $\tan\theta>0$에서 $\cos\theta+\tan\theta>0$이고,

각 θ가 제2사분면의 각이면

$\cos\theta<0$, $\tan\theta<0$에서 $\cos\theta+\tan\theta<0$이다.

이때 $\cos\theta+\tan\theta<0$이므로 각 θ는 제2사분면의 각이고

$$\cos\theta=-\sqrt{1-\sin^2\theta}=-\sqrt{1-\left(\frac{3}{5}\right)^2}=-\frac{4}{5}$$

$$\tan\theta=\frac{\sin\theta}{\cos\theta}=\frac{\frac{3}{5}}{-\frac{4}{5}}=-\frac{3}{4}$$

따라서

$$\cos\theta-\tan\theta=-\frac{4}{5}-\left(-\frac{3}{4}\right)=-\frac{1}{20}$$

답 ②

4 $\sin\theta-\cos\theta=\frac{\sqrt{2}}{2}$의 양변을 제곱하면

$$(\sin^2\theta+\cos^2\theta)-2\sin\theta\cos\theta=\frac{1}{2}$$

$$1-2\sin\theta\cos\theta=\frac{1}{2}$$

$$\sin\theta\cos\theta=\frac{1}{4}$$

따라서

$$\begin{aligned}\tan\theta+\frac{1}{\tan\theta}&=\frac{\sin\theta}{\cos\theta}+\frac{\cos\theta}{\sin\theta}\\&=\frac{\sin^2\theta+\cos^2\theta}{\sin\theta\cos\theta}\\&=\frac{1}{\frac{1}{4}}\\&=4\end{aligned}$$

답 4

5 $b>0$이고 함수 $y=a\cos bx+ab$의 주기가 π이므로

$\frac{2\pi}{b}=\pi$에서 $b=2$

함수 $y=a\cos 2x+2a$의 최댓값이 3이고 $a>0$이므로

$|a|+2a=a+2a=3a=3$

$a=1$

따라서

$a+b=1+2=3$

답 3

6 $f(x)=a\tan 2x+b$라 하면 함수 $y=f(x)$의 그래프가 점 $\left(\frac{\pi}{3}, 0\right)$을 지나므로

$$\begin{aligned}f\left(\frac{\pi}{3}\right)&=a\tan\frac{2}{3}\pi+b\\&=-\sqrt{3}a+b=0\end{aligned}$$

$b=\sqrt{3}a$

또한 함수 $y=f(x)$의 그래프가 점 $\left(\frac{\pi}{2}, 3\right)$을 지나므로

$$\begin{aligned}f\left(\frac{\pi}{2}\right)&=a\tan\pi+b\\&=a\times 0+b\\&=b=3\end{aligned}$$

따라서

$$a=\frac{b}{\sqrt{3}}=\frac{3}{\sqrt{3}}=\sqrt{3}$$

이므로

$a^2+b^2=(\sqrt{3})^2+3^2=12$

답 12

7 $\sin(\pi-\theta)=\frac{3}{5}$에서 $\sin\theta=\frac{3}{5}$

이때 $\sin\theta>0$, $\tan\theta<0$에서 각 θ는 제2사분면의 각이므로

$$\begin{aligned}\cos\theta&=-\sqrt{1-\sin^2\theta}\\&=-\sqrt{1-\left(\frac{3}{5}\right)^2}\\&=-\frac{4}{5}\end{aligned}$$

따라서

$$\begin{aligned}\sin\left(\frac{3}{2}\pi+\theta\right)&=\sin\left\{\pi+\left(\frac{\pi}{2}+\theta\right)\right\}\\&=-\sin\left(\frac{\pi}{2}+\theta\right)\\&=-\cos\theta\\&=-\left(-\frac{4}{5}\right)\\&=\frac{4}{5}\end{aligned}$$

답 ⑤

8 이차방정식 $x^2+2x\tan\left(\frac{\pi}{2}+\theta\right)+\tan(\pi+\theta)=0$의 두 근이 α, β이므로 이차방정식의 근과 계수의 관계에 의하여

$\alpha+\beta=-2\tan\left(\frac{\pi}{2}+\theta\right)$

$=-2\times\frac{\sin\left(\frac{\pi}{2}+\theta\right)}{\cos\left(\frac{\pi}{2}+\theta\right)}$

$=-2\times\frac{\cos\theta}{-\sin\theta}$

$=\frac{2}{\tan\theta}$

$\alpha\beta=\tan(\pi+\theta)=\tan\theta$

이때 $(4\alpha-1)(4\beta-1)=1$에서

$16\alpha\beta-4\alpha-4\beta+1=1$

$4\alpha\beta=\alpha+\beta$이므로

$4\tan\theta=\frac{2}{\tan\theta}$

따라서

$\tan^2\theta=\frac{1}{2}$

답 ②

9 x에 대한 이차방정식 $2x^2+(2\sin\theta)x+\sin\theta\cos\theta=0$이 중근을 가지므로 이 이차방정식의 판별식을 D라 하면 $D=0$이어야 한다.

$\frac{D}{4}=\sin^2\theta-2\sin\theta\cos\theta=\sin\theta(\sin\theta-2\cos\theta)=0$

이때 $0<\theta<\frac{\pi}{2}$에서 $\sin\theta\neq0$, $\cos\theta\neq0$이므로

$\sin\theta=2\cos\theta$

따라서

$\tan\theta=\frac{\sin\theta}{\cos\theta}$

$=\frac{2\cos\theta}{\cos\theta}$

$=2$

답 2

10 $\cos^2 x+\left(2+\frac{\sqrt{2}}{2}\right)\sin x>1+\sqrt{2}$에서

$(1-\sin^2 x)+\left(2+\frac{\sqrt{2}}{2}\right)\sin x>1+\sqrt{2}$

$\sin^2 x-\left(2+\frac{\sqrt{2}}{2}\right)\sin x+\sqrt{2}<0$

$(\sin x-2)\left(\sin x-\frac{\sqrt{2}}{2}\right)<0$

이때 $0\leq x<2\pi$에서 $\sin x-2<0$이므로

$\sin x-\frac{\sqrt{2}}{2}>0$

$\sin x>\frac{\sqrt{2}}{2}$

이 부등식의 해는 함수 $y=\sin x$ $(0\leq x<2\pi)$의 그래프가 직선 $y=\frac{\sqrt{2}}{2}$보다 위쪽에 있는 x의 값의 범위이므로

$\frac{\pi}{4}<x<\frac{3}{4}\pi$

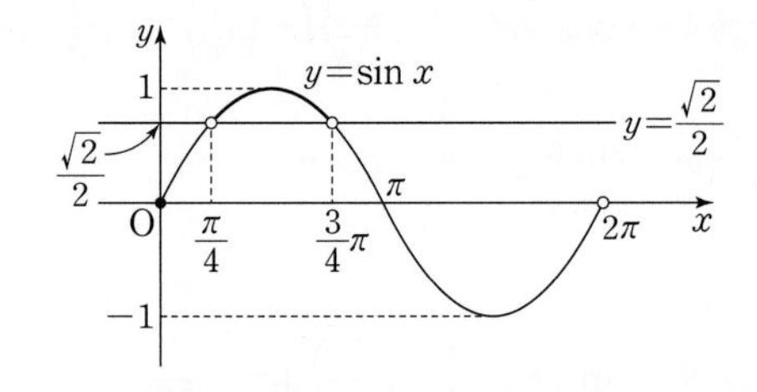

따라서 $\alpha=\frac{\pi}{4}$, $\beta=\frac{3}{4}\pi$이므로

$\beta-\alpha=\frac{3}{4}\pi-\frac{\pi}{4}=\frac{\pi}{2}$

답 ①

Level 1 기초 연습

본문 46~47쪽

1 4	2 ③	3 ①	4 ③	5 ③
6 ③	7 ④	8 ⑤	9 ②	

1 $400°=a\pi$, $320°=b\pi$이므로

$400°+320°=a\pi+b\pi$

$(a+b)\pi=720°$

$a+b=\frac{720}{\pi}\times1°$

$=\frac{720}{\pi}\times\frac{\pi}{180}$

$=4$

답 4

참고

$a=\frac{400}{\pi}\times1°=\frac{400}{\pi}\times\frac{\pi}{180}=\frac{20}{9}$

$b=\frac{320}{\pi}\times1°=\frac{320}{\pi}\times\frac{\pi}{180}=\frac{16}{9}$

2 부채꼴 OAB의 중심각의 크기가 $\frac{\pi}{3}$이고 반지름의 길이가 4이므로 직각삼각형 OAC에서

$\cos\frac{\pi}{3}=\frac{\overline{OA}}{\overline{OC}}$

$\overline{OC}=\frac{\overline{OA}}{\cos\frac{\pi}{3}}=\frac{4}{\frac{1}{2}}=8$

두 호 AB, CD와 두 선분 AD, BC로 둘러싸인 도형의 넓이를 S라 하면 S는 부채꼴 ODC의 넓이에서 부채꼴 OAB의 넓이를 뺀 것이다.

따라서

$S=\frac{1}{2}\times\overline{OC}^2\times\frac{\pi}{3}-\frac{1}{2}\times\overline{OA}^2\times\frac{\pi}{3}$

$=\frac{1}{2}\times8^2\times\frac{\pi}{3}-\frac{1}{2}\times4^2\times\frac{\pi}{3}$

$=8\pi$

답 ③

3

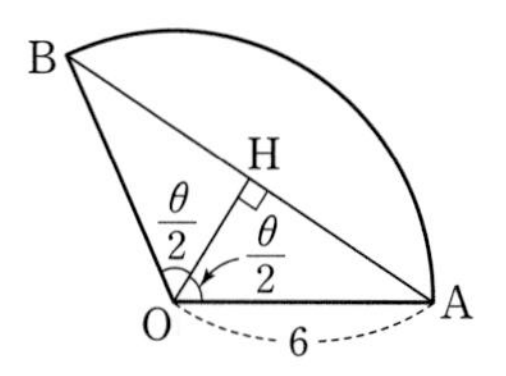

부채꼴 OAB의 중심각의 크기를 θ, 호 AB의 길이를 l이라 하면 부채꼴 OAB의 반지름의 길이가 6이므로

$l=6\theta$

부채꼴 OAB의 둘레의 길이가 24이므로

$\overline{OA}+\overline{OB}+\widehat{AB}=24$에서

$6+6+6\theta=24$

$\theta=2$

점 O에서 선분 AB에 내린 수선의 발을 H라 하면 삼각형 OAB가 $\overline{OA}=\overline{OB}$인 이등변삼각형이므로

$\angle AOH=\angle BOH=\frac{1}{2}\times(\angle AOB)=\frac{\theta}{2}$

직각삼각형 OAH에서

$\overline{AH}=\overline{OA}\sin\frac{\theta}{2}=6\sin 1$

따라서

$\overline{AB}=2\overline{AH}=2\times6\sin1=12\sin1$

답 ①

4 $\sin\theta+\cos\theta=\frac{1}{3}$의 양변을 제곱하면

$(\sin^2\theta+\cos^2\theta)+2\sin\theta\cos\theta=\frac{1}{9}$

$1+2\sin\theta\cos\theta=\frac{1}{9}$

$\sin\theta\cos\theta=-\frac{4}{9}$

따라서

$\sin^4\theta+\cos^4\theta=(\sin^2\theta+\cos^2\theta)^2-2(\sin\theta\cos\theta)^2$

$=1^2-2\times\left(-\frac{4}{9}\right)^2$

$=\frac{49}{81}$

답 ③

5 $\sin\frac{\pi}{6}=\frac{1}{2}$

$\cos\frac{2}{3}\pi=\cos\left(\pi-\frac{\pi}{3}\right)=-\cos\frac{\pi}{3}=-\frac{1}{2}$

$\tan\frac{7}{6}\pi=\tan\left(\pi+\frac{\pi}{6}\right)=\tan\frac{\pi}{6}=\frac{1}{\sqrt{3}}=\frac{\sqrt{3}}{3}$

따라서

$\sin\frac{\pi}{6}\times\cos\frac{2}{3}\pi\times\tan\frac{7}{6}\pi$

$=\frac{1}{2}\times\left(-\frac{1}{2}\right)\times\frac{\sqrt{3}}{3}$

$=-\frac{\sqrt{3}}{12}$

답 ③

6 ㄱ. $f(x)=3\tan(\pi+2x)-1=3\tan 2x-1$
이므로

$f\left(\frac{\pi}{8}\right)=3\tan\frac{\pi}{4}-1=3\times1-1=2$ (참)

ㄴ. 함수 $f(x)=3\tan 2x-1$의 주기는 $\frac{\pi}{2}$이다. (거짓)

ㄷ. 함수 $y=f(x)$의 그래프는 함수 $y=3\tan 2x$의 그래프를 y축의 방향으로 -1만큼 평행이동한 것이다.

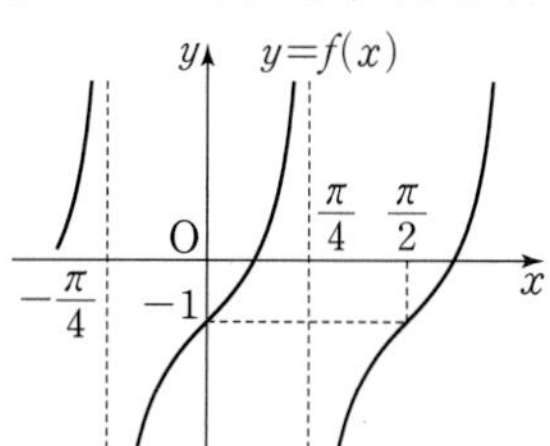

이때 함수 $y=3\tan 2x$의 그래프는 원점에 대하여 대칭이므로 함수 $y=f(x)$의 그래프는 점 $(0,\ -1)$에 대하여 대칭이다. (참)

이상에서 옳은 것은 ㄱ, ㄷ이다.

답 ③

7 $\sin\left(\frac{\pi}{2}-\frac{\pi}{7}\right)=\cos\frac{\pi}{7}$

$\sin\left(\pi-\frac{\pi}{7}\right)=\sin\frac{\pi}{7}$

$\cos\left(\frac{\pi}{2}-\frac{\pi}{7}\right)=\sin\frac{\pi}{7}$

$\cos\left(\pi-\frac{\pi}{7}\right)=-\cos\frac{\pi}{7}$

따라서

$$\left\{\sin\left(\frac{\pi}{2}-\frac{\pi}{7}\right)+\sin\left(\pi-\frac{\pi}{7}\right)\right\}^2+\left\{\cos\left(\frac{\pi}{2}-\frac{\pi}{7}\right)+\cos\left(\pi-\frac{\pi}{7}\right)\right\}^2$$
$$=\left(\cos\frac{\pi}{7}+\sin\frac{\pi}{7}\right)^2+\left(\sin\frac{\pi}{7}-\cos\frac{\pi}{7}\right)^2$$
$$=\left(\cos^2\frac{\pi}{7}+2\cos\frac{\pi}{7}\sin\frac{\pi}{7}+\sin^2\frac{\pi}{7}\right)+\left(\sin^2\frac{\pi}{7}-2\cos\frac{\pi}{7}\sin\frac{\pi}{7}+\cos^2\frac{\pi}{7}\right)$$
$$=2\left(\cos^2\frac{\pi}{7}+\sin^2\frac{\pi}{7}\right)$$
$$=2\times1$$
$$=2$$

답 ④

8 $\log_2 \sin x+\log_2(6\sin x-1)=0$ ...... ㉠

진수의 조건에서

$\sin x>0,\ 6\sin x-1>0$

즉, $\sin x>\frac{1}{6}$

방정식 ㉠에서

$\log_2 \sin x(6\sin x-1)=0$

$\sin x(6\sin x-1)=1$

$6\sin^2 x-\sin x-1=0$

$(2\sin x-1)(3\sin x+1)=0$

이때 $\sin x>\frac{1}{6}$에서 $3\sin x+1>\frac{3}{2}$이므로

$2\sin x=1$

$\sin x=\frac{1}{2}$

$0\le x<2\pi$에서 방정식 $\sin x=\frac{1}{2}$의 해는 함수 $y=\sin x$의 그래프와 직선 $y=\frac{1}{2}$이 만나는 점의 x좌표이므로 $x=\frac{\pi}{6}$ 또는 $x=\frac{5}{6}\pi$이다.

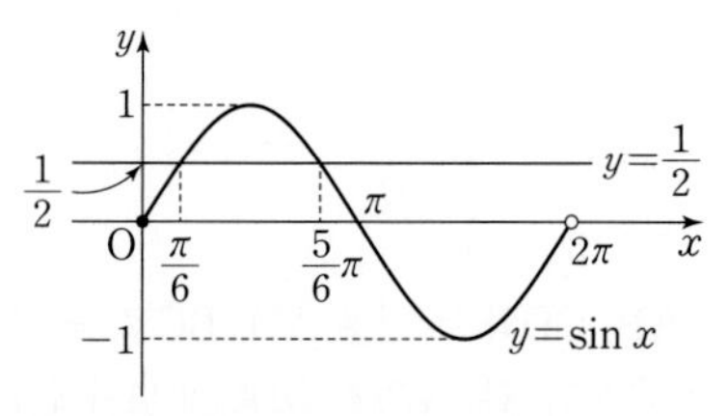

따라서 구하는 모든 실수 x의 값의 곱은

$\frac{\pi}{6}\times\frac{5}{6}\pi=\frac{5}{36}\pi^2$

답 ⑤

9 $f(x)=2\sin^2 x+\cos x-1$

$=2(1-\cos^2 x)+\cos x-1$

$=-2\cos^2 x+\cos x+1$

에서 $\cos x=t$라 하면 $-1\le t\le 1$이고

$f(x)=-2t^2+t+1$

$=-2\left(t-\frac{1}{4}\right)^2+\frac{9}{8}\ (-1\le t\le 1)$

이때 $g(t)=-2\left(t-\frac{1}{4}\right)^2+\frac{9}{8}\ (-1\le t\le 1)$이라 하면

함수 $g(t)$는 $t=\frac{1}{4}$일 때 최댓값 $\frac{9}{8}$를 갖고,

$t=-1$일 때 최솟값 -2를 갖는다.

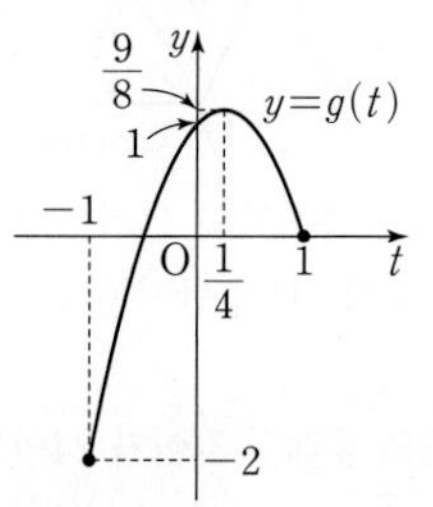

따라서 $M=\frac{9}{8},\ m=-2$이므로

$M-m=\frac{9}{8}-(-2)=\frac{25}{8}$

답 ②

Level 2 기본 연습

본문 48~50쪽

1 ②	2 ③	3 ⑤	4 ④	5 ①
6 ④	7 ②	8 ②	9 ②	10 30
11 8	12 ②			

1 n이 두 자리의 자연수, 즉 $10 \le n < 100$이므로

$\frac{\pi}{2} < \frac{50}{n}\pi \le 5\pi$

이때 $\frac{50}{n}\pi$가 제2사분면의 각이려면

$\frac{\pi}{2} < \frac{50}{n}\pi < \pi$ 또는 $\frac{5}{2}\pi < \frac{50}{n}\pi < 3\pi$ 또는

$\frac{9}{2}\pi < \frac{50}{n}\pi < 5\pi$

이어야 한다.

$\frac{\pi}{2} < \frac{50}{n}\pi < \pi$에서 $50 < n < 100$이므로

n의 값은 51, 52, 53, ⋯, 99이고 그 개수는 49이다.

$\frac{5}{2}\pi < \frac{50}{n}\pi < 3\pi$에서 $\frac{50}{3} < n < 20$이므로

n의 값은 17, 18, 19이고 그 개수는 3이다.

$\frac{9}{2}\pi < \frac{50}{n}\pi < 5\pi$에서 $10 < n < \frac{100}{9}$이므로

n의 값은 11이고 그 개수는 1이다.

따라서 구하는 두 자리의 자연수 n의 개수는

$49+3+1=53$

답 ②

2

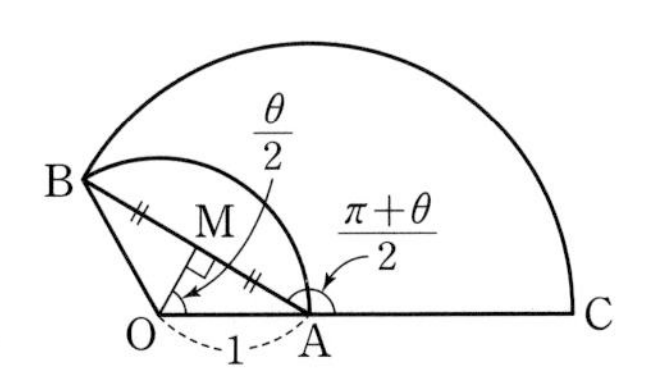

선분 AB는 중심이 O이고 반지름의 길이가 $\overline{OA}$인 원의 현이므로 점 O에서 선분 AB에 내린 수선의 발을 M이라 하면 직선 OM은 선분 AB를 수직이등분한다.

즉, $\angle AOM = \frac{1}{2} \times (\angle AOB) = \frac{\theta}{2}$, $\angle AMO = \frac{\pi}{2}$이므로

직각삼각형 OAM에서

$\overline{AM} = \overline{OA} \sin\frac{\theta}{2}$

$= 1 \times \sin\frac{\theta}{2}$

$= \sin\frac{\theta}{2}$

$\overline{AC} = \overline{AB} = 2\overline{AM} = 2\sin\frac{\theta}{2}$

이때

$\angle BAC = \angle AMO + \angle AOM$

$= \frac{\pi}{2} + \frac{\theta}{2} = \frac{\pi+\theta}{2}$

이므로 부채꼴 ACB의 넓이를 S라 하면

$S = \frac{1}{2} \times \overline{AB}^2 \times \frac{\pi+\theta}{2}$

$= \frac{1}{2} \times \left(2\sin\frac{\theta}{2}\right)^2 \times \frac{\pi+\theta}{2}$

$= (\pi+\theta)\sin^2\frac{\theta}{2}$

이때 $S = \frac{3}{4}(\pi+\theta)$이므로

$(\pi+\theta)\sin^2\frac{\theta}{2} = \frac{3}{4}(\pi+\theta)$에서

$\sin^2\frac{\theta}{2} = \frac{3}{4}$

$\frac{\pi}{2} < \theta < \pi$에서 $\frac{\pi}{4} < \frac{\theta}{2} < \frac{\pi}{2}$이고 $\sin\frac{\theta}{2} > 0$이므로

$\sin\frac{\theta}{2} = \frac{\sqrt{3}}{2}$

$\frac{\theta}{2} = \frac{\pi}{3}$

$\theta = \frac{2}{3}\pi$

따라서

$\sin\theta\cos\theta = \sin\frac{2}{3}\pi\cos\frac{2}{3}\pi$

$= \frac{\sqrt{3}}{2} \times \left(-\frac{1}{2}\right)$

$= -\frac{\sqrt{3}}{4}$

답 ③

3

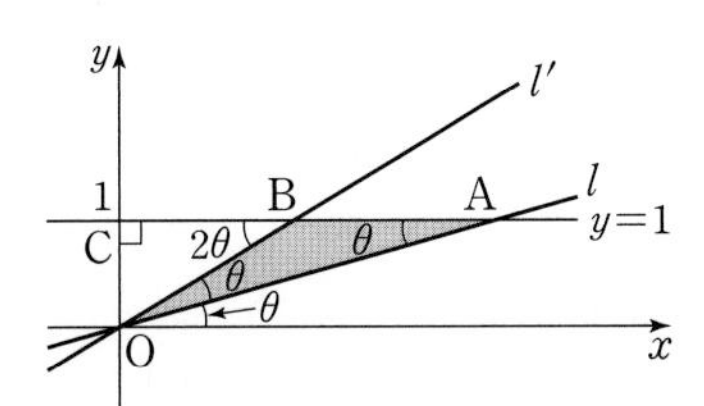

C(0, 1)이라 하면 두 직선 l, l'이 x축의 양의 방향과 이루는 각의 크기가 각각 θ, 2θ이므로 평행선의 성질에 의하여

$\angle OAC = \theta$, $\angle OBC = 2\theta$

$\angle BOA = \angle OAB = \theta$에서 삼각형 OAB는 $\overline{OB} = \overline{AB}$인 이등변삼각형이다.

한편, 삼각형 OAB의 넓이를 S라 하면

$S = \frac{1}{2} \times \overline{AB} \times \overline{OC} = \frac{1}{2} \times \overline{AB} \times 1 = \frac{1}{2}\overline{AB}$

이때 $S=1$이므로

$\frac{1}{2}\overline{AB} = 1$에서

$\overline{AB} = \overline{OB} = 2$

직각삼각형 OBC에서

$\sin 2\theta=\frac{\overline{OC}}{\overline{OB}}=\frac{1}{2}$

이때 $0<\theta<\frac{\pi}{4}$, 즉 $0<2\theta<\frac{\pi}{2}$이므로 $\sin 2\theta=\frac{1}{2}$에서

$2\theta=\frac{\pi}{6}$

$\theta=\frac{\pi}{12}$

따라서

$\sin 6\theta=\sin\left(6\times\frac{\pi}{12}\right)=\sin\frac{\pi}{2}=1$

답 ⑤

4 자연수 n에 대하여 함수 $f(x)=\sin\frac{\pi}{n}x$의 주기는

$\frac{2\pi}{\frac{\pi}{n}}=2n$, 즉 2의 배수이다.

이때 모든 실수 x에 대하여 $f(x+20)=f(x)$가 성립하려면 함수 $f(x)$의 주기가 20의 약수이어야 한다.

따라서 $2n$이 20의 약수가 되도록 하는 자연수 n의 값은

1, 2, 5, 10

이므로 n의 값의 합은

$1+2+5+10=18$

답 ④

5 함수 $y=\tan\frac{\pi}{4}x$의 주기는 $\frac{\pi}{\frac{\pi}{4}}=4$이므로

함수 $y=\tan\frac{\pi}{4}x$의 그래프는 그림과 같다.

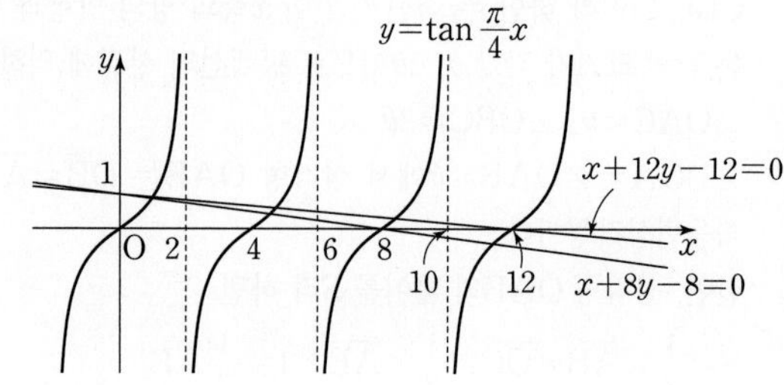

직선 $x+ny-n=0$에서

$x+n(y-1)=0$

이므로 직선 $x+ny-n=0$은 n의 값에 관계없이 항상 점 $(0, 1)$을 지난다.

이때 직선 $x+ny-n=0$은 점 $(n, 0)$을 지나므로 직선 $x+ny-n=0$과 함수 $y=\tan\frac{\pi}{4}x$의 그래프가 제1사분면에서 만나는 점의 개수가 3이려면 $8<n\le 12$이어야 한다.

따라서 구하는 자연수 n의 값은 9, 10, 11, 12이므로 그 합은

$9+10+11+12=42$

답 ①

6 $\frac{\pi}{6}<x<\frac{7}{6}\pi$에서 방정식 $|f(x)|=4$의 근, 즉 함수 $y=|f(x)|$의 그래프와 직선 $y=4$가 만나는 점의 x좌표를 α라 하면

$\alpha-\frac{\pi}{6}=2\left(\frac{7}{6}\pi-\alpha\right)$

이므로 $\alpha=\frac{5}{6}\pi$

따라서 함수 $f(x)$의 주기는

$\alpha-\frac{\pi}{6}=\frac{5}{6}\pi-\frac{\pi}{6}=\frac{2}{3}\pi$

함수 $f(x)=a\sin bx+c$의 주기는 $\frac{2\pi}{|b|}$이므로

$\frac{2\pi}{|b|}=\frac{2}{3}\pi$

$|b|=3$

한편, $|f(0)|=1$에서 $|c|=1$, 즉 $c=-1$ 또는 $c=1$

(i) $c=-1$일 때

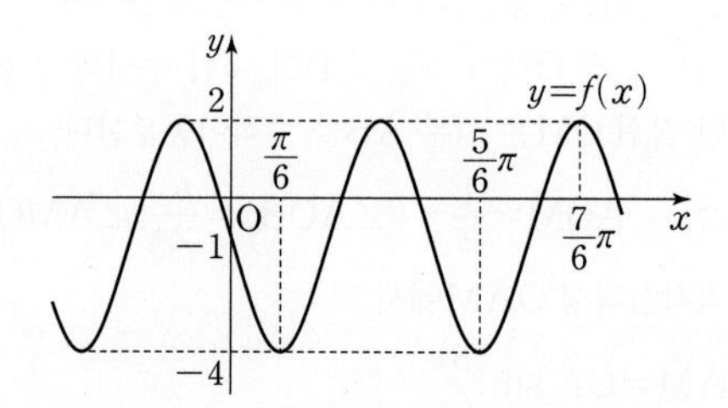

$f(x)=a\sin bx-1$의 최댓값이 2이므로

$|a|-1=2$, $|a|=3$

함수 $y=f(x)$의 그래프는 함수 $y=-3\sin 3x$의 그래프를 y축의 방향으로 -1만큼 평행이동한 것이므로

$f(x)=-3\sin 3x-1$

이때 $|a|=|b|=3$이고 $-3\sin 3x=3\sin(-3x)$이므로

$a=-3$, $b=3$ 또는 $a=3$, $b=-3$

따라서 $a+b=0$이므로 $a+b+c$의 값은 -1이다.

(ⅱ) $c=1$일 때

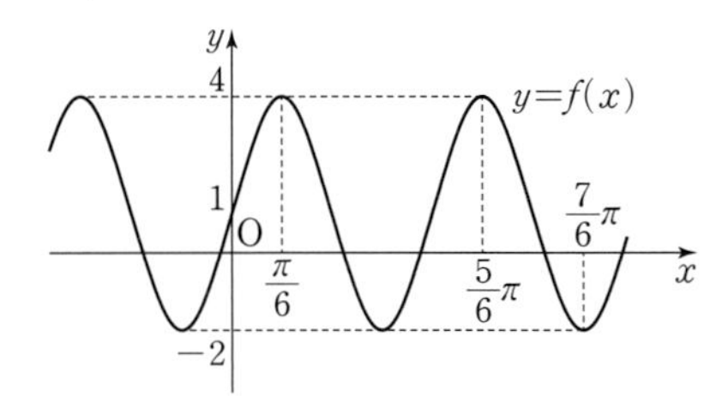

$f(x)=a\sin bx+1$의 최댓값이 4이므로

$|a|+1=4$, $|a|=3$

함수 $y=f(x)$의 그래프는 함수 $y=3\sin 3x$의 그래프를 y축의 방향으로 1만큼 평행이동한 것이므로

$f(x)=3\sin 3x+1$

이때 $|a|=|b|=3$이고 $3\sin 3x=-3\sin(-3x)$이므로

$a=b=3$ 또는 $a=b=-3$

따라서 $a+b+c$의 값은 $3+3+1=7$ 또는 $-3+(-3)+1=-5$이다.

(ⅰ), (ⅱ)에서 $a+b+c$의 최댓값과 최솟값은 각각 $M=7$, $m=-5$이므로

$M-m=7-(-5)=12$

답 ④

7 $-1\le\sin b(x+\pi)\le 1$이고, a, c가 자연수이므로 함수 $f(x)=a\sin b(x+\pi)+c$의 최댓값과 최솟값은 각각 $a+c$, $-a+c$이다.

조건 (가)에 의하여

$a+c=7$ …… ㉠

$-a+c=-3$ …… ㉡

㉠, ㉡을 연립하여 풀면

$a=5$, $c=2$

함수 $f(x)=5\sin b(x+\pi)+2$에서 조건 (나)에 의하여

$f\left(\frac{\pi}{2}\right)=5\sin\frac{3b}{2}\pi+2=2$

$\sin\frac{3b}{2}\pi=0$ …… ㉢

이때 자연수 b가 홀수이면 $\sin\frac{3b}{2}\pi=-1$ 또는 $\sin\frac{3b}{2}\pi=1$이고 b가 짝수이면 $\sin\frac{3b}{2}\pi=0$이다.

그러므로 ㉢을 만족시키는 자연수 b의 최솟값은 2이다.

따라서 $a+b+c$의 최솟값은 $a=5$, $b=2$, $c=2$일 때 9이다.

답 ②

8 함수 $f(x)=\sin\frac{\pi}{3}x$의 주기는 $\frac{2\pi}{\frac{\pi}{3}}=6$이고,

함수 $g(x)=\sin\frac{5}{3}\pi x$의 주기는 $\frac{2\pi}{\frac{5}{3}\pi}=\frac{6}{5}$이다.

모든 실수 x에 대하여

$$f(-x)=\sin\left(-\frac{\pi}{3}x\right)=-\sin\frac{\pi}{3}x=-f(x)$$

$$g(-x)=\sin\left(-\frac{5}{3}\pi x\right)=-\sin\frac{5}{3}\pi x=-g(x)$$

이므로 두 함수 $y=f(x)$, $y=g(x)$의 그래프는 모두 원점에 대하여 대칭이다.

따라서 $-3<x\le 3$에서 두 함수 $y=f(x)$, $y=g(x)$의 그래프는 그림과 같다.

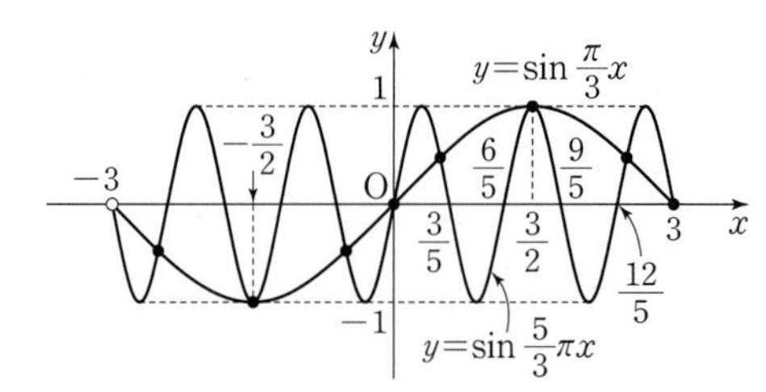

$-3<x\le 3$에서 두 함수 $y=f(x)$, $y=g(x)$의 그래프는 그림과 같이 8개의 점에서 만나므로

$n=8$

8개의 점의 x좌표를 작은 것부터 차례로 x_1, x_2, x_3, $\cdots$, x_8이라 하면

$$-3<x_1<x_2=-\frac{3}{2}<x_3<x_4=0<x_5<x_6=\frac{3}{2}<x_7<x_8=3$$

이때 두 함수 $y=f(x)$, $y=g(x)$의 그래프 모두 원점에 대하여 대칭이므로

$x_1=-x_7$, $x_2=-x_6=-\frac{3}{2}$, $x_3=-x_5$

따라서 8개의 점의 x좌표의 합 S는

$$S=(x_1+x_7)+(x_2+x_6)+(x_3+x_5)+x_4+x_8=0+0+0+0+3=3$$

이므로

$n\times S=8\times 3=24$

답 ②

9

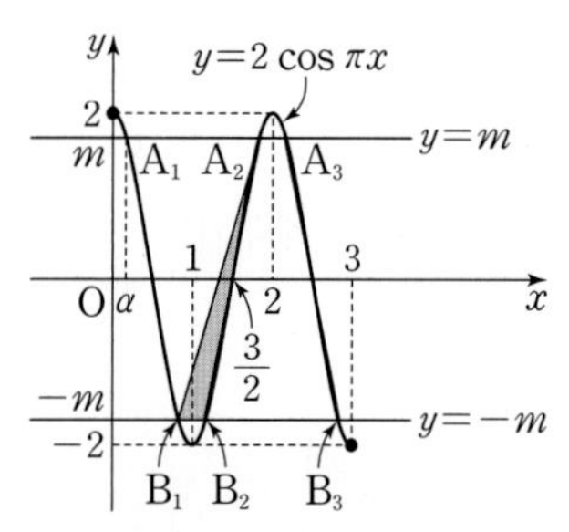

함수 $y=2\cos \pi x$의 주기는 $\frac{2\pi}{\pi}=2$이므로

$\overline{\mathrm{A_1A_3}}=2$

함수 $y=2\cos \pi x$의 그래프는 점 $\left(\frac{3}{2},\ 0\right)$에 대하여 대칭이고, 두 직선 $y=m$, $y=-m$은 x축에 대하여 대칭이므로 점 $\mathrm{A_1}$과 점 $\mathrm{B_3}$, 점 $\mathrm{A_2}$와 점 $\mathrm{B_2}$, 점 $\mathrm{A_3}$과 점 $\mathrm{B_1}$은 각각 점 $\left(\frac{3}{2},\ 0\right)$에 대하여 대칭이다.

따라서 $\overline{\mathrm{A_1A_2}}=\overline{\mathrm{B_2B_3}}$이므로

$$\begin{aligned}\overline{\mathrm{A_2A_3}}+\overline{\mathrm{B_2B_3}}&=\overline{\mathrm{A_2A_3}}+\overline{\mathrm{A_1A_2}}\\&=\overline{\mathrm{A_1A_3}}\\&=2\end{aligned}$$

사각형 $\mathrm{A_2B_2B_3A_3}$의 넓이가 $2\sqrt{3}$이므로

$$\begin{aligned}\frac{1}{2}\times(\overline{\mathrm{A_2A_3}}+\overline{\mathrm{B_2B_3}})\times 2m&=\frac{1}{2}\times 2\times 2m\\&=2m\\&=2\sqrt{3}\end{aligned}$$

$m=\sqrt{3}$

점 $\mathrm{A_1}$의 x좌표를 α $\left(0<\alpha<\frac{1}{2}\right)$이라 하면

$2\cos \alpha\pi=\sqrt{3}$

$\cos \alpha\pi=\frac{\sqrt{3}}{2}$

$0<\alpha\pi<\frac{\pi}{2}$이므로

$\alpha\pi=\frac{\pi}{6}$

$\alpha=\frac{1}{6}$

따라서 삼각형 $\mathrm{A_2B_1B_2}$의 넓이를 S라 하면

$\overline{\mathrm{B_1B_2}}=2\alpha=2\times\frac{1}{6}=\frac{1}{3}$이므로

$$\begin{aligned}S&=\frac{1}{2}\times\overline{\mathrm{B_1B_2}}\times 2m\\&=\frac{1}{2}\times\frac{1}{3}\times 2\sqrt{3}\\&=\frac{\sqrt{3}}{3}\end{aligned}$$

답 ②

10 등식 $\left|\sin\left(\frac{\pi}{3}+\theta\right)\right|=\left|\sin\left(\frac{n+2}{3}\pi-\theta\right)\right|$가 θ에 대한 항등식이므로 θ에 $\frac{2}{3}\pi+\theta$를 대입하면

$|\sin(\pi+\theta)|=\left|\sin\left(\frac{n}{3}\pi-\theta\right)\right|$

이때 $|\sin(\pi+\theta)|=|-\sin\theta|=|\sin\theta|$이므로

$|\sin\theta|=\left|\sin\left(\frac{n}{3}\pi-\theta\right)\right|$ ...... ㉠

자연수 m에 대하여 ㉠은 다음과 같다.

(i) $n=3m-2$일 때

$$\begin{aligned}\left|\sin\left(\frac{n}{3}\pi-\theta\right)\right|&=\left|\sin\left(\frac{3m-2}{3}\pi-\theta\right)\right|\\&=\left|\sin\left\{m\pi-\left(\theta+\frac{2}{3}\pi\right)\right\}\right|\\&=\left|\sin\left(\theta+\frac{2}{3}\pi\right)\right|\end{aligned}$$

이므로 ㉠에서

$|\sin\theta|=\left|\sin\left(\theta+\frac{2}{3}\pi\right)\right|$

이고 이 등식은 θ에 대한 항등식이 아니다.

(ii) $n=3m-1$일 때

$$\begin{aligned}\left|\sin\left(\frac{n}{3}\pi-\theta\right)\right|&=\left|\sin\left(\frac{3m-1}{3}\pi-\theta\right)\right|\\&=\left|\sin\left\{m\pi-\left(\theta+\frac{\pi}{3}\right)\right\}\right|\\&=\left|\sin\left(\theta+\frac{\pi}{3}\right)\right|\end{aligned}$$

이므로 ㉠에서

$|\sin\theta|=\left|\sin\left(\theta+\frac{\pi}{3}\right)\right|$

이고 이 등식은 θ에 대한 항등식이 아니다.

(iii) $n=3m$일 때

$$\begin{aligned}\left|\sin\left(\frac{n}{3}\pi-\theta\right)\right|&=\left|\sin\left(\frac{3m}{3}\pi-\theta\right)\right|\\&=|\sin(m\pi-\theta)|\\&=|\sin\theta|\end{aligned}$$

이므로 ㉠이 θ의 값에 관계없이 항상 성립한다.

(i), (ii), (iii)에 의하여 주어진 등식이 θ에 대한 항등식이려면 $n=3m$, 즉 n은 3의 배수이어야 한다.

따라서 두 자리의 자연수 n의 값은 12, 15, 18, $\cdots$, 99이고 그 개수는 30이다.

답 30

11 $f(x)=\sin 2x$, $g(x)=\pi\cos x$이므로

$$\begin{aligned}(f\circ g)(x)&=f(g(x))\\&=f(\pi\cos x)\\&=\sin(2\pi\cos x)\end{aligned}$$

방정식 $(f \circ g)(x)=0$에서

$\sin(2\pi\cos x)=0$ $\cdots\cdots$ ㉠

이때 $n\pi<x<(n+1)\pi$에서

$-1<\cos x<1$

$-2\pi<2\pi\cos x<2\pi$이므로 방정식 ㉠의 근은

$2\pi\cos x=-\pi$ 또는 $2\pi\cos x=0$ 또는 $2\pi\cos x=\pi$

즉, $\cos x=-\frac{1}{2}$ 또는 $\cos x=0$ 또는 $\cos x=\frac{1}{2}$

이때 $n\pi<x<(n+1)\pi$에서 세 방정식 $\cos x=-\frac{1}{2}$, $\cos x=0$, $\cos x=\frac{1}{2}$의 근은 각각 하나씩 존재하고,

방정식 $\cos x=0$의 근은 $x=\left(n+\frac{1}{2}\right)\pi$

두 방정식 $\cos x=-\frac{1}{2}$, $\cos x=\frac{1}{2}$의 근을 각각 α, β라 하면

$\frac{\alpha+\beta}{2}=\left(n+\frac{1}{2}\right)\pi$

$\alpha+\beta=2\left(n+\frac{1}{2}\right)\pi$

$n\pi<x<(n+1)\pi$에서 방정식 $(f \circ g)(x)=0$의 모든 실근은 $\left(n+\frac{1}{2}\right)\pi$, α, β이고, 그 합이 $\frac{51}{2}\pi$이므로

$$\left(n+\frac{1}{2}\right)\pi+\alpha+\beta=\left(n+\frac{1}{2}\right)\pi+2\left(n+\frac{1}{2}\right)\pi$$

$$=3\left(n+\frac{1}{2}\right)\pi=\frac{51}{2}\pi$$

따라서 $n=8$

답 8

12 모든 실수 x에 대하여 부등식

$x^2+(2\sin\theta)x-\cos^2\theta+2\sin\theta\geq 0$

이 성립하려면 이차방정식

$x^2+(2\sin\theta)x-\cos^2\theta+2\sin\theta=0$의 판별식을 D라 할 때, $D\leq 0$이어야 한다.

$\frac{D}{4}=\sin^2\theta-(-\cos^2\theta+2\sin\theta)$

$=(\sin^2\theta+\cos^2\theta)-2\sin\theta$

$=1-2\sin\theta\leq 0$

$\sin\theta\geq\frac{1}{2}$

$0\leq\theta<2\pi$이므로 $\frac{\pi}{6}\leq\theta\leq\frac{5}{6}\pi$

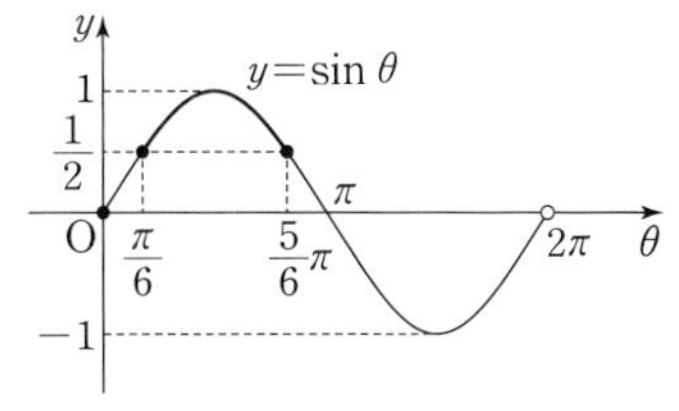

따라서 $\alpha=\frac{\pi}{6}$, $\beta=\frac{5}{6}\pi$이므로

$3(\beta-\alpha)=3\left(\frac{5}{6}\pi-\frac{\pi}{6}\right)=2\pi$

답 ②

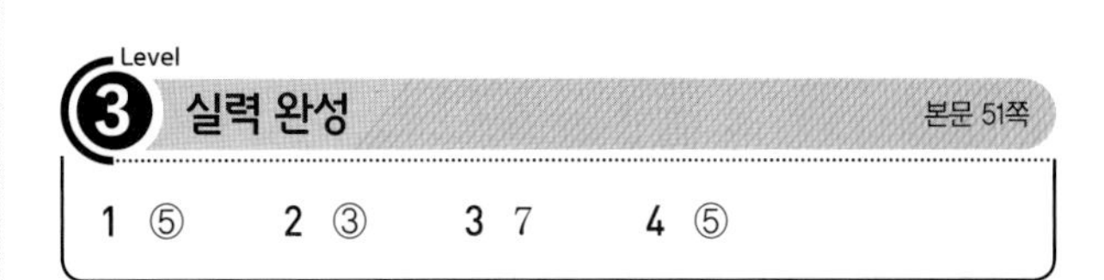

1 $a>0$이므로 함수 $f(x)=a\cos\frac{\pi}{2}x+a$는 $x=0$ 또는 $x=4$일 때 최댓값 $f(0)=f(4)=2a$를 갖고, $x=2$일 때 최솟값 $f(2)=0$을 갖는다.

함수 $y=f(x)$의 그래프는 그림과 같다.

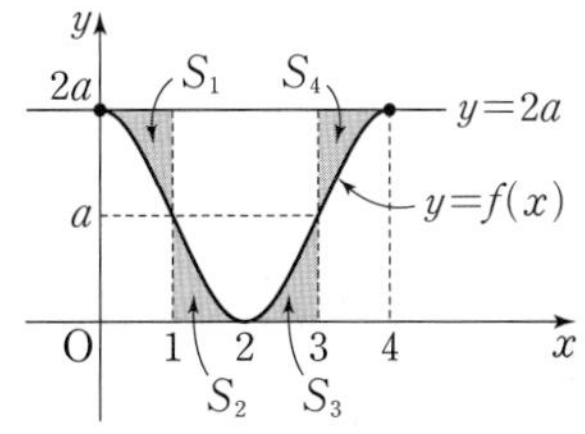

함수 $y=f(x)$ $(0\leq x\leq 1)$의 그래프와 두 직선 $x=1$, $y=2a$로 둘러싸인 부분의 넓이를 S_1, 함수 $y=f(x)$의 그래프와 직선 $x=1$ 및 x축으로 둘러싸인 부분의 넓이를 S_2, 함수 $y=f(x)$의 그래프와 직선 $x=3$ 및 x축으로 둘러싸인 부분의 넓이를 S_3, 함수 $y=f(x)$ $(3\leq x\leq 4)$의 그래프와 두 직선 $x=3$, $y=2a$로 둘러싸인 부분의 넓이를 S_4라 하자.

두 점 $(0, 2a)$, $(2, 0)$은 점 $(1, a)$에 대하여 대칭이고, 함수 $y=f(x)$ $(0\leq x\leq 2)$의 그래프도 점 $(1, a)$에 대하여 대칭이므로 $S_1=S_2$

함수 $y=f(x)$의 그래프는 직선 $x=2$에 대하여 대칭이므로 $S_1=S_4$, $S_2=S_3$

따라서 $S_1=S_2=S_3=S_4$이므로 함수 $y=f(x)$의 그래프와 직선 $y=2a$로 둘러싸인 부분의 넓이는 네 점 $(1, 0)$, $(3, 0)$, $(3, 2a)$, $(1, 2a)$를 꼭짓점으로 하는 직사각형의 넓이와 같다. 이 넓이가 8이므로

$2\times 2a=8$, $a=2$

이때 $S_1=S_2$이므로 함수 $y=f(x)$의 그래프와 x축 및 y축으로 둘러싸인 부분의 넓이 S는 네 점 $(0, 0)$, $(1, 0)$, $(1, 2a)$, $(0, 2a)$를 꼭짓점으로 하는 직사각형의 넓이와 같으므로

$S=1\times 2a=4$

따라서 $a+S=2+4=6$

답 ⑤

다른 풀이

S를 다음과 같이 구할 수도 있다.

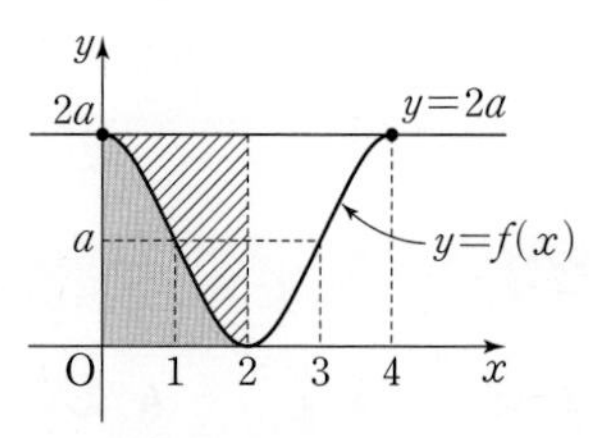

넓이 S는 함수 $y=f(x)$ $(0\le x\le 2)$의 그래프와 두 직선 $x=2$, $y=2a$로 둘러싸인 부분의 넓이와 같고, 이것은 함수 $y=f(x)$의 그래프와 직선 $y=2a$로 둘러싸인 부분의 넓이의 $\frac{1}{2}$이므로

$S=\frac{1}{2}\times 8=4$

2 $\sin^2\left(\frac{11}{10}\pi-x\right)=\sin^2\left\{\frac{\pi}{2}-\left(x-\frac{3}{5}\pi\right)\right\}$

$=\cos^2\left(x-\frac{3}{5}\pi\right)$

$=1-\sin^2\left(x-\frac{3}{5}\pi\right)$

이므로

$f(x)=\sin^2\left(\frac{11}{10}\pi-x\right)+\sin\left(x-\frac{3}{5}\pi\right)+k$

$=\left\{1-\sin^2\left(x-\frac{3}{5}\pi\right)\right\}+\sin\left(x-\frac{3}{5}\pi\right)+k$

$=-\sin^2\left(x-\frac{3}{5}\pi\right)+\sin\left(x-\frac{3}{5}\pi\right)+k+1$

이때 $0\le x\le\frac{5}{2}\pi$에서 $-1\le\sin\left(x-\frac{3}{5}\pi\right)\le 1$

$\sin\left(x-\frac{3}{5}\pi\right)=t$ $(-1\le t\le 1)$이라 하면

$f(x)=-t^2+t+k+1=-\left(t-\frac{1}{2}\right)^2+k+\frac{5}{4}$

이므로 함수 $f(x)$는 $t=\frac{1}{2}$, 즉 $\sin\left(x-\frac{3}{5}\pi\right)=\frac{1}{2}$일 때 최댓값 $k+\frac{5}{4}$를 갖고, $t=-1$, 즉 $\sin\left(x-\frac{3}{5}\pi\right)=-1$일 때 최솟값 $k-1$을 갖는다.

함수 $f(x)$의 최솟값이 0이므로

$k-1=0$에서 $k=1$이고 함수 $f(x)$의 최댓값 M은

$M=k+\frac{5}{4}=1+\frac{5}{4}=\frac{9}{4}$

한편, $0\le x\le\frac{5}{2}\pi$에서 $-\frac{3}{5}\pi\le x-\frac{3}{5}\pi\le\frac{19}{10}\pi$이고 함수 $f(x)$가 $x=\alpha$ $\left(0\le\alpha\le\frac{5}{2}\pi\right)$에서 최댓값을 가지므로

$\sin\left(\alpha-\frac{3}{5}\pi\right)=\frac{1}{2}$

$\alpha-\frac{3}{5}\pi=\frac{\pi}{6}$ 또는 $\alpha-\frac{3}{5}\pi=\frac{5}{6}\pi$

$\alpha=\frac{23}{30}\pi$ 또는 $\alpha=\frac{43}{30}\pi$

함수 $f(x)$가 $x=\beta$ $\left(0\le\beta\le\frac{5}{2}\pi\right)$에서 최솟값을 가지므로

$\sin\left(\beta-\frac{3}{5}\pi\right)=-1$

$\beta-\frac{3}{5}\pi=-\frac{\pi}{2}$ 또는 $\beta-\frac{3}{5}\pi=\frac{3}{2}\pi$

$\beta=\frac{\pi}{10}$ 또는 $\beta=\frac{21}{10}\pi$

이때 $\frac{\alpha}{\beta}$의 값은 $\alpha=\frac{23}{30}\pi$, $\beta=\frac{21}{10}\pi$일 때 최소이므로

$$\frac{\alpha}{\beta}+\frac{k}{M}\ge\frac{\frac{23}{30}\pi}{\frac{21}{10}\pi}+\frac{1}{\frac{9}{4}}=\frac{23}{63}+\frac{4}{9}=\frac{17}{21}$$

따라서 구하는 최솟값은 $\frac{17}{21}$이다.

답 ③

3 a, b가 자연수이므로 $0<x<2\pi$에서

함수 $y=a\sin x+b$는 $x=\frac{\pi}{2}$에서 최댓값 $a+b$를 갖고, $x=\frac{3}{2}\pi$에서 최솟값 $-a+b$를 갖는다.

b의 값에 따라 $p+q+r=3$이 되도록 하는 10보다 작은 두 자연수 a, b의 순서쌍 (a, b)는 다음과 같다.

(i) $b=1$일 때

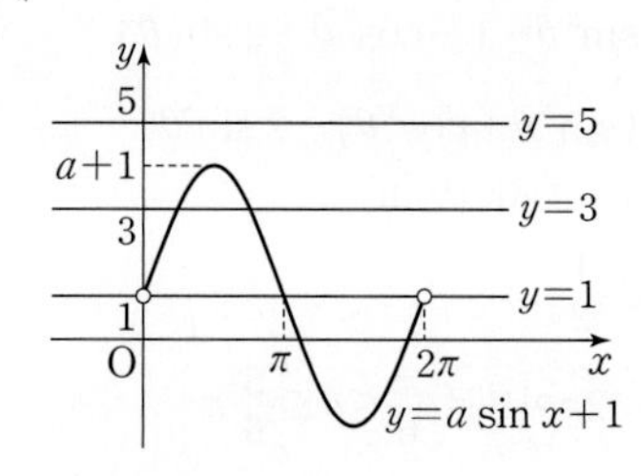

$p=1$, $q=2$, $r=0$, 즉 $a+b=a+1=4$이어야 하므로 $a=3$

즉, 순서쌍 (a, b)는 $(3, 1)$

(ii) $b=2$일 때

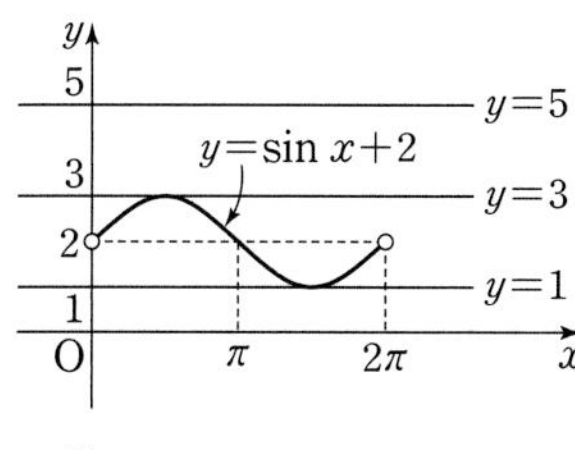

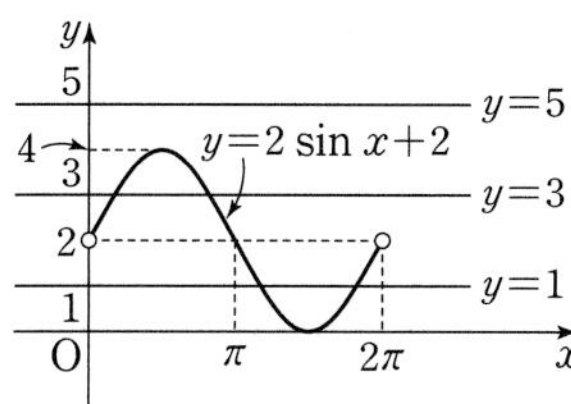

$a=1$이면 $p=1$, $q=1$, $r=0$이고

$a\geq 2$이면 $p=2$, $q=2$, $r\geq 0$이므로

$p+q+r=3$을 만족시키는 a의 값이 존재하지 않는다.

(iii) $b=3$일 때

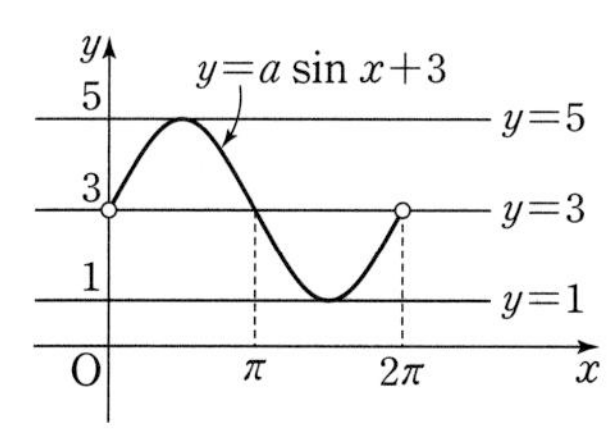

$p=q=r=1$, 즉 $a+b=a+3=5$이어야 하므로 $a=2$

즉, 순서쌍 (a, b)는 $(2, 3)$

(iv) $b=4$일 때

(ii)의 $b=2$일 때와 마찬가지로 조건을 만족시키는 a의 값이 존재하지 않는다.

(v) $b=5$일 때

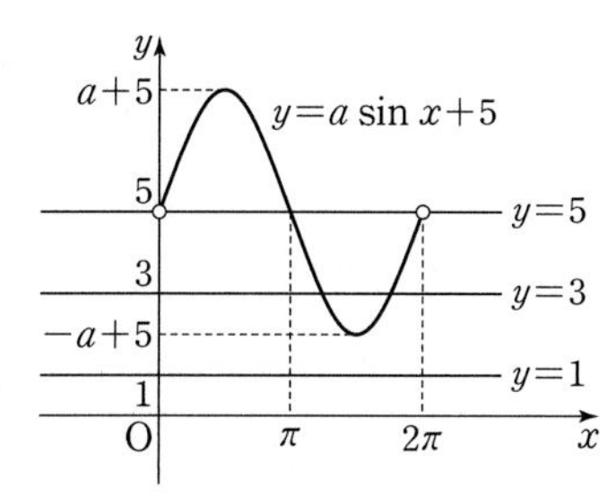

$p=0$, $q=2$, $r=1$, 즉 $-a+b=-a+5=2$이어야 하므로 $a=3$

즉, 순서쌍 (a, b)는 $(3, 5)$

(vi) $6\leq b<10$일 때

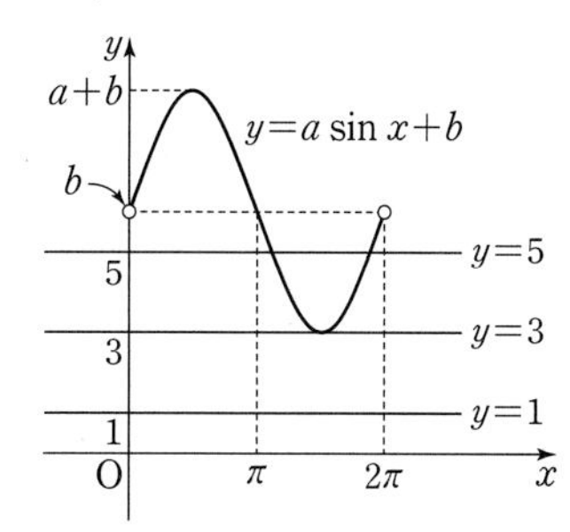

$p=0$, $q=1$, $r=2$, 즉 $-a+b=3$이어야 하므로 $a=b-3$이고 이를 만족시키는 순서쌍 (a, b)는 $(3, 6)$, $(4, 7)$, $(5, 8)$, $(6, 9)$

(i)~(vi)에 의하여 구하는 모든 순서쌍 (a, b)는

$(3, 1)$, $(2, 3)$, $(3, 5)$, $(3, 6)$, $(4, 7)$, $(5, 8)$, $(6, 9)$

이고 그 개수는 7이다.

답 7

4 함수 $y=\sin\frac{\pi}{2}x$의 주기는 $\frac{2\pi}{\frac{\pi}{2}}=4$이므로 $0\leq x\leq 4$에서

함수 $y=f(x)$의 그래프는 [그림 1]과 같다.

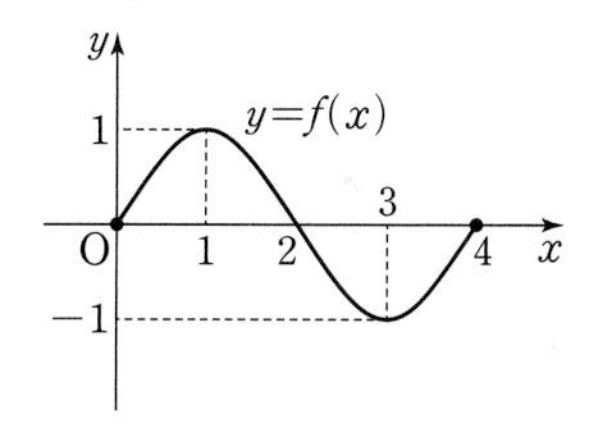

[그림 1]

모든 실수 x에 대하여 $f(-x)=f(x)$, 즉 함수 $y=f(x)$의 그래프는 y축에 대하여 대칭이므로 $-4\leq x\leq 4$에서 함수 $y=f(x)$의 그래프는 [그림 2]와 같다.

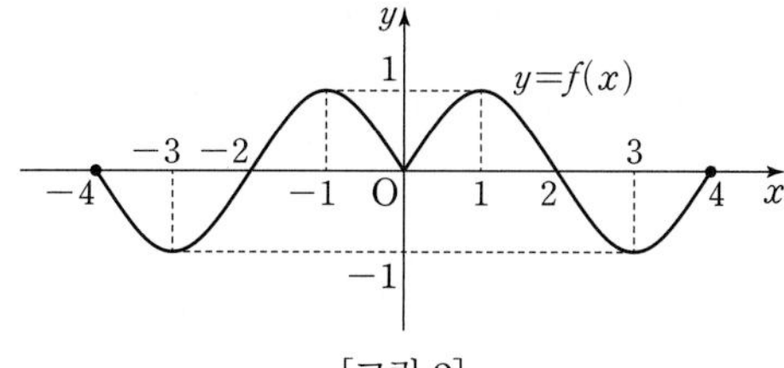

[그림 2]

모든 실수 x에 대하여 $f(x+8)=f(x)$이므로 함수 $y=f(x)$의 그래프와 함수 $y=f(x)$의 그래프를 x축의 방향으로 2만큼 평행이동한 함수 $y=f(x-2)$의 그래프는 [그림 3]과 같다.

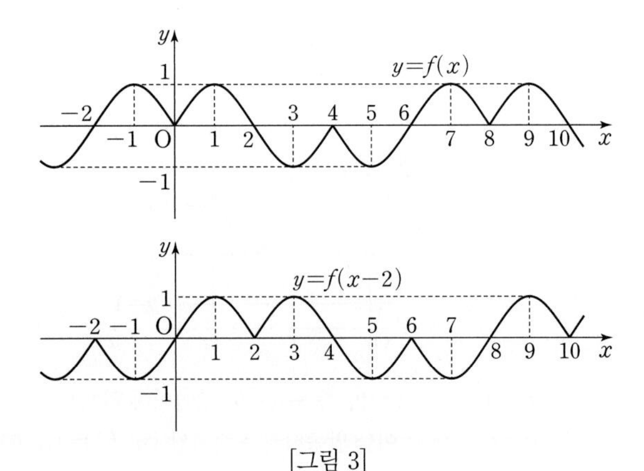

[그림 3]

한편, 방정식 $|f(x)+f(x-2)|=2$에서

$f(x)+f(x-2)=-2$ 또는 $f(x)+f(x-2)=2$

이때 모든 실수 x에 대하여 $-1\le f(x)\le 1$이므로

$f(x)=f(x-2)=-1$ 또는 $f(x)=f(x-2)=1$

이어야 한다.

(i) $f(x)=f(x-2)=-1$일 때

$0\le x\le 8$에서 $f(x)=f(x-2)=-1$, 즉 두 함수 $y=f(x)$, $y=f(x-2)$의 그래프가 직선 $y=-1$과 동시에 만나도록 하는 x의 값은 5뿐이다.

두 함수 $f(x)$, $f(x-2)$의 주기는 모두 8이므로

$0<x<20$에서 $f(x)=f(x-2)=-1$을 만족시키는 x의 값은 5, 13이다.

(ii) $f(x)=f(x-2)=1$일 때

$0\le x\le 8$에서 $f(x)=f(x-2)=1$, 즉 두 함수 $y=f(x)$, $y=f(x-2)$의 그래프가 직선 $y=1$과 동시에 만나도록 하는 x의 값은 1뿐이다.

두 함수 $f(x)$, $f(x-2)$의 주기는 모두 8이므로

$0<x<20$에서 $f(x)=f(x-2)=1$을 만족시키는 x의 값은 1, 9, 17이다.

(i), (ii)에 의하여 $0<x<20$일 때, 방정식

$|f(x)+f(x-2)|=2$의 모든 근은 1, 5, 9, 13, 17이므로

그 합은

$1+5+9+13+17=45$

답 ⑤

04 사인법칙과 코사인법칙

유제

본문 55~61쪽

1 6 **2** 5 **3** 19 **4** 2 **5** 11

6 ⑤ **7** ②

1 삼각형 ABC의 세 내각의 크기의 합은 π이므로

$A+B+C=\pi$

$A+B=\pi-C$

$\sin(A+B)=\frac{1}{3}$에서

$\sin(A+B)=\sin(\pi-C)=\sin C=\frac{1}{3}$

삼각형 ABC의 외접원의 반지름의 길이를 R이라 하면 사인법칙에 의하여

$\frac{\overline{AB}}{\sin C}=2R$

따라서

$R=\frac{\overline{AB}}{2\sin C}=\frac{4}{2\times\frac{1}{3}}=6$

답 6

2 삼각형 ABC의 외접원의 반지름의 길이를 R $(R>0)$이라 하면 조건 (나)에 의하여

$\pi R^2=9\pi$

$R^2=9$

$R>0$이므로 $R=3$

$\overline{AB}=c$, $\overline{BC}=a$, $\overline{CA}=b$라 하면 조건 (가)에 의하여

$a+b+c=10$

또한 삼각형 ABC의 외접원의 반지름의 길이가 3이므로 사인법칙에 의하여

$\frac{a}{\sin A}=\frac{b}{\sin B}=\frac{c}{\sin C}=2\times 3=6$

따라서

$\sin A=\frac{a}{6}$, $\sin B=\frac{b}{6}$, $\sin C=\frac{c}{6}$

이므로

$3(\sin A+\sin B+\sin C)=3\times\frac{a+b+c}{6}=3\times\frac{10}{6}=5$

답 5

3 직각이등변삼각형 ABM에서

$\overline{AB}=\overline{BM}=a\ (a>0)$이라 하면

$\overline{AM}=\sqrt{\overline{AB}^2+\overline{BM}^2}=\sqrt{a^2+a^2}=\sqrt{2}a$

점 M은 선분 BC의 중점이므로

$\overline{CM}=\overline{BM}=a$

$\overline{BC}=\overline{BM}+\overline{CM}=a+a=2a$

직각삼각형 ABC에서

$\overline{AC}=\sqrt{\overline{AB}^2+\overline{BC}^2}=\sqrt{a^2+(2a)^2}=\sqrt{5}a$

삼각형 AMC에서 코사인법칙에 의하여

$\overline{CM}^2=\overline{AC}^2+\overline{AM}^2-2\times\overline{AC}\times\overline{AM}\times\cos(\angle CAM)$

$a^2=(\sqrt{5}a)^2+(\sqrt{2}a)^2-2\times\sqrt{5}a\times\sqrt{2}a\times\cos(\angle CAM)$

$$\cos(\angle CAM)=\frac{(\sqrt{5}a)^2+(\sqrt{2}a)^2-a^2}{2\times\sqrt{5}a\times\sqrt{2}a}=\frac{6a^2}{2\sqrt{10}a^2}=\frac{3}{\sqrt{10}}$$

$\cos^2(\angle CAM)=\frac{9}{10}$

따라서 $p=10$, $q=9$이므로

$p+q=10+9=19$

답 19

4 $\overline{CA}^2+\overline{AB}^2=\overline{BC}^2+4\overline{CA}$에서

$\overline{BC}^2=\overline{AB}^2+\overline{CA}^2-4\overline{CA}$ ...... ㉠

삼각형 ABC에서 코사인법칙에 의하여

$\overline{BC}^2=\overline{AB}^2+\overline{CA}^2-2\times\overline{AB}\times\overline{CA}\times\cos A$ ...... ㉡

㉠, ㉡에서

$-4\overline{CA}=-2\times\overline{AB}\times\overline{CA}\times\cos A$

$\overline{AB}\cos A=2$

$\overline{BC}^2+\overline{CA}^2=\overline{AB}^2+8\overline{CA}$에서

$\overline{AB}^2=\overline{BC}^2+\overline{CA}^2-8\overline{CA}$ ...... ㉢

삼각형 ABC에서 코사인법칙에 의하여

$\overline{AB}^2=\overline{BC}^2+\overline{CA}^2-2\times\overline{BC}\times\overline{CA}\times\cos C$ ...... ㉣

㉢, ㉣에서

$-8\overline{CA}=-2\times\overline{BC}\times\overline{CA}\times\cos C$

$\overline{BC}\cos C=4$

따라서

$$\frac{\overline{BC}\cos C}{\overline{AB}\cos A}=\frac{4}{2}=2$$

답 2

5 $\angle B=\frac{2}{3}\pi$에서 $\cos B=-\frac{1}{2}$이고, 코사인법칙에 의하여

$\overline{CA}^2=\overline{AB}^2+\overline{BC}^2-2\times\overline{AB}\times\overline{BC}\times\cos B$이므로

$$\cos B=\frac{\overline{AB}^2+\overline{BC}^2-\overline{CA}^2}{2\times\overline{AB}\times\overline{BC}}=\frac{n^2+(n+2)^2-(n+4)^2}{2\times n\times(n+2)}=\frac{(n+2)(n-6)}{2n(n+2)}=\frac{n-6}{2n}=-\frac{1}{2}$$

$n-6=-n$

$n=3$

따라서 $\overline{AB}=3$, $\overline{BC}=5$, $\overline{CA}=7$이므로 코사인법칙에 의하여

$$14\cos A=14\times\frac{\overline{AB}^2+\overline{CA}^2-\overline{BC}^2}{2\times\overline{AB}\times\overline{CA}}=14\times\frac{3^2+7^2-5^2}{2\times3\times7}=11$$

답 11

참고

길이가 각각 n, $n+2$, $n+4$인 세 선분이 삼각형의 세 변이려면

$n+(n+2)>n+4$, 즉 $n>2$이어야 한다.

6 $\cos A\cos B\cos C=0$에서

$\cos A=0$ 또는 $\cos B=0$ 또는 $\cos C=0$

즉, 삼각형 ABC의 내각 중 하나는 직각이다.

$(\cos A-\cos B)(\cos B-\cos C)(\cos C-\cos A)=0$에서

$\cos A=\cos B$ 또는 $\cos B=\cos C$ 또는 $\cos C=\cos A$

즉, 삼각형 ABC의 내각 중 적어도 두 각의 크기가 서로 같다.

이때 삼각형 ABC의 한 내각이 직각이므로 삼각형 ABC는 직각이등변삼각형이다.

삼각형 ABC의 외접원의 반지름의 길이를 R이라 하고 $\overline{AB}=c$, $\overline{BC}=a$, $\overline{CA}=b$라 하면 사인법칙에 의하여

$$\frac{a}{\sin A}=\frac{b}{\sin B}=\frac{c}{\sin C}=2R$$

$\sin A=\frac{a}{2R}$, $\sin B=\frac{b}{2R}$, $\sin C=\frac{c}{2R}$

이므로 등식 $\sin A=k(\sin B-\sin C)$에서

$$\frac{a}{2R}=k\left(\frac{b}{2R}-\frac{c}{2R}\right)$$

$a=k(b-c)$ …… ㉠

한편, 삼각형 ABC가 직각이등변삼각형이므로 세 변의 길이의 비는

$a : b : c=1 : 1 : \sqrt{2}$ 또는 $a : b : c=1 : \sqrt{2} : 1$

또는 $a : b : c=\sqrt{2} : 1 : 1$

이때 등식 ㉠이 성립하도록 하는 양수 k가 존재하려면

$a : b : c=1 : \sqrt{2} : 1$, 즉 $a=c$, $b=\sqrt{2}a$이어야 하므로 등식 ㉠에서

$a=k(\sqrt{2}a-a)$

$k=\frac{a}{(\sqrt{2}-1)a}=\frac{1}{\sqrt{2}-1}=\sqrt{2}+1$

답 ⑤

7 삼각형 ABC의 넓이가 $\frac{3\sqrt{3}}{2}$이므로

$\frac{1}{2}\times\overline{AB}\times\overline{AC}\times\sin(\angle BAC)$

$=\frac{1}{2}\times 2\times 3\times\sin(\angle BAC)$

$=\frac{3\sqrt{3}}{2}$

$\sin(\angle BAC)=\frac{\sqrt{3}}{2}$

이때 $\angle BAC>\frac{\pi}{2}$이므로 $\angle BAC=\frac{2}{3}\pi$

$\angle BAC$의 이등분선이 선분 BC와 만나는 점이 P이므로

$\angle PAB=\angle PAC=\frac{1}{2}(\angle BAC)$

$=\frac{1}{2}\times\frac{2}{3}\pi$

$=\frac{\pi}{3}$

삼각형 ABC의 넓이는 두 삼각형 PAB, PAC의 넓이의 합과 같으므로

$\frac{1}{2}\times\overline{AB}\times\overline{AP}\times\sin\frac{\pi}{3}+\frac{1}{2}\times\overline{AP}\times\overline{AC}\times\sin\frac{\pi}{3}$

$=\frac{1}{2}\times 2\times\overline{AP}\times\frac{\sqrt{3}}{2}+\frac{1}{2}\times\overline{AP}\times 3\times\frac{\sqrt{3}}{2}$

$=\overline{AP}\times\frac{5\sqrt{3}}{4}$

$=\frac{3\sqrt{3}}{2}$

따라서

$\overline{AP}=\frac{3\sqrt{3}}{2}\times\frac{4}{5\sqrt{3}}=\frac{6}{5}$

답 ②

Level **1** 기초 연습 본문 62~63쪽

1 ③	2 ②	3 ②	4 ④	5 ④
6 ③	7 ③	8 ①		

1 삼각형 ABC의 외접원의 반지름의 길이를 R이라 하면 사인법칙에 의하여

$\frac{\overline{AB}}{\sin C}=2R$

$R=\frac{\overline{AB}}{2\sin C}=\frac{2}{2\times\frac{1}{3}}=3$

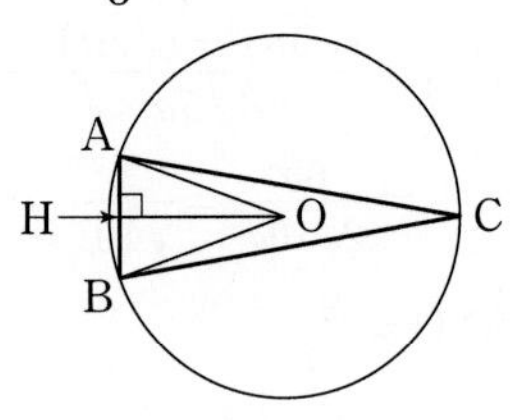

외접원의 중심 O에서 선분 AB에 내린 수선의 발을 H라 하면 점 H는 선분 AB의 중점이므로

$\overline{AH}=\overline{BH}=\frac{1}{2}\overline{AB}$

$=\frac{1}{2}\times 2=1$

$\overline{OA}=3$이므로 직각삼각형 OAH에서

$\overline{OH}=\sqrt{\overline{OA}^2-\overline{AH}^2}$

$=\sqrt{3^2-1^2}$

$=2\sqrt{2}$

따라서 삼각형 OAB의 넓이를 S라 하면

$S=\frac{1}{2}\times\overline{AB}\times\overline{OH}$

$=\frac{1}{2}\times 2\times 2\sqrt{2}$

$=2\sqrt{2}$

답 ③

2 직각삼각형 ABC에서

$\overline{AC}=\sqrt{\overline{AB}^2+\overline{BC}^2}=\sqrt{(\sqrt{2})^2+2^2}=\sqrt{6}$

이므로

$\sin C=\frac{\overline{AB}}{\overline{AC}}=\frac{\sqrt{2}}{\sqrt{6}}=\frac{\sqrt{3}}{3}$

점 M이 선분 BC의 중점이므로

$\overline{BM}=\overline{CM}=\frac{1}{2}\overline{BC}$

$=\frac{1}{2}\times 2=1$

직각삼각형 ABM에서

$\overline{AM}=\sqrt{\overline{AB}^2+\overline{BM}^2}=\sqrt{(\sqrt{2})^2+1^2}=\sqrt{3}$

삼각형 AMC의 외접원의 반지름의 길이를 R이라 하면 사인법칙에 의하여

$\frac{\overline{AM}}{\sin C}=2R$

$R=\frac{\overline{AM}}{2\sin C}=\frac{\sqrt{3}}{2\times\frac{\sqrt{3}}{3}}=\frac{3}{2}$

따라서 삼각형 AMC의 외접원의 넓이는

$\pi\times\left(\frac{3}{2}\right)^2=\frac{9}{4}\pi$

답 ②

3

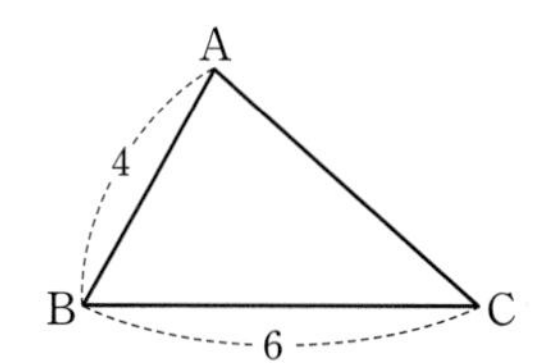

삼각형 ABC에서 코사인법칙에 의하여

$\overline{BC}^2=\overline{AB}^2+\overline{CA}^2-2\times\overline{AB}\times\overline{CA}\times\cos A$

이때 $\overline{CA}=x$ $(x>0)$이라 하면

$6^2=4^2+x^2-2\times4\times x\times\frac{1}{8}$

$x^2-x-20=0$

$(x+4)(x-5)=0$

$x>0$이므로 $x=5$, 즉 $\overline{CA}=5$

따라서

$\cos B=\frac{\overline{AB}^2+\overline{BC}^2-\overline{CA}^2}{2\times\overline{AB}\times\overline{BC}}$

$=\frac{4^2+6^2-5^2}{2\times4\times6}$

$=\frac{9}{16}$

답 ②

4 점 D는 길이가 6인 선분 BC를 2 : 1로 내분하는 점이므로

$\overline{BD}=\frac{2}{3}\overline{BC}=\frac{2}{3}\times6=4$

$\overline{CD}=\overline{BC}-\overline{BD}=6-4=2$

점 M이 선분 AC의 중점이므로

$\overline{AM}=\overline{CM}=3$

$\angle ABD=\frac{\pi}{3}$이므로 삼각형 ABD에서 코사인법칙에 의하여

$\overline{AD}^2=\overline{AB}^2+\overline{BD}^2-2\times\overline{AB}\times\overline{BD}\times\cos\frac{\pi}{3}$

$=6^2+4^2-2\times6\times4\times\frac{1}{2}=28$

$\overline{AD}=2\sqrt{7}$

또한 $\angle DCM=\frac{\pi}{3}$이므로 삼각형 MDC에서 코사인법칙에 의하여

$\overline{DM}^2=\overline{CD}^2+\overline{CM}^2-2\times\overline{CD}\times\overline{CM}\times\cos\frac{\pi}{3}$

$=2^2+3^2-2\times2\times3\times\frac{1}{2}=7$

$\overline{DM}=\sqrt{7}$

따라서

$\overline{AD}\times\overline{DM}=2\sqrt{7}\times\sqrt{7}=14$

답 ④

참고

선분 AD의 길이를 구한 후, 선분 DM의 길이는 다음과 같이 구할 수도 있다.

두 삼각형 ABD, MCD에서

$\overline{AB}:\overline{MC}=\overline{BD}:\overline{CD}=2:1$

$\angle ABD=\angle MCD=\frac{\pi}{3}$

이므로 두 삼각형 ABD, MCD는 닮음비가 2 : 1인 서로 닮은 도형이다.

따라서

$\overline{DM}=\frac{1}{2}\overline{AD}=\frac{1}{2}\times2\sqrt{7}=\sqrt{7}$

5 원 $x^2+y^2=3$과 직선 $y=1$이 만나는 점의 x좌표는

$x^2+1=3$에서 $x^2=2$

$x=\pm\sqrt{2}$

즉, $A(\sqrt{2}, 1)$, $B(-\sqrt{2}, 1)$이다.

$\overline{OA}=\overline{OB}=\sqrt{3}$, $\overline{AB}=\sqrt{2}-(-\sqrt{2})=2\sqrt{2}$이므로 삼각형 AOB에서 코사인법칙에 의하여

$\overline{AB}^2=\overline{OA}^2+\overline{OB}^2-2\times\overline{OA}\times\overline{OB}\times\cos(\angle AOB)$

$\cos(\angle AOB)=\frac{\overline{OA}^2+\overline{OB}^2-\overline{AB}^2}{2\times\overline{OA}\times\overline{OB}}$

$=\frac{(\sqrt{3})^2+(\sqrt{3})^2-(2\sqrt{2})^2}{2\times\sqrt{3}\times\sqrt{3}}$

$=-\frac{1}{3}$

따라서

$\sin(\angle AOB)=\sqrt{1-\cos^2(\angle AOB)}$

$=\sqrt{1-\left(-\frac{1}{3}\right)^2}$

$=\frac{2\sqrt{2}}{3}$

답 ④

다른 풀이

원 $x^2+y^2=3$과 직선 $y=1$이 만나는 점의 x좌표는

$x^2+1=3$에서

$x^2=2$

$x=\pm\sqrt{2}$

즉, $A(\sqrt{2}, 1)$, $B(-\sqrt{2}, 1)$이다.

$\overline{AB}=\sqrt{2}-(-\sqrt{2})=2\sqrt{2}$이므로 삼각형 AOB의 넓이를 S라 하면

$S=\frac{1}{2}\times2\sqrt{2}\times1=\sqrt{2}$ …… ㉠

또한 $\overline{OA}=\overline{OB}=\sqrt{3}$이므로

$S=\frac{1}{2}\times\overline{OA}\times\overline{OB}\times\sin(\angle AOB)$

$=\frac{1}{2}\times\sqrt{3}\times\sqrt{3}\times\sin(\angle AOB)$

$=\frac{3}{2}\sin(\angle AOB)$ …… ㉡

㉠, ㉡에서

$\frac{3}{2}\sin(\angle AOB)=\sqrt{2}$

따라서

$\sin(\angle AOB)=\frac{2\sqrt{2}}{3}$

6 삼각형 ABD에서 $\angle ADB=\theta$라 하면 사각형 ABCD가 사다리꼴이므로 $\angle DBC=\theta$이다.

삼각형 ABD에서 코사인법칙에 의하여

$\cos\theta=\frac{\overline{AD}^2+\overline{BD}^2-\overline{AB}^2}{2\times\overline{AD}\times\overline{BD}}$

$=\frac{2^2+4^2-3^2}{2\times2\times4}=\frac{11}{16}$

삼각형 BCD에서 코사인법칙에 의하여

$\overline{CD}^2=\overline{BC}^2+\overline{BD}^2-2\times\overline{BC}\times\overline{BD}\times\cos\theta$

$=4^2+4^2-2\times4\times4\times\frac{11}{16}=10$

따라서 $\overline{CD}=\sqrt{10}$

답 ③

7 삼각형 ABC의 넓이가 $5\sqrt{3}$이므로

$\frac{1}{2}\times\overline{AB}\times\overline{AC}\times\sin A=\frac{1}{2}\times4\times5\times\sin A=5\sqrt{3}$

$\sin A=\frac{\sqrt{3}}{2}$

삼각형 ABC가 예각삼각형이므로 $\angle A=\frac{\pi}{3}$

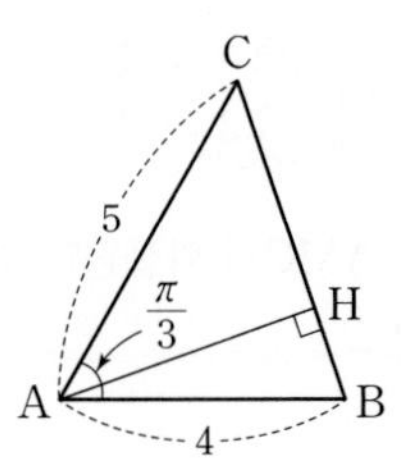

삼각형 ABC에서 코사인법칙에 의하여

$\overline{BC}^2=\overline{AB}^2+\overline{AC}^2-2\times\overline{AB}\times\overline{AC}\times\cos\frac{\pi}{3}$

$=4^2+5^2-2\times4\times5\times\frac{1}{2}$

$=21$

$\overline{BC}=\sqrt{21}$

이때 삼각형 ABC의 넓이가 $5\sqrt{3}$이므로

$\frac{1}{2}\times\overline{BC}\times\overline{AH}=\frac{1}{2}\times\sqrt{21}\times\overline{AH}=5\sqrt{3}$

$\overline{AH}=\frac{10\sqrt{3}}{\sqrt{21}}=\frac{10\sqrt{7}}{7}$

따라서

$\overline{AH}^2=\left(\frac{10\sqrt{7}}{7}\right)^2=\frac{100}{7}$

답 ③

8 삼각형 ABC의 외접원의 반지름의 길이를 R이라 하면 사인법칙에 의하여

$\frac{\overline{AB}}{\sin C}=2R$

$R=\frac{\overline{AB}}{2\sin C}=\frac{3}{2\sin\frac{\pi}{3}}=\sqrt{3}$

$\angle A=\pi-(\angle B+\angle C)$

$=\pi-\left(\frac{\pi}{4}+\frac{\pi}{3}\right)$

$=\frac{5}{12}\pi$

점 O가 삼각형 ABC의 외접원의 중심이므로 원주각과 중심각의 관계에 의하여

$\angle BOC=2\times(\angle A)=2\times\frac{5}{12}\pi=\frac{5}{6}\pi$

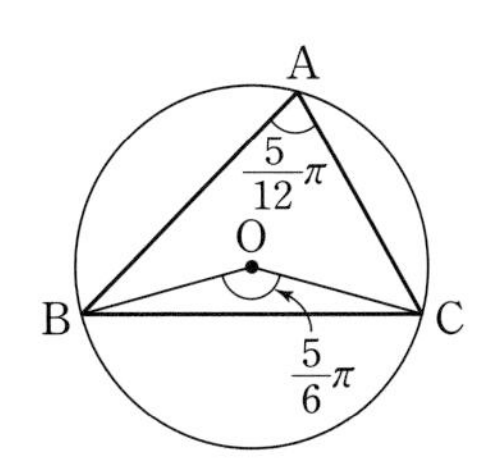

따라서 삼각형 OBC의 넓이를 S라 하면

$S=\frac{1}{2}\times\overline{OB}\times\overline{OC}\times\sin\frac{5}{6}\pi$

$=\frac{1}{2}\times\sqrt{3}\times\sqrt{3}\times\frac{1}{2}$

$=\frac{3}{4}$

답 ①

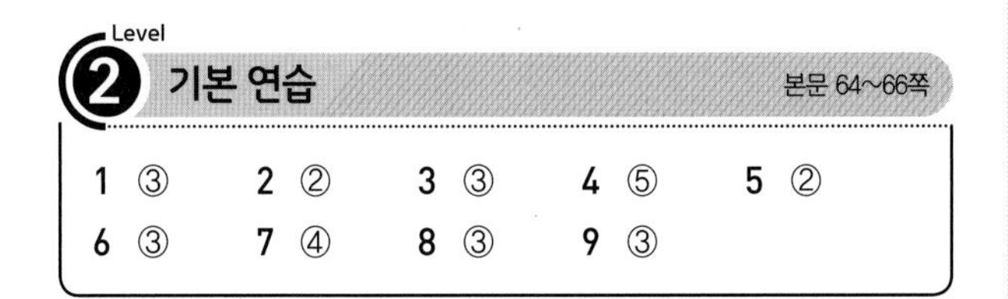

1 ③	2 ②	3 ③	4 ⑤	5 ②
6 ③	7 ④	8 ③	9 ③	

1

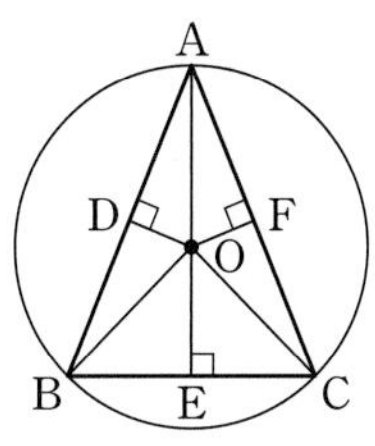

삼각형 ABC의 외접원의 반지름의 길이가 3이므로

$\overline{OA}=\overline{OB}=\overline{OC}=3$

세 점 D, E, F는 삼각형 ABC의 외접원의 중심 O에서 세 선분 AB, BC, CA에 내린 수선의 발이므로

$\overline{AB}=2\overline{AD}$, $\overline{BC}=2\overline{BE}$, $\overline{AC}=2\overline{AF}$

이때 $\overline{OD}:\overline{OF}=1:1$이므로 삼각형 ABC는 $\overline{AB}=\overline{AC}$인 이등변삼각형이고, 세 점 A, O, E는 한 직선 위에 있다.

$\overline{OD}:\overline{OE}:\overline{OF}=1:2:1$이므로

$\overline{OD}=\overline{OF}=h$, $\overline{OE}=2h\,(h>0)$이라 하면

직각삼각형 OAD에서

$\overline{AD}^2=\overline{OA}^2-\overline{OD}^2=9-h^2$이므로

$\overline{AB}^2=(2\overline{AD})^2=4(9-h^2)$

직각삼각형 OBE에서

$\overline{BE}^2=\overline{OB}^2-\overline{OE}^2=9-4h^2$

이때 $\overline{AE}=\overline{OA}+\overline{OE}=3+2h$이므로 직각삼각형 ABE에서

$\overline{AB}^2=\overline{BE}^2+\overline{AE}^2$

$4(9-h^2)=(9-4h^2)+(3+2h)^2$

$2h^2+6h-9=0$

$h=\frac{-3\pm3\sqrt{3}}{2}$

$h>0$이므로

$h=\frac{-3+3\sqrt{3}}{2}$

한편,

$\overline{BC}^2=(2\overline{BE})^2$

$=4(9-4h^2)$

$=4\left\{9-4\times\left(\frac{-3+3\sqrt{3}}{2}\right)^2\right\}$

$=36(2\sqrt{3}-3)$

이므로 삼각형 ABC에서 사인법칙에 의하여

$\frac{\overline{BC}}{\sin A}=2\times3$

$\sin A=\frac{\overline{BC}}{6}$

따라서

$\sin^2 A=\frac{\overline{BC}^2}{36}=2\sqrt{3}-3$

답 ③

2 삼각형 ABC에서 사인법칙에 의하여

$\frac{\overline{BC}}{\sin A}=\frac{\overline{CA}}{\sin B}=2R$

이므로

$\overline{BC}=2R\sin A$

$\overline{CA}=2R\sin B$

$\frac{\overline{BC}\times\overline{CA}}{R^2}=\frac{2R\sin A\times2R\sin B}{R^2}$

$=4\sin A\sin B$

조건 (나)의 $\sin A+\sin B=\frac{2\sqrt{10}}{5}$의 양변을 제곱하면

$\sin^2 A+\sin^2 B+2\sin A\sin B=\frac{8}{5}$ …… ㉠

이때 조건 (가)의 $\sin A=\cos B$를 ㉠에 대입하면

$\cos^2 B+\sin^2 B+2\sin A\sin B=\frac{8}{5}$

$1+2\sin A\sin B=\frac{8}{5}$

$\sin A \sin B=\frac{3}{10}$

따라서

$\frac{\overline{BC}\times\overline{CA}}{R^2}=4\sin A\sin B$

$=4\times\frac{3}{10}$

$=\frac{6}{5}$

답 ②

3 $\overline{AB}=3$, $\overline{BC}=4$, $\overline{CA}=5$에서 $\overline{CA}^2=\overline{AB}^2+\overline{BC}^2$이므로

삼각형 ABC는 $\angle B=\frac{\pi}{2}$인 직각삼각형이다.

직각삼각형 ABC의 내접원의 중심을 O, 반지름의 길이를 $r\ (r>0)$이라 하고, 직각삼각형 ABC의 내접원이 선분 AC와 만나는 점을 R이라 하면

$\overline{OP}=\overline{OQ}=\overline{OR}=r$

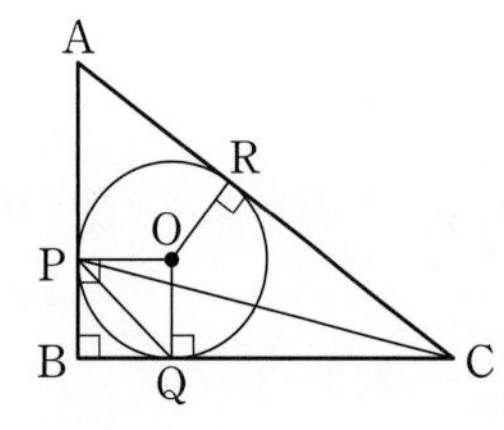

직각삼각형 ABC의 넓이는

$\frac{r}{2}\times(\overline{AB}+\overline{BC}+\overline{CA})=\frac{1}{2}\times\overline{AB}\times\overline{BC}$

이므로

$\frac{r}{2}\times(3+4+5)=\frac{1}{2}\times3\times4$

$r=1$

이때 사각형 OPBQ는 정사각형이므로

$\overline{PB}=\overline{BQ}=r=1$

직각삼각형 PBQ에서

$\overline{PQ}=\sqrt{\overline{PB}^2+\overline{BQ}^2}=\sqrt{1^2+1^2}=\sqrt{2}$

이고 $\angle BQP=\frac{\pi}{4}$

직각삼각형 PBC에서

$\overline{PC}=\sqrt{\overline{PB}^2+\overline{BC}^2}=\sqrt{1^2+4^2}=\sqrt{17}$

또한 $\overline{CQ}=\overline{BC}-\overline{BQ}=4-1=3$

$\sin(\angle QCP)=\sin(\angle BCP)=\frac{\overline{PB}}{\overline{PC}}=\frac{1}{\sqrt{17}}$

삼각형 PQC에서 사인법칙에 의하여

$\frac{\overline{CQ}}{\sin(\angle CPQ)}=\frac{\overline{PQ}}{\sin(\angle QCP)}$

$\frac{3}{\sin(\angle CPQ)}=\frac{\sqrt{2}}{\frac{1}{\sqrt{17}}}$

$\sin(\angle CPQ)=\frac{3}{\sqrt{34}}$

이므로

$\sin(\angle CPQ)\times\sin(\angle QCP)=\frac{3}{\sqrt{34}}\times\frac{1}{\sqrt{17}}$

$=\frac{3\sqrt{2}}{34}$

답 ③

4 조건 (가)의 $\sin A=\sin C$를 만족시키려면 $A=C$ 또는 $A=\pi-C$이어야 한다. 이때 $A=\pi-C$, 즉 $A+C=\pi$이면 $B=0$이 되어 삼각형 ABC가 될 수 없다.

따라서 $A=C$

$A=C$를 조건 (나)의 $\cos A+2\cos B=3\cos C$에 대입하면

$\cos A+2\cos B=3\cos A$

$\cos A=\cos B$

$A=B$

따라서 세 내각의 크기가 모두 같으므로 삼각형 ABC는 정삼각형이고, $A=B=C=\frac{\pi}{3}$이다.

정삼각형 ABC의 한 변의 길이를 $a\,(a>0)$이라 하면 이 삼각형의 넓이가 12이므로

$\frac{\sqrt{3}}{4}a^2=12$

$a^2=16\sqrt{3}$

정삼각형 ABC의 외접원의 반지름의 길이를 R이라 하면 사인법칙에 의하여

$\frac{a}{\sin A}=2R$

$R=\frac{a}{2\sin\frac{\pi}{3}}=\frac{\sqrt{3}}{3}a$

따라서 삼각형 ABC의 외접원의 넓이를 S라 하면

$S=\pi R^2$

$=\pi\times\left(\frac{\sqrt{3}}{3}a\right)^2$

$=\frac{\pi}{3}a^2$

$=\frac{16\sqrt{3}}{3}\pi$

답 ⑤

5 주어진 원의 반지름의 길이가 2이므로

$\overline{OA}=\overline{OB}=\overline{OC}=2$

이때 삼각형 OAB에서 $\angle AOB=\theta$라 하면 점 C를 포함하지 않는 호 AB의 길이가 4이므로

$2\theta=4,\ \theta=2$

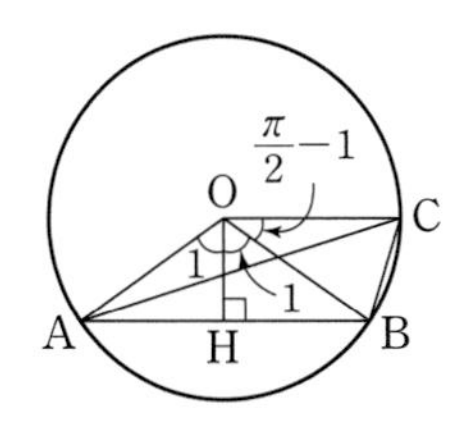

삼각형 OAB가 이등변삼각형이므로 점 O에서 선분 AB에 내린 수선의 발을 H라 하면 직선 OH는 선분 AB를 수직이등분하고

$\angle AOH=\angle BOH=\frac{1}{2}\times(\angle AOB)=1$

직각삼각형 OAH에서

$\sin 1=\frac{\overline{AH}}{\overline{OA}}$

$\overline{AH}=\overline{OA}\sin 1=2\sin 1$

$\overline{AB}=2\overline{AH}=4\sin 1$

한편, 두 직선 AB, OC가 평행하고 $\overline{OH}\perp\overline{AB}$이므로

$\angle AOC=\angle AOH+\frac{\pi}{2}=\frac{\pi}{2}+1$

$\angle BOC=\frac{\pi}{2}-\angle BOH=\frac{\pi}{2}-1$

삼각형 OAC에서 코사인법칙에 의하여

$\overline{AC}^2=\overline{OA}^2+\overline{OC}^2-2\times\overline{OA}\times\overline{OC}\times\cos\left(\frac{\pi}{2}+1\right)$

$=2^2+2^2+2\times2\times2\times\sin 1$

$=8(1+\sin 1)$

삼각형 OBC에서 코사인법칙에 의하여

$\overline{BC}^2=\overline{OB}^2+\overline{OC}^2-2\times\overline{OB}\times\overline{OC}\times\cos\left(\frac{\pi}{2}-1\right)$

$=2^2+2^2-2\times2\times2\times\sin 1$

$=8(1-\sin 1)$

따라서

$\frac{\overline{AB}^2}{\overline{AC}^2\times\overline{BC}^2}=\frac{(4\sin 1)^2}{8(1+\sin 1)\times8(1-\sin 1)}$

$=\frac{\sin^2 1}{4(1-\sin^2 1)}$

$=\frac{\sin^2 1}{4\cos^2 1}$

$=\frac{1}{4}\tan^2 1$

답 ②

6

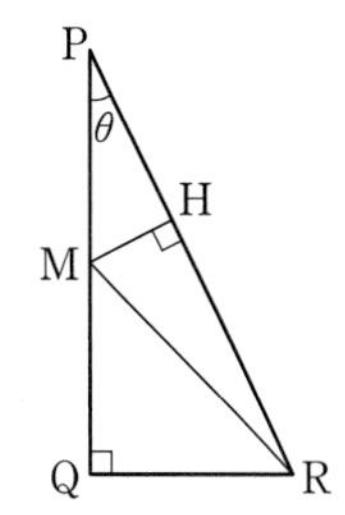

직각삼각형 PQR에서 $\overline{PQ}=2a\,(a>0)$이라 하면 점 M이 선분 PQ의 중점이므로

$\overline{PM}=\overline{MQ}=\overline{QR}=a$

$\overline{PR}=\sqrt{\overline{PQ}^2+\overline{QR}^2}$

$=\sqrt{(2a)^2+a^2}$

$=\sqrt{5}a$

$\overline{MR}=\sqrt{\overline{MQ}^2+\overline{QR}^2}$

$=\sqrt{a^2+a^2}$

$=\sqrt{2}a$

삼각형 PQR에서 $\angle QPR=\theta$라 하면

$\sin\theta=\frac{\overline{QR}}{\overline{PR}}=\frac{a}{\sqrt{5}a}=\frac{\sqrt{5}}{5}$

삼각형 PMR의 외접원의 넓이가 50π이므로 외접원의 반지름의 길이는 $\sqrt{50}=5\sqrt{2}$이다.

삼각형 PMR에서 사인법칙에 의하여

$\frac{\overline{MR}}{\sin\theta}=10\sqrt{2}$

$\overline{MR}=10\sqrt{2}\sin\theta$

$\sqrt{2}a=10\sqrt{2}\times\frac{\sqrt{5}}{5}$

$a=2\sqrt{5}$

따라서

$\overline{MH}=\overline{PM}\sin\theta=2\sqrt{5}\times\frac{\sqrt{5}}{5}=2$

답 ③

7 원주각의 성질에 의하여 $\angle ABD=\angle ACD=\frac{\pi}{3}$

두 선분 AC, BD가 만나는 점을 H라 하면 삼각형 ABH에서

$\angle AHB=\pi-(\angle CAB+\angle ABD)$

$=\pi-\left(\frac{\pi}{6}+\frac{\pi}{3}\right)$

$=\frac{\pi}{2}$

이므로 두 직선 AC, BD는 수직으로 만난다.

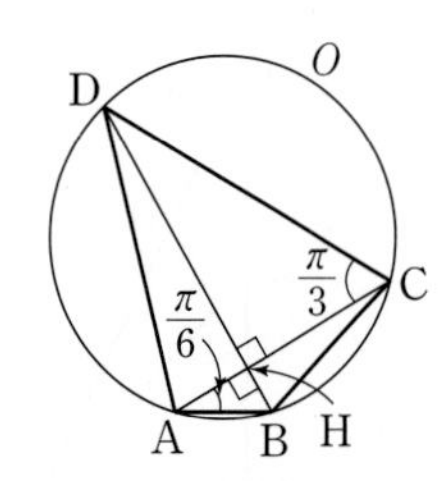

$\overline{AB}=2$이므로 직각삼각형 ABH에서

$\overline{BH}=\overline{AB}\sin\frac{\pi}{6}$

$=2\times\frac{1}{2}$

$=1$

$\overline{AH}=\overline{AB}\cos\frac{\pi}{6}$

$=2\times\frac{\sqrt{3}}{2}$

$=\sqrt{3}$

$\overline{CH}=a\,(a>0)$이라 하면

$\overline{AC}=\overline{AH}+\overline{CH}=\sqrt{3}+a$

이고 직각삼각형 CDH에서

$\overline{CD}=\frac{\overline{CH}}{\cos\frac{\pi}{3}}=2a$

사각형 ABCD의 넓이를 S라 하면 S는 두 삼각형 ABC, ACD의 넓이의 합과 같으므로

$S=\frac{1}{2}\times\overline{AB}\times\overline{AC}\times\sin\frac{\pi}{6}+\frac{1}{2}\times\overline{AC}\times\overline{CD}\times\sin\frac{\pi}{3}$

$=\frac{1}{2}\times2\times(\sqrt{3}+a)\times\frac{1}{2}+\frac{1}{2}\times(\sqrt{3}+a)\times2a\times\frac{\sqrt{3}}{2}$

$=\frac{4a+(a^2+1)\sqrt{3}}{2}$

이때 $S=\frac{21\sqrt{3}}{2}$이므로

$\frac{4a+(a^2+1)\sqrt{3}}{2}=\frac{21\sqrt{3}}{2}$

$\sqrt{3}a^2+4a-20\sqrt{3}=0$

$(\sqrt{3}a+10)(a-2\sqrt{3})=0$

$\sqrt{3}a+10>0$이므로

$a=2\sqrt{3}$

즉, $\overline{CH}=2\sqrt{3}$

직각삼각형 BCH에서

$\overline{BC}=\sqrt{\overline{BH}^2+\overline{CH}^2}$

$=\sqrt{1^2+(2\sqrt{3})^2}$

$=\sqrt{13}$

원 O의 반지름의 길이를 R이라 하면 삼각형 ABC에서 사인법칙에 의하여

$\frac{\overline{BC}}{\sin(\angle CAB)}=2R$

$R=\frac{\overline{BC}}{2\sin(\angle CAB)}$

$=\frac{\sqrt{13}}{2\sin\frac{\pi}{6}}$

$=\frac{\sqrt{13}}{2\times\frac{1}{2}}$

$=\sqrt{13}$

따라서 원 O의 넓이는

$\pi\times R^2=\pi\times(\sqrt{13})^2=13\pi$

답 ④

다른 풀이

$\overline{BH}=1$, $\overline{AH}=\sqrt{3}$을 구한 후 $\frac{4a+(a^2+1)\sqrt{3}}{2}=\frac{21\sqrt{3}}{2}$을 다음과 같이 유도할 수도 있다.

$\overline{CH}=a\ (a>0)$이라 하면 직각삼각형 CDH에서

$\overline{DH}=\overline{CH}\tan\frac{\pi}{3}=\sqrt{3}a$이고

$\overline{AC}=\overline{AH}+\overline{CH}=\sqrt{3}+a$

$\overline{BD}=\overline{BH}+\overline{DH}=1+\sqrt{3}a$

한편, $\sin(\angle AHB)=\sin\frac{\pi}{2}=1$이고 사각형 ABCD의 넓이가 $\frac{21\sqrt{3}}{2}$이므로

$\frac{1}{2}\times\overline{AC}\times\overline{BD}\times\sin(\angle AHB)$

$=\frac{1}{2}\times(\sqrt{3}+a)\times(1+\sqrt{3}a)\times1$

$=\frac{4a+(a^2+1)\sqrt{3}}{2}$

$=\frac{21\sqrt{3}}{2}$

8 직각삼각형 ABC에서

$\overline{AC}=\sqrt{\overline{AB}^2+\overline{BC}^2}=\sqrt{3^2+4^2}=5$

이므로

$\cos A=\frac{\overline{AB}}{\overline{AC}}=\frac{3}{5}$

$\sin A=\frac{\overline{BC}}{\overline{AC}}=\frac{4}{5}$

선분 AB를 $1:m$으로 내분하는 점이 P이므로

$\overline{AP}=\frac{\overline{AB}}{m+1}=\frac{3}{m+1}$

선분 CA를 $1:m$으로 내분하는 점이 Q이므로

$\overline{AQ}=\frac{m\overline{AC}}{m+1}=\frac{5m}{m+1}$

$\overline{PQ}=\frac{3\sqrt{5}}{2}$이므로 삼각형 APQ에서 코사인법칙에 의하여

$\overline{PQ}^2=\overline{AP}^2+\overline{AQ}^2-2\times\overline{AP}\times\overline{AQ}\times\cos A$

$$\left(\frac{3\sqrt{5}}{2}\right)^2=\left(\frac{3}{m+1}\right)^2+\left(\frac{5m}{m+1}\right)^2-2\times\frac{3}{m+1}\times\frac{5m}{m+1}\times\frac{3}{5}$$

$\frac{45}{4}=\frac{25m^2-18m+9}{(m+1)^2}$

$45(m+1)^2=4(25m^2-18m+9)$

$55m^2-162m-9=0$

$(m-3)(55m+3)=0$

$55m+3>0$이므로

$m=3$

따라서 $\overline{AP}=\frac{3}{4}$, $\overline{AQ}=\frac{15}{4}$이므로 삼각형 APQ의 넓이를 S라 하면

$S=\frac{1}{2}\times\overline{AP}\times\overline{AQ}\times\sin A$

$=\frac{1}{2}\times\frac{3}{4}\times\frac{15}{4}\times\frac{4}{5}$

$=\frac{9}{8}$

답 ③

9 삼각형 ABC에서 코사인법칙에 의하여

$\cos A=\frac{\overline{AB}^2+\overline{CA}^2-\overline{BC}^2}{2\times\overline{AB}\times\overline{CA}}$

$=\frac{2^2+3^2-4^2}{2\times2\times3}$

$=-\frac{1}{4}$

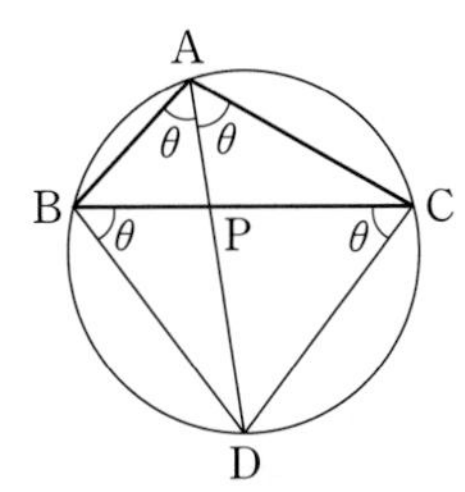

$\angle BAD=\angle DAC=\theta$라 하면 원주각의 성질에 의하여 $\angle DBC=\angle DCB=\theta$이므로 삼각형 BDC는 $\overline{BD}=\overline{CD}$인 이등변삼각형이다.

$\cos(\angle BDC)=\cos(\pi-A)=-\cos A=\frac{1}{4}$이므로

$\overline{BD}=\overline{CD}=a\ (a>0)$이라 하면 삼각형 BDC에서 코사인법칙에 의하여

$\overline{BC}^2=\overline{BD}^2+\overline{CD}^2-2\times\overline{BD}\times\overline{CD}\times\cos(\angle BDC)$

$4^2=a^2+a^2-2\times a\times a\times\frac{1}{4}$

$a^2=\frac{32}{3}$

$a>0$이므로

$a=\frac{4\sqrt{6}}{3}$

즉, $\overline{BD}=\overline{CD}=\frac{4\sqrt{6}}{3}$

한편,

$\sin(\angle BDC)=\sqrt{1-\cos^2(\angle BDC)}$

$=\sqrt{1-\left(\frac{1}{4}\right)^2}$

$=\frac{\sqrt{15}}{4}$

따라서 삼각형 BDC의 넓이를 S라 하면

$S=\frac{1}{2}\times\overline{BD}\times\overline{CD}\times\sin(\angle BDC)$

$=\frac{1}{2}\times\frac{4\sqrt{6}}{3}\times\frac{4\sqrt{6}}{3}\times\frac{\sqrt{15}}{4}$

$=\frac{4\sqrt{15}}{3}$

답 ③

Level 3 실력 완성

본문 67쪽

1 ⑤　2 ③　3 ④

1 ㄱ. 삼각형 ABC에서 코사인법칙에 의하여

$\overline{AB}^2=\overline{BC}^2+\overline{CA}^2-2\times\overline{BC}\times\overline{CA}\times\cos C$

$=(3\sqrt{2})^2+(\sqrt{10})^2-2\times3\sqrt{2}\times\sqrt{10}\times\frac{2\sqrt{5}}{5}$

$=4$

이므로

$\overline{AB}=2$ (참)

ㄴ. $\sin C=\sqrt{1-\cos^2 C}$

$=\sqrt{1-\left(\frac{2\sqrt{5}}{5}\right)^2}$

$=\frac{\sqrt{5}}{5}$

삼각형 ABC의 외접원의 반지름의 길이를 R이라 하면 사인법칙에 의하여

$\frac{\overline{AB}}{\sin C}=2R$

$R=\frac{\overline{AB}}{2\sin C}=\frac{2}{2\times\frac{\sqrt{5}}{5}}=\sqrt{5}$

이므로 삼각형 ABC의 외접원의 넓이는

$\pi\times(\sqrt{5})^2=5\pi$ (참)

ㄷ. 삼각형 ABC에서 사인법칙에 의하여

$\frac{\overline{CA}}{\sin B}=\frac{\overline{AB}}{\sin C}$이므로

$\sin B=\frac{\overline{CA}}{\overline{AB}}\sin C$

$=\frac{\sqrt{10}}{2}\times\frac{\sqrt{5}}{5}$

$=\frac{\sqrt{2}}{2}$

두 삼각형 ABP, ACP에서 사인법칙에 의하여

$\frac{\overline{BP}}{\sin(\angle PAB)}=\frac{\overline{AP}}{\sin B}$,

$\frac{\overline{CP}}{\sin(\angle CAP)}=\frac{\overline{AP}}{\sin C}$

이므로

$\frac{\overline{BP}\times\overline{CP}}{\sin(\angle PAB)\times\sin(\angle CAP)}$

$=\frac{\overline{AP}}{\sin B}\times\frac{\overline{AP}}{\sin C}$

$=\frac{\overline{AP}^2}{\frac{\sqrt{2}}{2}\times\frac{\sqrt{5}}{5}}$

$=\sqrt{10}\,\overline{AP}^2$

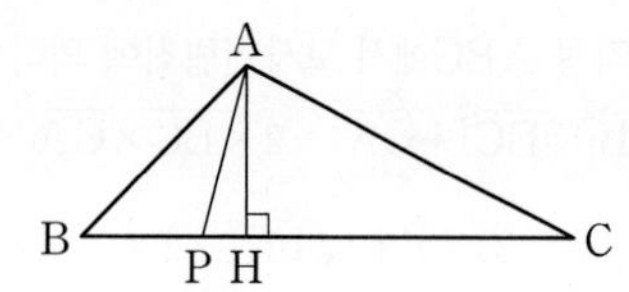

이때 점 A에서 선분 BC에 내린 수선의 발을 H라 하면

$\overline{AH}=\overline{AB}\sin B=2\times\frac{\sqrt{2}}{2}=\sqrt{2}$

따라서

$$\frac{\overline{BP}\times\overline{CP}}{\sin(\angle PAB)\times\sin(\angle CAP)}=\sqrt{10}\,\overline{AP}^2$$
$$\geq\sqrt{10}\,\overline{AH}^2$$
$$=\sqrt{10}\times(\sqrt{2})^2$$
$$=2\sqrt{10}$$

이므로 $\frac{\overline{BP}\times\overline{CP}}{\sin(\angle PAB)\times\sin(\angle CAP)}$의 값은 점 P가 점 H와 일치할 때 최솟값 $2\sqrt{10}$을 갖는다. (참)

이상에서 옳은 것은 ㄱ, ㄴ, ㄷ이다.

답 ⑤

2

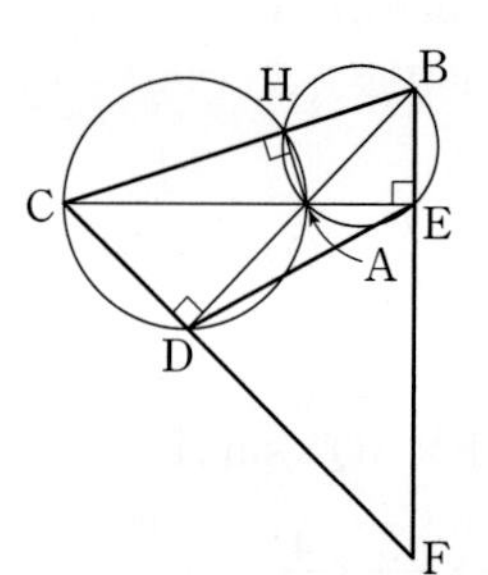

점 A에서 선분 BC에 내린 수선의 발을 H라 하자.

$\angle ADC=\angle AHC=\frac{\pi}{2}$이므로 삼각형 ACD의 외접원은 선분 AC를 지름으로 하고 점 H를 지난다.

또한 $\angle AEB=\angle AHB=\frac{\pi}{2}$이므로 삼각형 AEB의 외접원은 선분 AB를 지름으로 하고 점 H를 지난다. 따라서 삼각형 ACD의 외접원과 삼각형 AEB의 외접원이 만나는 서로 다른 두 점 사이의 거리가 $\overline{AH}$이므로

$\overline{AH}=\frac{2\sqrt{5}}{5}$

직각삼각형 ABH에서

$\overline{BH}=\sqrt{\overline{AB}^2-\overline{AH}^2}$

$=\sqrt{2^2-\left(\frac{2\sqrt{5}}{5}\right)^2}$

$=\frac{4\sqrt{5}}{5}$

직각삼각형 ACH에서

$\overline{CH}=\sqrt{\overline{AC}^2-\overline{AH}^2}$

$=\sqrt{(2\sqrt{2})^2-\left(\frac{2\sqrt{5}}{5}\right)^2}$

$=\frac{6\sqrt{5}}{5}$

그러므로

$\overline{BC}=\overline{BH}+\overline{CH}$

$=\frac{4\sqrt{5}}{5}+\frac{6\sqrt{5}}{5}$

$=2\sqrt{5}$

이때 두 삼각형 ABH, CBD가 서로 닮음이므로

$\overline{AB}:\overline{AH}=\overline{CB}:\overline{CD}$

즉, $2:\frac{2\sqrt{5}}{5}=2\sqrt{5}:\overline{CD}$

$\overline{CD}=2$

직각삼각형 ACD에서

$\overline{AD}=\sqrt{\overline{AC}^2-\overline{CD}^2}$

$=\sqrt{(2\sqrt{2})^2-2^2}$

$=2$

따라서 삼각형 ACD는 $\overline{AD}=\overline{CD}$인 직각이등변삼각형이므로 $\angle ACD=\angle DAC=\frac{\pi}{4}$이다.

이때 $\angle BAE=\angle DAC=\frac{\pi}{4}$이므로 삼각형 AEB도 직각이등변삼각형이고

$\overline{AE}=\overline{BE}=\frac{\overline{AB}}{\sqrt{2}}=\sqrt{2}$

한편, $\angle CDB=\angle CEB=\frac{\pi}{2}$이므로 삼각형 BCD의 외접원은 점 E를 지나고, 원주각의 성질에 의하여

$\angle CBD=\angle CED$, $\angle BCE=\angle BDE$

두 삼각형 ABC, AED가 서로 닮음이므로

$\overline{AB}:\overline{BC}=\overline{AE}:\overline{DE}$

즉, $2:2\sqrt{5}=\sqrt{2}:\overline{DE}$

$\overline{DE}=\sqrt{10}$

또한 삼각형 CFE에서 $\angle ECF=\frac{\pi}{4}$, $\angle CEF=\frac{\pi}{2}$이므로

$\angle DFE=\frac{\pi}{4}$

따라서 삼각형 DFE의 외접원의 반지름의 길이를 R이라 하면 사인법칙에 의하여

$\frac{\overline{DE}}{\sin(\angle DFE)}=2R$

$R=\frac{\sqrt{10}}{2\sin\frac{\pi}{4}}=\sqrt{5}$

이므로 구하는 외접원의 넓이는

$\pi\times R^2=5\pi$

답 ③

3

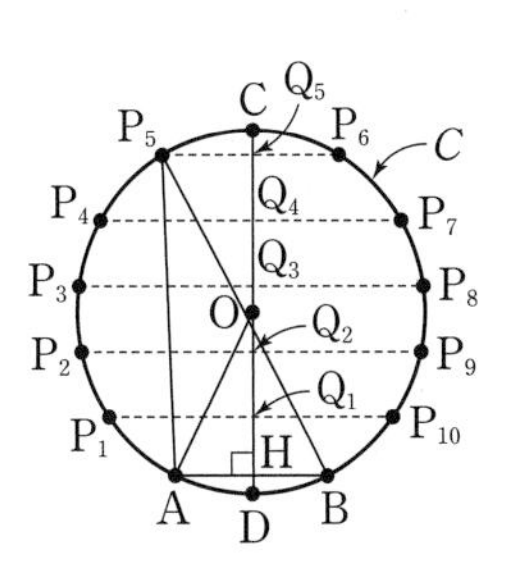

원 C의 중심을 O라 하고 점 O에서 선분 AB에 내린 수선의 발을 H라 하면 직선 OH는 선분 AB를 수직이등분하므로

$\overline{AH}=\frac{1}{2}\overline{AB}=\frac{1}{2}\times2=1$

$\overline{OA}=3$이므로 직각삼각형 OAH에서

$\overline{OH}=\sqrt{\overline{OA}^2-\overline{AH}^2}$

$=\sqrt{3^2-1^2}$

$=2\sqrt{2}$

원 C와 직선 OH가 만나는 두 점을 C, D $(\overline{DH}<\overline{CH})$라 하면

$\overline{CH}=\overline{OC}+\overline{OH}=3+2\sqrt{2}$

$\overline{DH}=\overline{OD}-\overline{OH}=3-2\sqrt{2}$

이때 $2<2\sqrt{2}<3$이므로

$5<\overline{CH}<6$, $0<\overline{DH}<1$ …… ㉠

한편, 원 C 위의 점 P에서 직선 AB에 내린 수선의 발을 H_1이라 하고 삼각형 PAB의 넓이를 S라 하면

$S=\frac{1}{2}\times\overline{AB}\times\overline{PH_1}$

$=\frac{1}{2}\times2\times\overline{PH_1}$

$=\overline{PH_1}$

이므로 삼각형 PAB의 넓이가 자연수이려면 $\overline{PH_1}$, 즉 점 P와 직선 AB 사이의 거리가 자연수이어야 한다.

㉠에 의하여 선분 CH 위에 $\overline{HQ_1}=1$, $\overline{HQ_2}=2$, $\overline{HQ_3}=3$, $\overline{HQ_4}=4$, $\overline{HQ_5}=5$인 다섯 개의 점 Q_1, Q_2, Q_3, Q_4, Q_5를 잡고, 선분 CD에 수직이며 점 Q_i $(i=1, 2, 3, 4, 5)$를 지나는 직선과 원 C의 교점을 고려하면 열 개의 점 P_1, P_2, P_3, $\cdots$, P_{10}이 존재한다. 이때 두 점 P_1과 P_{10}, 두 점 P_2와 P_9, 두 점 P_3과 P_8, 두 점 P_4와 P_7, 두 점 P_5와 P_6은 모두 직선 CH에 대하여 대칭이고, 두 점 A, B도 직선 CH에 대하여 대칭이므로 $\overline{AP_6}=\overline{BP_5}$이다.

원 C의 반지름의 길이가 3이므로 삼각형 P_5AB에서 $\angle AP_5B=\theta$라 하면 사인법칙에 의하여

$\frac{\overline{AB}}{\sin\theta}=2\times3$

$\sin\theta=\frac{\overline{AB}}{6}=\frac{2}{6}=\frac{1}{3}$

삼각형 P_5AB는 밑변의 길이가 $\overline{AB}=2$, 높이가 5이므로 삼각형 P_5AB의 넓이는 5이다.

따라서

$\frac{1}{2}\times\overline{AP_5}\times\overline{BP_5}\times\sin\theta=5$

$\overline{AP_5}\times\overline{BP_5}=\frac{10}{\sin\theta}=\frac{10}{\frac{1}{3}}=30$

또한

$\cos\theta=\sqrt{1-\sin^2\theta}=\sqrt{1-\left(\frac{1}{3}\right)^2}=\frac{2\sqrt{2}}{3}$

이므로 삼각형 P_5AB에서 코사인법칙에 의하여

$\overline{AB}^2=\overline{AP_5}^2+\overline{BP_5}^2-2\times\overline{AP_5}\times\overline{BP_5}\times\cos\theta$

$\overline{AP_5}^2+\overline{BP_5}^2=\overline{AB}^2+2\times(\overline{AP_5}\times\overline{BP_5})\times\cos\theta$

$=2^2+2\times30\times\frac{2\sqrt{2}}{3}$

$=4+40\sqrt{2}$

따라서

$(\overline{AP_5}+\overline{AP_6})^2=(\overline{AP_5}+\overline{BP_5})^2$

$=\overline{AP_5}^2+\overline{BP_5}^2+2\times\overline{AP_5}\times\overline{BP_5}$

$=(4+40\sqrt{2})+2\times30$

$=64+40\sqrt{2}$

답 ④

05 등차수열과 등비수열

유제

본문 71~77쪽

1 ④　2 84　3 152　4 ③　5 ③
6 ⑤　7 384　8 242

1 $a_3+a_6=3$ …… ㉠

$a_6+a_9=17$ …… ㉡

㉡에서 ㉠을 빼면

$a_9-a_3=14$

등차수열 $\{a_n\}$의 공차를 d라 하면

$a_9-a_3=6d=14$

이므로

$d=\frac{14}{6}=\frac{7}{3}$

㉠에서

$a_3+a_6=(a_1+2d)+(a_1+5d)$

$=2a_1+7d$

$=2a_1+\frac{49}{3}$

$=3$

이므로

$2a_1=3-\frac{49}{3}=-\frac{40}{3}$

$a_1=-\frac{20}{3}$

따라서

$a_n=-\frac{20}{3}+(n-1)\times\frac{7}{3}$

$=\frac{7n-27}{3}$

이고,

$\frac{7n-27}{3}>100$

에서

$7n>327$

즉, $n>\frac{327}{7}=46+\frac{5}{7}$이므로 조건을 만족시키는 자연수 n의 최솟값은 47이다.

답 ④

2 등차수열 $\{a_n\}$의 공차가 -3이고, 모든 항이 정수이므로

$a_n=-3n+k$ (k는 정수)

로 놓을 수 있다.
조건 (나)에 의하여
$a_{19} \geq 0$, $a_{20} < 0$
이므로
$-3 \times 19 + k \geq 0$, $-3 \times 20 + k < 0$
에서
$57 \leq k < 60$
k는 정수이므로
$k=57$ 또는 $k=58$ 또는 $k=59$
이때
$a_{10} = -30 + k$
이므로
$a_{10}=27$ 또는 $a_{10}=28$ 또는 $a_{10}=29$
따라서 조건을 만족시키는 모든 a_{10}의 값의 합은
$27+28+29=84$

답 84

3 수열 $\{a_n\}$이 등차수열이므로

$S_{19} = \dfrac{19(a_1+a_{19})}{2}$

한편, a_1과 a_{19}의 등차중항이 a_{10}이므로
$a_1 + a_{19} = 2a_{10} = 2 \times 8 = 16$
따라서

$S_{19} = \dfrac{19 \times 16}{2} = 152$

답 152

4 수열 $\{a_n\}$이 등차수열이므로
$a_5+a_6+a_7+a_8+a_9+a_{10}=105$에서

$\dfrac{6(a_5+a_{10})}{2} = 3(a_5+a_{10})$
$= 105$

즉, $a_5 + a_{10} = 35$ …… ㉠
$a_1 = -2$이므로 수열 $\{a_n\}$의 공차를 d라 하면 ㉠에서
$(-2+4d)+(-2+9d)=35$
$13d=39$
$d=3$
따라서
$a_{10} - a_5 = 5d = 5 \times 3 = 15$

답 ③

5 등비수열 $\{a_n\}$의 공비를 r $(r>0)$이라 하면

$$\frac{5a_2}{a_3+a_4} = \frac{5}{\frac{a_3}{a_2}+\frac{a_4}{a_2}} = \frac{5}{r+r^2} = 16$$

이므로
$16r^2+16r-5=0$
$(4r-1)(4r+5)=0$
$r>0$이어야 하므로

$r = \dfrac{1}{4}$

따라서

$\dfrac{a_3}{a_5} = \dfrac{1}{r^2} = \left(\dfrac{1}{r}\right)^2 = 4^2 = 16$

답 ③

6 $a_n = 3 \times (\sqrt{3})^{n-1}$

$= 3 \times 3^{\frac{n-1}{2}}$
$= 3^{\frac{n+1}{2}}$

이므로
$\log_3 (a_1 \times a_2 \times a_3 \times \cdots \times a_{10})$
$= \log_3 (3^1 \times 3^{\frac{3}{2}} \times 3^2 \times \cdots \times 3^{\frac{11}{2}})$
$= \log_3 3^1 + \log_3 3^{\frac{3}{2}} + \log_3 3^2 + \cdots + \log_3 3^{\frac{11}{2}}$
$= 1 + \dfrac{3}{2} + 2 + \cdots + \dfrac{11}{2}$
$= \dfrac{10\left(1+\frac{11}{2}\right)}{2}$
$= \dfrac{65}{2}$

답 ⑤

7 등비수열 $\{a_n\}$의 공비를 r이라 하자.
$S_5 - S_4 = 12$에서
$a_5 = 12$
$S_8 - S_4 = 180$에서
$a_5+a_6+a_7+a_8=180$
이때 $r=1$이면
$a_5+a_6+a_7+a_8 = 4 \times a_5 = 4 \times 12 = 48$
이므로 조건을 만족시키지 않는다.
즉, $r \neq 1$이므로

$a_5+a_6+a_7+a_8=\frac{a_5(r^4-1)}{r-1}$

$=\frac{12(r-1)(r^3+r^2+r+1)}{r-1}$

$=180$

에서

$r^3+r^2+r-14=0$

$(r-2)(r^2+3r+7)=0$

r은 실수이므로

$r=2$

따라서

$a_{10}=a_5\times r^5=12\times 2^5=384$

답 384

8 $a_1=1$이고 공비가 음수이므로 모든 자연수 n에 대하여

$a_{2n-1}>0$, $a_{2n}<0$이다.

그러므로 등비수열 $\{a_n\}$의 공비를 r $(r<0)$이라 하면

$S_8+T_8=2a_1+2a_3+2a_5+2a_7$

$=2(1+r^2+r^4+r^6)$

$=80$

에서

$r^6+r^4+r^2-39=0$

$r^2=t$라 하면

$t^3+t^2+t-39=0$

$(t-3)(t^2+4t+13)=0$

$t^2+4t+13>0$이므로

$t=3$

즉, $r^2=3$

$r<0$이므로

$r=-\sqrt{3}$

따라서

$S_{10}=\frac{1-(-\sqrt{3})^{10}}{1-(-\sqrt{3})}$

$=-\frac{242}{1+\sqrt{3}}$

$=-\frac{242(1-\sqrt{3})}{(1+\sqrt{3})(1-\sqrt{3})}$

$=121-121\sqrt{3}$

이므로

$p-q=121-(-121)=242$

답 242

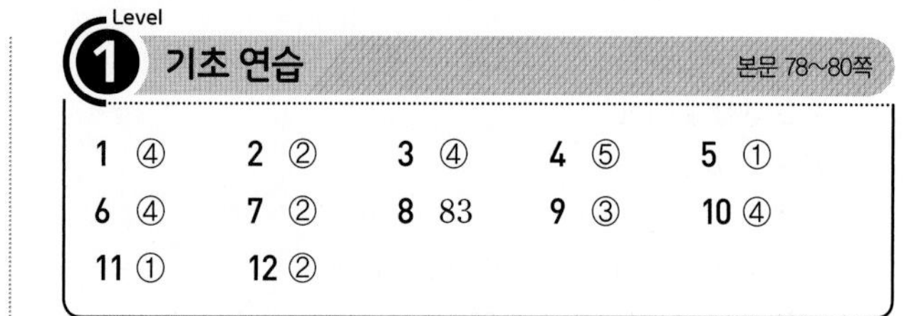

1 ④	2 ②	3 ④	4 ⑤	5 ①
6 ④	7 ②	8 83	9 ③	10 ④
11 ①	12 ②			

1 등차수열 $\{a_n\}$의 공차를 d라 하면

$a_6-a_3=3d$

$=7-(-2)$

$=9$

이므로

$d=3$

따라서

$a_{10}=a_3+7d=-2+7\times 3=19$

답 ④

2 등차수열 $\{a_n\}$의 공차를 d라 하자.

$a_1+a_3=a_1+(a_1+2d)$

$=2a_1+2d$

$=2$

이므로

$a_1+d=1$ ...... ㉠

$a_5+a_7=(a_1+4d)+(a_1+6d)$

$=2a_1+10d$

$=34$

이므로

$a_1+5d=17$ ...... ㉡

㉠, ㉡에서

$a_1=-3$, $d=4$

이므로

$a_n=-3+(n-1)\times 4$

$=4n-7$

따라서

$a_{10}=4\times 10-7=33$

답 ②

3 $2a-1$이 a와 a^2-6의 등차중항이므로

$2(2a-1)=a+(a^2-6)$

$a^2-3a-4=0$

$(a+1)(a-4)=0$

$a>0$이므로

$a=4$

답 ④

4 등차수열 $\{a_n\}$의 공차를 d라 하면

$a_7-a_5=2d=4$에서

$d=2$

이때 $a_3=a_1+2d=a_1+4=7$이므로

$a_1=3$

따라서 등차수열 $\{a_n\}$의 첫째항부터 제10항까지의 합은

$\frac{10(2\times3+9\times2)}{2}=120$

답 ⑤

5 등차수열 $\{a_n\}$의 공차를 d라 하면

$a_1=58$이므로

$S_{10}=\frac{10(2\times58+9d)}{2}$

$=5(116+9d)$

$S_{20}=\frac{20(2\times58+19d)}{2}$

$=10(116+19d)$

$S_{10}=S_{20}$이므로

$5(116+9d)=10(116+19d)$

$116+9d=232+38d$

$29d=-116$

$d=-4$

따라서

$a_{10}=58+9\times(-4)=22$

답 ①

6 $a_1=S_1=3-2+1=2$

$a_{10}=S_{10}-S_9$

$=(3\times10^2-2\times10+1)-(3\times9^2-2\times9+1)$

$=55$

따라서

$a_1+a_{10}=2+55=57$

답 ④

7 등비수열 $\{a_n\}$의 공비를 r이라 하면 $a_1=2$이므로

$3a_1-a_2+3a_3=a_4$에서

$6-2r+6r^2=2r^3$

$r^3-3r^2+r-3=0$

$(r-3)(r^2+1)=0$

r은 실수이므로 $r=3$

따라서

$a_2+a_3=2\times3+2\times3^2=6+18=24$

답 ②

(다른 풀이)

$3a_1-a_2+3a_3=a_4$에서

$3(a_1+a_3)=a_2+a_4$ …… ㉠

등비수열 $\{a_n\}$의 공비를 r이라 하면

$a_2=a_1r,\ a_4=a_3r$

이므로

$a_2+a_4=r(a_1+a_3)$

즉, ㉠에서

$3(a_1+a_3)=r(a_1+a_3)$

$a_1+a_3=a_1+a_1r^2=2(1+r^2)\neq0$

이므로

$r=3$

따라서

$a_2+a_3=3a_1+9a_1=12a_1=12\times2=24$

8 등비수열 $\{a_n\}$의 공비를 r $(r\neq0)$이라 하면

$a_n=a_1\times r^{n-1}$

이므로

$a_n+a_{n+1}=a_1\times r^{n-1}+a_1\times r^n$

$=a_1r^{n-1}(1+r)=2\times3^{n-1}$ …… ㉠

㉠에 $n=1$을 대입하면

$a_1(1+r)=2$ …… ㉡

㉠에 $n=2$를 대입하면

$a_1r(1+r)=6$ …… ㉢

㉢÷㉡을 하면

$r=3$

$r=3$을 ㉡에 대입하면

$4a_1=2$

$a_1=\frac{1}{2}$

따라서

$a_5=\frac{1}{2}\times3^4=\frac{81}{2}$

이므로

$p+q=2+81=83$

답 83

9 $a+3$이 $a-1$과 $4a+6$의 등비중항이므로

$(a+3)^2=(a-1)(4a+6)$

$3a^2-4a-15=0$

$(3a+5)(a-3)=0$

$a>0$이므로

$a=3$

답 ③

10 등비수열 $\{a_n\}$의 공비를 r이라 하면 $r\neq1$이므로

$S_5=\frac{a_1(r^5-1)}{r-1}$

$S_{10}=\frac{a_1(r^{10}-1)}{r-1}=\frac{a_1(r^5-1)(r^5+1)}{r-1}$

이때 $\frac{S_{10}}{S_5}=r^5+1$이므로

$r^5+1=10$에서 $r^5=9$

따라서

$\frac{a_{10}}{a_5}=\frac{a_5\times r^5}{a_5}=r^5=9$

답 ④

참고

$a_1=0$이면 수열 $\{a_n\}$의 모든 항이 0이므로 $\frac{S_{10}}{S_5}=10$이 될 수 없다. 즉, $a_1\neq0$

이때 $r=1$이면 $\frac{S_{10}}{S_5}=2$이므로 조건을 만족시키지 않는다. 즉, $r\neq1$

또 $r=0$이면 $\frac{S_{10}}{S_5}=1$이므로 조건을 만족시키지 않는다. 즉, $r\neq0$이므로 $a_5\neq0$

11 등비수열 $\{a_n\}$의 공비를 r이라 하면 주어진 조건에 의하여 $r\neq1$이므로

$S_6=\frac{a_1(r^6-1)}{r-1}=4$ …… ㉠

$S_{12}=\frac{a_1(r^{12}-1)}{r-1}=\frac{a_1(r^6-1)(r^6+1)}{r-1}=32$ …… ㉡

㉡÷㉠을 하면

$r^6+1=8$

$r^6=7$

이것을 ㉠에 대입하면

$\frac{a_1}{r-1}\times6=4$이므로

$\frac{a_1}{r-1}=\frac{2}{3}$

따라서

$S_{18}=\frac{a_1(r^{18}-1)}{r-1}$

$=\frac{a_1}{r-1}\times\{(r^6)^3-1\}$

$=\frac{2}{3}\times(7^3-1)$

$=228$

답 ①

12 등비수열 $\{a_n\}$의 공비를 r이라 하면

$\frac{a_{10}}{a_4}=r^6=\frac{\frac{2}{3}}{6}=\frac{1}{9}$

이고 $r>0$이므로

$r^3=\frac{1}{3}$

이때 $a_4=a_1r^3=\frac{1}{3}a_1=6$이므로

$a_1=18$

한편, $a_n=18\times r^{n-1}$이므로

$b_n=a_{3n-2}$

$=18\times r^{3n-3}$

$=18\times(r^3)^{n-1}$

$=18\times\left(\frac{1}{3}\right)^{n-1}$

즉, 수열 $\{b_n\}$은 첫째항이 $b_1=a_1=18$이고 공비가 $\frac{1}{3}$인 등비수열이다.

따라서 수열 $\{b_n\}$의 첫째항부터 제5항까지의 합은

$\frac{18\left(1-\frac{1}{3^5}\right)}{1-\frac{1}{3}}=27\left(1-\frac{1}{3^5}\right)$

$=27-\frac{1}{9}$

$=\frac{242}{9}$

답 ②

Level 2 기본 연습

본문 81~83쪽

1 ③	2 ③	3 ⑤	4 30	5 ③
6 ③	7 ②	8 ①	9 12	10 ③
11 ③	12 ④			

1 등차수열 $\{a_n\}$의 공차를 d $(d\neq0)$이라 하자.

$d>0$이면 $a_1=20<a_{11}<a_{21}$에서

$|a_{11}|<|a_{21}|$이므로 조건을 만족시킬 수 없다.

즉, $d<0$이고 $a_1=20>a_{11}>a_{21}$

이때 $|a_{11}|=|a_{21}|$이 성립하려면

$a_{11}>0$, $a_{21}<0$이어야 한다.

즉, $a_{11}=-a_{21}$이므로

$a_{11}+a_{21}=0$

이때 $a_1=20$이므로

$(20+10d)+(20+20d)=40+30d=0$

즉, $d=-\frac{4}{3}$이므로 수열 $\{a_n\}$의 일반항 a_n은

$a_n=20+(n-1)\times\left(-\frac{4}{3}\right)=\frac{-4n+64}{3}$

따라서 $a_m=\frac{-4m+64}{3}=-16$에서

$m=28$

답 ③

2 $x^3-(a+1)x^2+(a-2)x+2a=0$에서

$(x+1)(x-2)(x-a)=0$

이므로 주어진 삼차방정식의 세 근은 -1, 2, a이다.

$a=-1$ 또는 $a=2$이면 조건을 만족시킬 수 없으므로

$a\neq-1$, $a\neq2$

(i) $a<-1$인 경우

-1이 a와 2의 등차중항이므로

$-2=a+2$

$a=-4$

(ii) $-1<a<2$인 경우

a가 -1과 2의 등차중항이므로

$2a=-1+2$

$a=\frac{1}{2}$

(iii) $a>2$인 경우

2가 -1과 a의 등차중항이므로

$4=-1+a$

$a=5$

따라서 조건을 만족시키는 모든 실수 a의 값의 합은

$-4+\frac{1}{2}+5=\frac{3}{2}$

답 ③

3 ㄱ. [반례] $a_n=-n+2$이면

$a_1+a_2=1+0=1$, $a_3=-1$

이므로 $a_1+a_2>a_3$이지만

$a_4+a_5=(-2)+(-3)=-5$, $a_6=-4$

이므로 $a_4+a_5<a_6$이다. (거짓)

ㄴ. 등차수열 $\{a_n\}$의 공차를 d라 하면 $a_1\neq a_2$이므로

$d\neq0$

즉,

$a_3a_5+a_4a_6-a_3a_6-a_4a_5$

$=a_3(a_5-a_6)-a_4(a_5-a_6)$

$=(a_3-a_4)(a_5-a_6)$

$=d^2\neq0$

이므로

$a_3a_5+a_4a_6\neq a_3a_6+a_4a_5$ (참)

ㄷ. 등차수열 $\{a_n\}$의 공차를 d라 하면 $a_2>a_1$이므로

d는 양의 실수이다.

이때

$a_5{}^2-a_1a_9=a_5{}^2-(a_5-4d)(a_5+4d)$

$=a_5{}^2-a_5{}^2+16d^2=16d^2>0$

이므로

$a_5{}^2>a_1a_9$ (참)

이상에서 옳은 것은 ㄴ, ㄷ이다.

답 ⑤

4 자연수 n에 대하여

$b_n=a_{2n-1}$, $c_n=a_{2n}$

이라 하자.

$b_n=a_{2n-1}$

$=(-1)^{2n-1}\{3(2n-1)-1\}$

$=-(6n-4)$

$=-6n+4$

이고

$c_n=a_{2n}$

$=(-1)^{2n}(3\times2n-1)$

$=6n-1$

이므로 수열 $\{b_n\}$은 첫째항이 -2, 공차가 -6인 등차수열이고, 수열 $\{c_n\}$은 첫째항이 5, 공차가 6인 등차수열이다.

따라서

$a_1+a_2+a_3+\cdots+a_{20}$

$=b_1+c_1+b_2+c_2+\cdots+b_{10}+c_{10}$

$=(b_1+b_2+\cdots+b_{10})+(c_1+c_2+\cdots+c_{10})$

$=\frac{10\{2\times(-2)+9\times(-6)\}}{2}+\frac{10(2\times5+9\times6)}{2}$

$=5\times(-58)+5\times64$

$=30$

답 30

다른 풀이

$b_n=a_{2n-1}$, $c_n=a_{2n}$이라 하면

$b_n=-6n+4$, $c_n=6n-1$이므로

$b_n+c_n=3$

따라서

$a_1+a_2+a_3+\cdots+a_{20}$

$=(b_1+c_1)+(b_2+c_2)+(b_3+c_3)+\cdots+(b_{10}+c_{10})$

$=3\times10$

$=30$

5 a_1과 a_9의 등차중항이 a_5이므로

$S_9=\dfrac{9(a_1+a_9)}{2}=9\times\dfrac{a_1+a_9}{2}=9a_5$

$S_9<0$이므로 $a_5<0$

또 a_2와 a_{10}의 등차중항이 a_6이므로

$a_6=\dfrac{a_2+a_{10}}{2}>0$

이때 수열 $\{a_n\}$은 등차수열이므로 $a_5<0<a_6$이면 $n\le5$일 때 $a_n<0$, $n\ge6$일 때 $a_n>0$이다.

따라서 $a_n>0$을 만족시키는 자연수 n의 최솟값은 6이다.

답 ③

6 등차수열 $\{a_n\}$의 공차가 d $(d>0)$이므로

$b_n=(a_{n+2})^2-(a_n)^2$

$=(a_{n+2}-a_n)(a_{n+2}+a_n)$

$=2d\times2a_{n+1}$

$=4d(-1+nd)$

$=4d^2n-4d$

즉, 수열 $\{b_n\}$은 첫째항이 $4d^2-4d$이고 공차가 $4d^2$인 등차수열이다.

그러므로

$S_{10}=\dfrac{10(8d^2-8d+36d^2)}{2}$

$=10(22d^2-4d)$

$=1860$

에서

$11d^2-2d-93=0$

$(11d+31)(d-3)=0$

$d>0$이므로

$d=3$

답 ③

7 등차수열 $\{a_n\}$의 공차를 d라 하자.

모든 자연수 n에 대하여

$S_{n+2}-S_n=a_{n+1}+a_{n+2}$

$=a_1+nd+a_1+(n+1)d$

$=(2a_1+d)+2dn$

$=112-16n$

이므로

$2d=-16$에서 $d=-8$

$2a_1+d=112$에서

$2a_1=112-d=112+8=120$

$a_1=60$

그러므로

$S_n=\dfrac{n\{2a_1+(n-1)d\}}{2}$

$=\dfrac{n\{2\times60+(n-1)\times(-8)\}}{2}$

$=\dfrac{n(-8n+128)}{2}$

$=-4n(n-16)$

따라서 $S_1=S_{15}$, $S_2=S_{14}$, $S_3=S_{13}$, $\cdots$, $S_7=S_9$이므로 조건을 만족시키는 서로 다른 두 자연수 p, q의 순서쌍 (p, q)는

$(1, 15)$, $(2, 14)$, $(3, 13)$, $\cdots$, $(7, 9)$

이고 그 개수는 7이다.

답 ②

8 자연수 n에 대하여

$a_{2n+1}=S_{2n+1}-S_{2n}=5n-1$ ······ ㉠

$a_{2n}=S_{2n}-S_{2n-1}=-4n+3$ ······ ㉡

㉡에서 $a_2=-1$이고 $a_1=a_2$이므로 $a_1=a_2=-1$

즉, ㉠에서 $a_1=-1$이고 $a_{2n+1}=5n-1$이므로

$a_{2n-1}=5n-6$

따라서 수열 $\{a_{2n-1}\}$은 첫째항이 -1, 공차가 5인 등차수열이고, 수열 $\{a_{2n}\}$은 첫째항이 -1, 공차가 -4인 등차수열이므로

S_{2n}

$=\dfrac{n\{-2+(n-1)\times5\}}{2}+\dfrac{n\{-2+(n-1)\times(-4)\}}{2}$

$=\dfrac{n(5n-7)}{2}+\dfrac{n(-4n+2)}{2}$

$=\dfrac{n(n-5)}{2}$

S_{2n-1}

$=\dfrac{n\{-2+(n-1)\times5\}}{2}$

$+\dfrac{(n-1)\{-2+(n-2)\times(-4)\}}{2}$

$=\dfrac{n(5n-7)}{2}+\dfrac{(n-1)(-4n+6)}{2}$

$=\dfrac{n^2+3n-6}{2}$

$S_{2n}<0$일 때 $0<n<5$이므로
$n=1, 2, 3, 4$
즉, $S_k<0$을 만족시키는 짝수 k의 값은 2, 4, 6, 8
S_{2n-1}에서 $S_1=-1<0$이고
$n\ge 2$이면 $n^2+3n-6>0$이므로 $S_{2n-1}>0$
즉, $S_k<0$을 만족시키는 홀수 k의 값은 1
따라서 $S_k<0$을 만족시키는 모든 자연수 k의 값은
1, 2, 4, 6, 8이고 그 합은
$1+2+4+6+8=21$

답 ①

9 세 수 2, a, b가 이 순서대로 등비수열을 이루므로 a는 2와 b의 등비중항이다.
즉, $a^2=2b$ ...... ㉠
또 세 수 a, b, 12가 이 순서대로 등차수열을 이루므로 b는 a와 12의 등차중항이다.
즉, $2b=a+12$ ...... ㉡
㉠, ㉡에서
$a^2-a-12=0$, $(a+3)(a-4)=0$
$a>0$이므로 $a=4$
$2b=a^2=4^2=16$이므로
$b=8$
따라서
$a+b=4+8=12$

답 12

10 등차수열 $\{a_n\}$의 공차를 d라 하자.
$(a_4+a_5)-(a_3+a_4)=a_5-a_3=2d=8$
이므로
$d=4$
$a_3+a_4=0$에서
$$\begin{aligned}(a_1+2d)+(a_1+3d)&=2a_1+5d\\&=2a_1+5\times 4\\&=2a_1+20\\&=0\end{aligned}$$
이므로 $a_1=-10$
즉, $a_n=-10+(n-1)\times 4=4n-14$이므로
$a_p=4p-14$
$a_{p+2}=4(p+2)-14=4p-6$
$a_{p+q}=4(p+q)-14$
이때 세 수 a_p, a_{p+2}, a_{p+q}가 이 순서대로 등비수열을 이루므로
$(4p-6)^2=(4p-14)(4p+4q-14)$
이것을 전개하여 정리하면
$2pq-8p-7q+20=0$
$2p(q-4)-7(q-4)=8$
$(2p-7)(q-4)=8$ ...... ㉠
$q>2$이므로
$q-4>-2$
즉, $q-4=-1, 1, 2, 4, 8$
p가 자연수이므로
$2p-7=1$ 또는 $2p-7=-1$
그러므로 ㉠을 만족시키려면
$2p-7=1$, $q-4=8$이어야 한다.
따라서 $p=4$, $q=12$이므로
$p+q=4+12=16$

답 ③

11 ㄱ. 조건 (가)에 의하여
$a_3a_6=a_1r^2\times a_1r^5=a_1{}^2\times r^7>0$
이고, $a_1{}^2>0$이므로 $r^7>0$
즉, $r>0$ (참)
ㄴ. 조건 (나)에 의하여
$$\begin{aligned}a_2-a_3+a_4-a_5&=a_1r-a_1r^2+a_1r^3-a_1r^4\\&=a_1r(1-r)(1+r^2)>0\end{aligned}$$ ...... ㉠
이때 $a_1>0$, $r>0$이므로 $a_n>0$이고 ㉠에서
$1-r>0$, 즉 $r<1$
$\frac{a_6}{a_4}=r^2$, $\frac{a_3}{a_2}=r$이고
$0<r<1$일 때 $r^2<r$이므로
$\frac{a_6}{a_4}<\frac{a_3}{a_2}$
따라서 $a_2a_6<a_3a_4$ (거짓)
ㄷ. 수열 $\{a_n\}$은 첫째항이 양수이고 공비 r이 $0<r<1$인 등비수열이므로 모든 자연수 n에 대하여 $a_{n+1}<a_n$이다. (참)
이상에서 옳은 것은 ㄱ, ㄷ이다.

답 ③

12 등비수열 $\{a_n\}$의 공비를 r $(r>1)$이라 하자.
$\frac{a_1}{a_2}+\frac{a_3}{a_2}+\frac{a_3}{a_4}+\frac{a_5}{a_4}+\frac{a_5}{a_6}+\frac{a_7}{a_6}=10$에서
$\frac{1}{r}+r+\frac{1}{r}+r+\frac{1}{r}+r=10$
$3r^2-10r+3=0$
$(3r-1)(r-3)=0$
$r>1$이므로 $r=3$

이때 $a_4=a_1\times3^3=2$이므로

$a_1=\frac{2}{27}$이고

$$S_n=\frac{\frac{2}{27}(3^n-1)}{3-1}$$

$$=\frac{1}{27}(3^n-1)>3^{10}$$

에서 $3^n-1>3^{13}$

$n\ge14$

따라서 조건을 만족시키는 자연수 n의 최솟값은 14이다.

답 ④

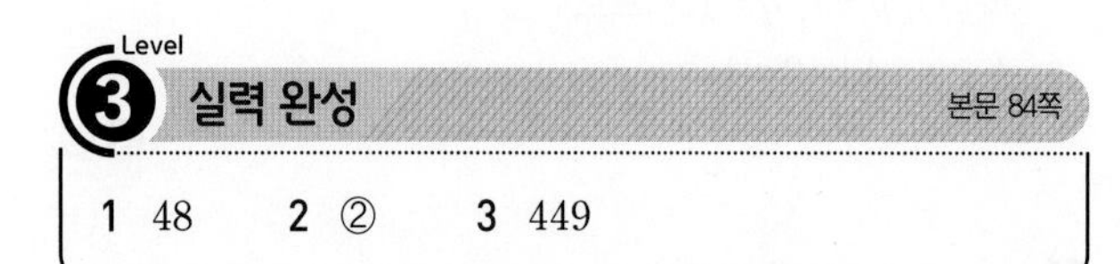

Level 3 실력 완성 본문 84쪽

1 48 2 ② 3 449

1 등차수열 $\{a_n\}$의 공차를 d라 하자.

$a_1<0$이면 $S_1<0$이므로 조건을 만족시키지 않는다.

즉, $a_1>0$

또 $a_2<0$이면 $S_3=3a_2<0$이므로 조건을 만족시키지 않는다.

즉, $a_1>a_2>0$이므로 2 이상의 자연수 k에 대하여 $S_k=M_1$이라 하면 $n\le k$일 때 $a_n>0$이고 $n\ge k+1$일 때 $a_n<0$이다.

(i) $S_k=M_1$, $S_{k-1}=M_2$, $S_{k+1}=M_3$인 경우

$M_1-M_2=S_k-S_{k-1}=a_k=2$

$M_2-M_3=S_{k-1}-S_{k+1}=-a_k-a_{k+1}=1$

즉, $a_{k+1}=-3$이므로

$d=-5$

이고

$a_1=a_k-(k-1)\times(-5)$

$=5k-3$

이때

$$S_n=\frac{n\{2(5k-3)+(n-1)\times(-5)\}}{2}$$

$$=\frac{n(10k-5n-1)}{2}$$

이므로 $S_n<0$에서

$n>2k-\frac{1}{5}$

즉, $S_n<0$을 만족시키는 자연수 n의 최솟값이 $2k$이므로 자연수 n의 최솟값이 21이라는 조건을 만족시킬 수 없다.

(ii) $S_k=M_1$, $S_{k+1}=M_2$, $S_{k-1}=M_3$인 경우

$M_1-M_2=S_k-S_{k+1}=-a_{k+1}=2$

이므로

$a_{k+1}=-2$

$M_2-M_3=S_{k+1}-S_{k-1}=a_{k+1}+a_k=1$

이므로

$a_k=3$

즉, $d=-5$이고

$a_1=a_k-(k-1)\times(-5)=5k-2$

이때

$$S_n=\frac{n\{2(5k-2)+(n-1)\times(-5)\}}{2}$$

$$=\frac{n(10k-5n+1)}{2}$$

이므로 $S_n<0$에서

$n>2k+\frac{1}{5}$

즉, $S_n<0$을 만족시키는 자연수 n의 최솟값이 $2k+1$이므로

$2k+1=21$

$k=10$

따라서

$a_1=5\times10-2=48$

답 48

참고

주어진 조건에 의하여 수열 $\{S_n\}$에는 값이 같은 항이 존재하지 않는다.

2 조건 (가)에 의하여 세 점 O_1, O_2, O_3은 한 직선 위에 있다.

또 $r_1=1$이므로 조건 (나)에 의하여 공비를 r이라 하면

$r_2=r$, $r_3=r^2$

으로 놓을 수 있고, $\overline{GH}=20$이므로 $r_1<r_2<r_3$, 즉 $r>1$이다.

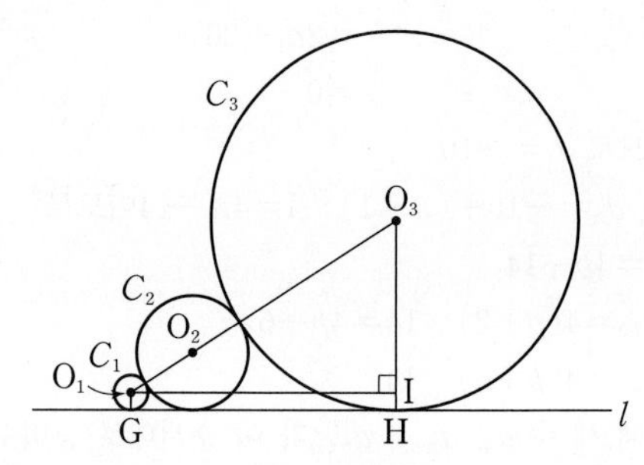

그림과 같이 점 O_1에서 선분 O_3H에 내린 수선의 발을 I라 하면

$\overline{O_1O_3}=1+2r+r^2$

$\overline{O_3I}=r^2-1$

이므로 직각삼각형 O_1IO_3에서

$$\overline{O_1I}^2=(1+2r+r^2)^2-(r^2-1)^2$$
$$=(1+2r+r^2+r^2-1)(1+2r+r^2-r^2+1)$$
$$=(2r^2+2r)(2r+2)$$
$$=4r(r+1)^2$$

이때 $\overline{O_1I}=\overline{GH}=20$이므로

$4r(r+1)^2=400$

$r^3+2r^2+r-100=0$

$(r-4)(r^2+6r+25)=0$

$r^2+6r+25>0$이므로

$r=4$

따라서 세 원 C_1, C_2, C_3의 넓이의 합은

$\pi+16\pi+256\pi=273\pi$

답 ②

3

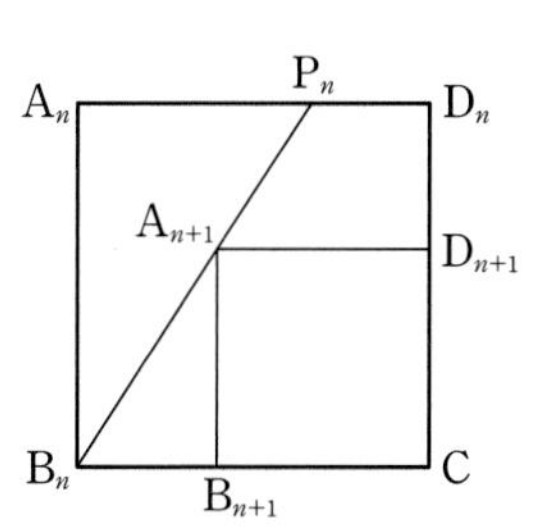

$\overline{A_nB_n}=b_n$이라 하자.

삼각형 $A_nB_nP_n$과 삼각형 $B_{n+1}A_{n+1}B_n$이 서로 닮음이고,

$\overline{A_nB_n} : \overline{A_nP_n}=3 : 2$이므로

$\overline{A_{n+1}B_{n+1}} : \overline{B_nB_{n+1}}=3 : 2$

즉, $b_{n+1} : (b_n-b_{n+1})=3 : 2$이므로

$2b_{n+1}=3b_n-3b_{n+1}$

$b_{n+1}=\frac{3}{5}b_n$

그러므로 수열 $\{b_n\}$은 첫째항이 5이고 공비가 $\frac{3}{5}$인 등비수열이다.

따라서 $b_5=5\times\left(\frac{3}{5}\right)^4=\frac{81}{125}$이고

$a_5=4b_5=\frac{324}{125}$

이므로

$p+q=125+324=449$

답 449

06 수열의 합과 수학적 귀납법

유제 본문 87~97쪽

1 ②	2 ②	3 ①	4 952	5 ①
6 ②	7 ③	8 515	9 ⑤	10 ②

1 $$\sum_{n=1}^{10}(b_n+1)=\sum_{n=1}^{10}b_n+\sum_{n=1}^{10}1$$
$$=\sum_{n=1}^{10}b_n+1\times10$$
$$=\sum_{n=1}^{10}b_n+10$$
$$=4$$

에서

$$\sum_{n=1}^{10}b_n=-6$$

이때

$$\sum_{n=1}^{10}(a_n+b_n)=\sum_{n=1}^{10}a_n+\sum_{n=1}^{10}b_n$$
$$=\sum_{n=1}^{10}a_n-6$$
$$=7$$

이므로

$$\sum_{n=1}^{10}a_n=7+6=13$$

답 ②

2 $$\sum_{n=1}^{8}(a_n+a_{n+2})=\sum_{n=1}^{8}a_n+\sum_{n=1}^{8}a_{n+2}$$
$$=\sum_{n=1}^{8}a_n+\sum_{n=3}^{10}a_n$$
$$=\left(\sum_{n=1}^{10}a_n-a_9-a_{10}\right)+\left(\sum_{n=1}^{10}a_n-a_1-a_2\right)$$
$$=2\sum_{n=1}^{10}a_n-(a_1+a_2+a_9+a_{10})$$
$$=2\times8-(a_1+a_2+a_9+a_{10})$$
$$=16-(a_1+a_2+a_9+a_{10})$$
$$=10$$

이므로

$a_1+a_2+a_9+a_{10}=6$

따라서

$$\sum_{n=2}^{7}a_{n+1}=\sum_{n=3}^{8}a_n$$
$$=\sum_{n=1}^{10}a_n-(a_1+a_2+a_9+a_{10})$$

$=8-6$
$=2$

답 ②

다른 풀이

$\sum_{n=1}^{8}(a_n+a_{n+2})=\sum_{n=1}^{8}a_n+\sum_{n=1}^{8}a_{n+2}$
$=\sum_{n=1}^{8}a_n+\sum_{n=3}^{10}a_n$
$=\sum_{n=1}^{10}a_n+\sum_{n=3}^{8}a_n$
$=8+\sum_{n=3}^{8}a_n$
$=10$

이므로

$\sum_{n=3}^{8}a_n=2$

따라서 $\sum_{n=2}^{7}a_{n+1}=\sum_{n=3}^{8}a_n=2$

3 $\sum_{k=1}^{10}(k+2)^2-\sum_{k=1}^{10}k^2=\sum_{k=1}^{10}\{(k+2)^2-k^2\}$
$=\sum_{k=1}^{10}(4k+4)$
$=4\sum_{k=1}^{10}k+\sum_{k=1}^{10}4$
$=4\times\frac{10\times 11}{2}+4\times 10$
$=260$

답 ①

4 첫째항이 1이고 공차가 3인 등차수열 $\{a_n\}$의 일반항은
$a_n=1+(n-1)\times 3=3n-2$
이므로
$\sum_{n=1}^{7}(a_n)^2=\sum_{n=1}^{7}(3n-2)^2$
$=\sum_{n=1}^{7}(9n^2-12n+4)$
$=9\sum_{n=1}^{7}n^2-12\sum_{n=1}^{7}n+\sum_{n=1}^{7}4$
$=9\times\frac{7\times 8\times 15}{6}-12\times\frac{7\times 8}{2}+4\times 7$
$=952$

답 952

5 $\sum_{n=1}^{9}\frac{4n^2+8n+10}{4n^2+8n+3}$
$=\sum_{n=1}^{9}\left(1+\frac{7}{4n^2+8n+3}\right)$
$=9+7\sum_{n=1}^{9}\frac{1}{(2n+1)(2n+3)}$
$=9+\frac{7}{2}\sum_{n=1}^{9}\left(\frac{1}{2n+1}-\frac{1}{2n+3}\right)$
$=9+\frac{7}{2}\left\{\left(\frac{1}{3}-\frac{1}{5}\right)+\left(\frac{1}{5}-\frac{1}{7}\right)+\left(\frac{1}{7}-\frac{1}{9}\right)+\cdots+\left(\frac{1}{19}-\frac{1}{21}\right)\right\}$
$=9+\frac{7}{2}\left(\frac{1}{3}-\frac{1}{21}\right)$
$=10$

답 ①

6 $\sum_{n=1}^{20}\frac{1}{\sqrt{4n+1}+\sqrt{4n-3}}$
$=\sum_{n=1}^{20}\frac{\sqrt{4n+1}-\sqrt{4n-3}}{(\sqrt{4n+1}+\sqrt{4n-3})(\sqrt{4n+1}-\sqrt{4n-3})}$
$=\sum_{n=1}^{20}\frac{\sqrt{4n+1}-\sqrt{4n-3}}{(4n+1)-(4n-3)}$
$=\sum_{n=1}^{20}\frac{\sqrt{4n+1}-\sqrt{4n-3}}{4}$
$=\frac{1}{4}\{(\sqrt{5}-\sqrt{1})+(\sqrt{9}-\sqrt{5})+(\sqrt{13}-\sqrt{9})+\cdots+(\sqrt{81}-\sqrt{77})\}$
$=\frac{1}{4}(-\sqrt{1}+\sqrt{81})$
$=\frac{1}{4}\times 8$
$=2$

답 ②

7 수열 $\{a_n\}$이 모든 자연수 n에 대하여
$a_{n+1}=a_n+4$
를 만족시키므로 수열 $\{a_n\}$은 공차가 4인 등차수열이다.
이때
$\sum_{n=1}^{11}a_n=\frac{11(2a_1+10\times 4)}{2}$
$=11(a_1+20)$
$=110$
이므로
$a_1=-10$
따라서
$a_{20}=a_1+19\times 4$
$=-10+19\times 4$
$=66$

답 ③

8 수열 $\{a_n\}$이 모든 자연수 n에 대하여

$(a_{n+1})^2=a_na_{n+2}$, 즉 $\dfrac{a_{n+1}}{a_n}=\dfrac{a_{n+2}}{a_{n+1}}$

를 만족시키므로 수열 $\{a_n\}$은 등비수열이다.

등비수열 $\{a_n\}$의 공비를 r이라 하면 $a_3=1$이므로

$a_5+a_7=a_3r^2+a_3r^4=r^2+r^4=20$

$r^4+r^2-20=0$

$(r^2+5)(r^2-4)=0$

$r^2=4$

$r>0$이어야 하므로 $r=2$

이때 $a_1=\dfrac{a_3}{r^2}=\dfrac{1}{4}$

따라서

$$\sum_{n=1}^{9}a_n=\frac{\frac{1}{4}(2^9-1)}{2-1}=\frac{511}{4}$$

이므로

$p+q=4+511=515$

답 515

9 $(a_{n+1})^2+a_{n+1}=(a_n)^2+a_n$에서

$(a_{n+1})^2-(a_n)^2=a_n-a_{n+1}$

$(a_{n+1}+a_n)(a_{n+1}-a_n)=-(a_{n+1}-a_n)$

$a_n\neq a_{n+1}$이므로

$a_{n+1}+a_n=-1$

즉, $a_{n+1}=-a_n-1$

$a_1=-5$이므로

$a_2=-a_1-1=5-1=4$

$a_3=-a_2-1=-4-1=-5$

$a_4=-a_3-1=5-1=4$

$\vdots$

이때 모든 자연수 n에 대하여

$a_n=-5$이면 $a_{n+1}=-(-5)-1=4$이고,

$a_n=4$이면 $a_{n+1}=-4-1=-5$이므로

모든 자연수 n에 대하여

$a_{2n-1}=-5$, $a_{2n}=4$

따라서 $\displaystyle\sum_{n=1}^{10}a_{2n}=\sum_{n=1}^{10}4=4\times10=40$

답 ⑤

10 (i) $n=1$일 때, (좌변)$=a_1=2$, (우변)$=1\times2=2$이므로 $(*)$이 성립한다.

(ii) $n=k$일 때 $(*)$이 성립한다고 가정하면

$a_k=k(k+1)$

이고, $ka_{k+1}=(k+2)a_k$에서

$a_{k+1}=\boxed{\dfrac{k+2}{k}}\times a_k$이므로

$a_{k+1}=\dfrac{k+2}{k}\times k(k+1)$

$=\boxed{(k+1)(k+2)}$

즉, $n=k+1$일 때도 $(*)$이 성립한다.

(i), (ii)에 의하여 모든 자연수 n에 대하여 $(*)$이 성립한다.

따라서 $f(k)=\dfrac{k+2}{k}$, $g(k)=(k+1)(k+2)$이므로

$f(6)\times g(10)=\dfrac{8}{6}\times11\times12$

$=176$

답 ②

Level **1** 기초 연습 본문 98~99쪽

1 ②	2 ③	3 ①	4 ③	5 ②
6 ④	7 ②	8 ①		

1 $\displaystyle\sum_{n=1}^{10}(a_n+3)-\sum_{n=1}^{9}(a_{n+1}-2)$

$\displaystyle=\sum_{n=1}^{10}a_n+\sum_{n=1}^{10}3-\sum_{n=1}^{9}a_{n+1}+\sum_{n=1}^{9}2$

$\displaystyle=\sum_{n=1}^{10}a_n+3\times10-\sum_{n=2}^{10}a_n+2\times9$

$\displaystyle=\left(\sum_{n=1}^{10}a_n-\sum_{n=2}^{10}a_n\right)+48$

$=a_1+48$

이므로

$a_1+48=50$

따라서 $a_1=2$

답 ②

2 등차수열 $\{a_n\}$의 공차를 d라 하면

$a_{n+2}-a_n=2d$

이므로

$\displaystyle\sum_{n=1}^{10}(a_{n+2}-a_n)=\sum_{n=1}^{10}2d$

$=2d\times10$

$=20d$

$=30$

즉, $d=\dfrac{3}{2}$

따라서 수열 $\{a_{2n-1}\}$은 첫째항이 $a_1=5$,

공차가 $2d=2\times\frac{3}{2}=3$인 등차수열이므로

$\sum_{n=1}^{5}a_{2n-1}=\frac{5(2\times5+4\times3)}{2}=55$

답 ③

3 $a_n=(2n^2+3n-3)-(n^2+1)=n^2+3n-4$

이므로

$\frac{a_{2n}}{n+2}=\frac{4n^2+6n-4}{n+2}$

$=\frac{2(n+2)(2n-1)}{n+2}$

$=4n-2$

따라서

$\sum_{n=1}^{10}\frac{a_{2n}}{n+2}=\sum_{n=1}^{10}(4n-2)$

$=4\sum_{n=1}^{10}n-\sum_{n=1}^{10}2$

$=4\times\frac{10\times11}{2}-2\times10$

$=200$

답 ①

4 이차방정식 $2x^2-8x+n=0$의 판별식을 D라 하면

$\frac{D}{4}=16-2n$

(i) $16-2n>0$에서 $n<8$이므로

$n=1, 2, 3, \cdots, 7$일 때 $a_n=2$

(ii) $16-2n=0$에서 $n=8$이므로

$n=8$일 때 $a_n=1$

(iii) $16-2n<0$에서 $n>8$이므로

$n=9, 10, 11, \cdots$일 때 $a_n=0$

따라서

$\sum_{n=1}^{100}a_n=\sum_{n=1}^{7}a_n+a_8+\sum_{n=9}^{100}a_n$

$=\sum_{n=1}^{7}2+1+\sum_{n=9}^{100}0$

$=2\times7+1+0\times92$

$=15$

답 ③

5 $\sum_{n=1}^{6}(2n^2-an)=2\sum_{n=1}^{6}n^2-a\sum_{n=1}^{6}n$

$=2\times\frac{6\times7\times13}{6}-a\times\frac{6\times7}{2}$

$=182-21a$

이므로

$182-21a=168$

$21a=14$

따라서 $a=\frac{2}{3}$

답 ②

6 등차수열 $\{a_n\}$의 공차가 3이므로

$a_{n+1}-a_n=3$

따라서

$\sum_{n=1}^{16}\frac{1}{\sqrt{a_{n+1}}+\sqrt{a_n}}$

$=\sum_{n=1}^{16}\frac{\sqrt{a_{n+1}}-\sqrt{a_n}}{(\sqrt{a_{n+1}}+\sqrt{a_n})(\sqrt{a_{n+1}}-\sqrt{a_n})}$

$=\sum_{n=1}^{16}\frac{\sqrt{a_{n+1}}-\sqrt{a_n}}{a_{n+1}-a_n}$

$=\sum_{n=1}^{16}\frac{\sqrt{a_{n+1}}-\sqrt{a_n}}{3}$

$=\frac{1}{3}\sum_{n=1}^{16}(\sqrt{a_{n+1}}-\sqrt{a_n})$

$=\frac{1}{3}\{(\sqrt{a_2}-\sqrt{a_1})+(\sqrt{a_3}-\sqrt{a_2})+(\sqrt{a_4}-\sqrt{a_3})+\cdots+(\sqrt{a_{17}}-\sqrt{a_{16}})\}$

$=\frac{1}{3}(-\sqrt{a_1}+\sqrt{a_{17}})$

$=\frac{1}{3}(-\sqrt{1}+\sqrt{1+16\times3})$

$=\frac{1}{3}\times6$

$=2$

답 ④

7 수열 $\{a_n\}$이 모든 자연수 n에 대하여

$(a_{n+1})^2=a_na_{n+2}$, 즉 $\frac{a_{n+1}}{a_n}=\frac{a_{n+2}}{a_{n+1}}$

를 만족시키므로 수열 $\{a_n\}$은 등비수열이다.

등비수열 $\{a_n\}$의 공비를 r이라 하면

$a_7=3(a_4)^2$에서

$a_1r^6=3(a_1r^3)^2$

$a_1r^6=3a_1^2r^6$

$a_1\neq0$, $r\neq0$이므로

$1=3a_1$

따라서 $a_1=\frac{1}{3}$

답 ②

8 $a_1=4\geq 0$이므로

$a_2=a_1-10=4-10=-6$

$a_2<0$이므로

$a_3=-a_2+5=6+5=11$

$a_3\geq 0$이므로

$a_4=a_3-10=11-10=1$

$a_4\geq 0$이므로

$a_5=a_4-10=1-10=-9$

$a_5<0$이므로

$a_6=-a_5+5=9+5=14$

$a_6\geq 0$이므로

$a_7=a_6-10=14-10=4$

$a_7=a_1$이므로 모든 자연수 n에 대하여

$a_{n+6}=a_n$

따라서

$a_{10}=a_4=1$, $a_{20}=a_2=-6$

이므로

$a_{10}+a_{20}=1+(-6)=-5$

답 ①

Level 2 기본 연습

본문 100~101쪽

1 ⑤	2 ④	3 74	4 ⑤	5 363
6 35	7 ②	8 ④		

1 $a_m=\sum_{k=1}^{m}k=\frac{m(m+1)}{2}$이므로

$$\sum_{m=1}^{n}\frac{a_m}{m+1}=\sum_{m=1}^{n}\left\{\frac{1}{m+1}\times\frac{m(m+1)}{2}\right\}$$
$$=\sum_{m=1}^{n}\frac{m}{2}$$
$$=\frac{1}{2}\sum_{m=1}^{n}m$$
$$=\frac{1}{2}\times\frac{n(n+1)}{2}$$
$$=\frac{n(n+1)}{4}\geq 100$$

에서 $n(n+1)\geq 400$

$19\times 20=380<400$, $20\times 21=420\geq 400$이므로 조건을 만족시키는 자연수 n의 최솟값은 20이다.

답 ⑤

2 수열 $\{a_n\}$이 공차가 2인 등차수열이므로 모든 자연수 n에 대하여

$a_{n+1}-a_n=2$

이다. 그러므로

$$\sum_{n=1}^{10}\frac{1}{a_na_{n+1}}$$
$$=\sum_{n=1}^{10}\frac{1}{a_{n+1}-a_n}\left(\frac{1}{a_n}-\frac{1}{a_{n+1}}\right)$$
$$=\frac{1}{2}\sum_{n=1}^{10}\left(\frac{1}{a_n}-\frac{1}{a_{n+1}}\right)$$
$$=\frac{1}{2}\left\{\left(\frac{1}{a_1}-\frac{1}{a_2}\right)+\left(\frac{1}{a_2}-\frac{1}{a_3}\right)+\left(\frac{1}{a_3}-\frac{1}{a_4}\right)+\cdots+\left(\frac{1}{a_{10}}-\frac{1}{a_{11}}\right)\right\}$$
$$=\frac{1}{2}\left(\frac{1}{a_1}-\frac{1}{a_{11}}\right)$$
$$=\frac{1}{2}\left(\frac{1}{a_1}-\frac{1}{a_1+20}\right)$$
$$=\frac{10}{a_1(a_1+20)}$$
$$=\frac{5}{48}$$

$a_1^2+20a_1-96=0$

$(a_1-4)(a_1+24)=0$

$a_1>0$이므로 $a_1=4$

답 ④

3 $x+n=\frac{1}{x-1}+2$에서

$x^2+(n-3)x-n+1=0$

이 이차방정식의 두 근이 α_n, β_n이므로 이차방정식의 근과 계수의 관계에 의하여

$\alpha_n+\beta_n=-n+3$, $\alpha_n\beta_n=-n+1$

따라서

$$\sum_{n=4}^{11}\frac{1}{\alpha_n^2\beta_n+\alpha_n\beta_n^2}$$
$$=\sum_{n=4}^{11}\frac{1}{\alpha_n\beta_n(\alpha_n+\beta_n)}$$
$$=\sum_{n=4}^{11}\frac{1}{(-n+1)(-n+3)}$$
$$=\sum_{n=4}^{11}\frac{1}{(n-3)(n-1)}$$
$$=\frac{1}{2}\sum_{n=4}^{11}\left(\frac{1}{n-3}-\frac{1}{n-1}\right)$$
$$=\frac{1}{2}\left\{\left(\frac{1}{1}-\frac{1}{3}\right)+\left(\frac{1}{2}-\frac{1}{4}\right)+\left(\frac{1}{3}-\frac{1}{5}\right)+\cdots+\left(\frac{1}{7}-\frac{1}{9}\right)+\left(\frac{1}{8}-\frac{1}{10}\right)\right\}$$

$=\frac{1}{2}\left(1+\frac{1}{2}-\frac{1}{9}-\frac{1}{10}\right)$

$=\frac{29}{45}$

이므로

$p+q=45+29=74$

답 74

참고 1

함수 $y=\frac{1}{x-1}+2$의 그래프와 직선 $y=x+n$은 그림과 같이 모든 자연수 n에 대하여 서로 다른 두 점에서 만난다. 그러므로 이차방정식 $x^2+(n-3)x-n+1=0$은 모든 자연수 n에 대하여 1이 아닌 서로 다른 두 실근을 갖는다.

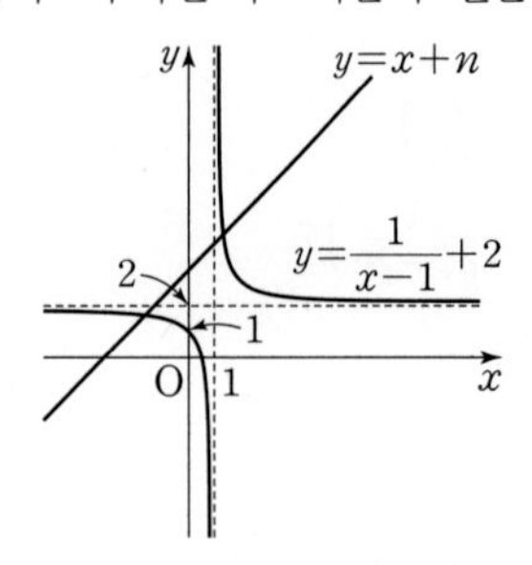

참고 2

$f(x)=x^2+(n-3)x-n+1$이라 하자.

이차방정식 $f(x)=0$의 판별식을 D라 하면

$D=(n-3)^2-4(-n+1)$

$=n^2-2n+5$

$=(n-1)^2+4>0$

이고, $f(1)=1+n-3-n+1=-1\neq0$이므로 이차방정식 $f(x)=0$은 모든 자연수 n에 대하여 1이 아닌 서로 다른 두 실근을 갖는다.

4

$b_n=a_{2n-1}$이라 하면 $b_1=a_1=3$이고 모든 자연수 n에 대하여

$b_{n+1}-b_n=a_{2n+1}-a_{2n-1}=6$

이므로 수열 $\{b_n\}$은 첫째항이 3이고 공차가 6인 등차수열이다.

따라서 $a_{15}=b_8=3+7\times6=45$이고 모든 자연수 n에 대하여 $a_{2n-1}+a_{2n}=5$이므로

$a_{15}+\sum_{n=1}^{15}a_n=\sum_{n=1}^{7}(a_{2n-1}+a_{2n})+2a_{15}$

$=\sum_{n=1}^{7}5+2\times45$

$=5\times7+90$

$=125$

답 ⑤

5

자연수 k에 대하여 $n=2k$일 때,

$a_{2k+1}=3a_{2k-1}$ …… ㉠

$n=2k-1$일 때,

$a_{2k}=2a_{2k-1}$ …… ㉡

㉠, ㉡에 의하여

$a_{2k+1}=3a_{2k-1}=3\times\frac{a_{2k}}{2}=\frac{3}{2}a_{2k}$

이므로

$a_{2k+2}=2a_{2k+1}=2\times\frac{3}{2}a_{2k}=3a_{2k}$ …… ㉢

㉠에 의하여 수열 $\{a_{2n-1}\}$은 첫째항이 $a_1=1$이고 공비가 3인 등비수열이고, ㉡, ㉢에 의하여 수열 $\{a_{2n}\}$은 첫째항이 $a_2=2a_1=2$, 공비가 3인 등비수열이다.

따라서

$\sum_{n=1}^{10}a_n=\sum_{n=1}^{5}a_{2n-1}+\sum_{n=1}^{5}a_{2n}$

$=\sum_{n=1}^{5}(1\times3^{n-1})+\sum_{n=1}^{5}(2\times3^{n-1})$

$=\sum_{n=1}^{5}(3^{n-1}+2\times3^{n-1})$

$=\sum_{n=1}^{5}3^n$

$=\frac{3(3^5-1)}{3-1}$

$=363$

답 363

6

$a_n+a_{n+3}=10$에서

$a_{n+3}=10-a_n$

이때 $\sum_{n=1}^{3}a_n=5$이므로

$\sum_{n=4}^{6}a_n=\sum_{n=1}^{3}a_{n+3}$

$=\sum_{n=1}^{3}(10-a_n)$

$=\sum_{n=1}^{3}10-\sum_{n=1}^{3}a_n$

$=10\times3-5$

$=25$

$\sum_{n=7}^{9}a_n=\sum_{n=4}^{6}a_{n+3}$

$=\sum_{n=4}^{6}(10-a_n)$

$=\sum_{n=4}^{6}10-\sum_{n=4}^{6}a_n$

$=10\times3-25$

$=5$

따라서

$$\sum_{n=1}^{9} a_n = \sum_{n=1}^{3} a_n + \sum_{n=4}^{6} a_n + \sum_{n=7}^{9} a_n$$

$$= 5 + 25 + 5$$

$$= 35$$

답 35

7 (i) a_5의 값은 모든 자연수 n에 대하여

$a_{n+1} - a_n = 3n - 2$, 즉 $a_{n+1} = a_n + (3n-2)$

일 때 최대가 된다.

이때 $a_1 = 4$이므로

$a_2 = a_1 + 1 = 4 + 1 = 5$

$a_3 = a_2 + 4 = 5 + 4 = 9$

$a_4 = a_3 + 7 = 9 + 7 = 16$

$a_5 = a_4 + 10 = 16 + 10 = 26$

그러므로 $M = 26$

(ii) a_5의 값은 모든 자연수 n에 대하여

$a_{n+1} - a_n = -(3n-2)$, 즉 $a_{n+1} = a_n - (3n-2)$

일 때 최소가 된다.

이때 $a_1 = 4$이므로

$a_2 = a_1 - 1 = 4 - 1 = 3$

$a_3 = a_2 - 4 = 3 - 4 = -1$

$a_4 = a_3 - 7 = -1 - 7 = -8$

$a_5 = a_4 - 10 = -8 - 10 = -18$

그러므로 $m = -18$

따라서 $M - m = 26 - (-18) = 44$

답 ②

8 $a_2 \times a_3 \times a_4 = c$ $(c \neq 0)$이라 하자.

모든 자연수 n에 대하여

$a_n \times a_{n+1} \times a_{n+2} = c$ …… ㉠

이므로 모든 자연수 n에 대하여

$a_{n+1} \times a_{n+2} \times a_{n+3} = c$ …… ㉡

㉡÷㉠을 하면

$\frac{a_{n+3}}{a_n} = \frac{c}{c} = 1$, 즉 $a_{n+3} = a_n$

그러므로

$$\sum_{n=1}^{100} a_n = 33\sum_{n=1}^{3} a_n + a_{100}$$

$$= 33(a_1 + a_2 + a_3) + a_1$$

$$= 33(2 + a_2 + a_3) + 2$$

$$= 33(a_2 + a_3) + 68$$

$$= 233$$

에서 $a_2 + a_3 = 5$

즉,

$$a_2 \times a_3 = a_2(5 - a_2)$$

$$= -\left(a_2 - \frac{5}{2}\right)^2 + \frac{25}{4}$$

에서

$a_2 \times a_3 \leq \frac{25}{4}$ $\left(\text{단, 등호는 } a_2 = a_3 = \frac{5}{2}\text{일 때 성립한다.}\right)$

이므로

$$a_2 \times a_3 \times a_4 = a_2 \times a_3 \times a_1$$

$$= a_2 \times a_3 \times 2 \leq \frac{25}{4} \times 2 = \frac{25}{2}$$

따라서 $a_2 \times a_3 \times a_4$는 $a_2 = a_3 = \frac{5}{2}$일 때 최댓값 $\frac{25}{2}$를 갖는다.

답 ④

Level 3 실력 완성

본문 102쪽

1 ③ 2 ④ 3 365

1 $a_n = \begin{cases} a_{n+1} - 4 & (a_n\text{이 3의 배수가 아닌 경우}) \\ 3a_{n+1} & (a_n\text{이 3의 배수인 경우}) \end{cases}$

이고, 수열 $\{a_n\}$의 모든 항이 30 이하의 자연수이므로

$a_n > 0$이어야 한다.

$a_8 = 2$에서 $a_7 > 0$이어야 하므로

$a_7 = 3a_8 = 3 \times 2 = 6$

(i) $a_6 = a_7 - 4 = 6 - 4 = 2$인 경우

$a_5 > 0$이어야 하므로

$a_5 = 3a_6 = 3 \times 2 = 6$

㉠ $a_4 = a_5 - 4 = 6 - 4 = 2$일 때

$a_3 > 0$이어야 하므로

$a_3 = 3a_4 = 3 \times 2 = 6$

$a_2 = a_3 - 4 = 6 - 4 = 2$이면

$a_1 > 0$이어야 하므로

$a_1 = 3a_2 = 3 \times 2 = 6$

$a_2 = 3a_3 = 3 \times 6 = 18$이면

$a_1 \leq 30$이어야 하므로

$a_1 = a_2 - 4 = 18 - 4 = 14$

㉡ $a_4 = 3a_5 = 3 \times 6 = 18$일 때

$a_n \leq 30$이어야 하므로

$a_3 = a_4 - 4 = 18 - 4 = 14$

$a_2 = a_3 - 4 = 14 - 4 = 10$

이때 $a_2-4=10-4=6$은 3의 배수이므로

$a_1=3a_2=30$

(ii) $a_6=3a_7=3\times6=18$인 경우

$a_n\leq30$이어야 하므로

$a_5=a_6-4=18-4=14$

$a_4=a_5-4=14-4=10$

이때 $a_4-4=10-4=6$은 3의 배수이므로

$a_3=3a_4=3\times10=30$

마찬가지로 $a_n\leq30$이어야 하므로

$a_2=a_3-4=30-4=26$

$a_1=a_2-4=26-4=22$

따라서 가능한 모든 a_1의 값의 합은

$6+14+30+22=72$

답 ③

2 ㄱ. $a_na_{n+1}=\sum_{k=1}^{n}a_k$에 $n=1$을 대입하면 $a_1a_2=a_1$

$a_1\neq0$이므로 $a_2=1$ (참)

ㄴ. $a_na_{n+1}=\sum_{k=1}^{n}a_k$에서 n 대신 $n+1$을 대입하면

$$a_{n+1}a_{n+2}=\sum_{k=1}^{n+1}a_k=\sum_{k=1}^{n}a_k+a_{n+1}=a_na_{n+1}+a_{n+1}$$
$$=a_{n+1}(a_n+1)$$

모든 자연수 n에 대하여 $a_{n+1}>0$이므로

$a_{n+2}=a_n+1$ (거짓)

ㄷ. $a_{2n+1}=a_{2n-1}+1$이므로 $a_1=3$이면

$a_{2n-1}=3+(n-1)\times1=n+2$ $(n=1, 2, 3, \cdots)$

ㄱ에서 $a_2=1$이고 $a_{2n+2}=a_{2n}+1$이므로

$a_{2n}=1+(n-1)\times1=n$ $(n=1, 2, 3, \cdots)$

그러므로

$$\sum_{n=1}^{10}a_n=\sum_{n=1}^{5}a_{2n-1}+\sum_{n=1}^{5}a_{2n}$$
$$=\sum_{n=1}^{5}(n+2)+\sum_{n=1}^{5}n$$
$$=\sum_{n=1}^{5}(2n+2)$$
$$=2\sum_{n=1}^{5}n+\sum_{n=1}^{5}2$$
$$=2\times\frac{5\times6}{2}+2\times5$$
$$=40 \text{ (참)}$$

이상에서 옳은 것은 ㄱ, ㄷ이다.

답 ④

3 $(2n-1)a_n+2S_n=2$에 $n=1$을 대입하면

$a_1+2S_1=a_1+2a_1=3a_1=2$이므로 $a_1=\frac{2}{3}$

$(2n-1)a_n+2S_n=2$ ······ ㉠

㉠에서 n 대신 $n+1$을 대입하면

$(2n+1)a_{n+1}+2S_{n+1}=2$ ······ ㉡

㉡－㉠을 하면

$(2n+1)a_{n+1}-(2n-1)a_n+2(S_{n+1}-S_n)=0$

$(2n+1)a_{n+1}-(2n-1)a_n+2a_{n+1}=0$

$(2n+3)a_{n+1}=(2n-1)a_n$

$\frac{a_n}{a_{n+1}}=\frac{2n+3}{2n-1}$ ······ ㉢

㉢의 n에 5, 6, 7, 8, 9를 차례로 대입하여 변끼리 곱하면

$$\frac{a_5}{a_6}\times\frac{a_6}{a_7}\times\frac{a_7}{a_8}\times\frac{a_8}{a_9}\times\frac{a_9}{a_{10}}=\frac{13}{9}\times\frac{15}{11}\times\frac{17}{13}\times\frac{19}{15}\times\frac{21}{17}$$

$$\frac{a_5}{a_{10}}=\frac{19\times21}{9\times11}=\frac{133}{33}$$

이때 $a_1=\frac{2}{3}$이므로

$$\frac{a_1a_5}{a_{10}}=\frac{2}{3}\times\frac{133}{33}=\frac{266}{99}$$

따라서 $p=99$, $q=266$이므로

$p+q=365$

답 365

글로컬대학 30 선정
강릉원주대학교